再生水和养殖废水灌溉对土壤环境质量的影响

刘　源　李中阳　崔二苹　著

U0253414

黄河水利出版社

·郑州·

内 容 提 要

本书介绍了再生水和养殖废水灌溉对土壤环境质量影响研究的有关成果。全书共分14章,第1章总结了再生水和养殖废水灌溉对土壤环境质量影响的研究进展;第2章和第3章介绍了再生水和养殖废水灌溉对抗生素抗性基因在土壤-植物系统中扩散的影响;第4章介绍了养殖废水灌溉对土壤氮转化基因的影响;第5~11章介绍了再生水和养殖废水灌溉对土壤-植物系统养分和重金属迁移特征及植物生长的影响;第12章和第13章介绍了外源物质对再生水和养殖废水灌溉下土壤-植物系统养分和重金属迁移的调控作用;第14章介绍了再生水和养殖废水灌溉下生物质炭和果胶对土壤盐碱化的影响。

本书可供农业、环保、水利等领域的研究与推广技术人员和高等院校相关专业的师生阅读参考。

图书在版编目(CIP)数据

再生水和养殖废水灌溉对土壤环境质量的影响. 刘源,李中阳,崔二苹著.—郑州:黄河水利出版社,2023.9

ISBN 978-7-5509-3737-6

Ⅰ.①再… Ⅱ.①刘…②李…③崔… Ⅲ.①再生水-灌溉-影响-土壤环境-环境质量 ②饲养场废物-废水处理-灌溉-影响-土壤环境-环境质量 Ⅳ.①X833

中国国家版本馆 CIP 数据核字(2023)第 180446 号

策划编辑 杨雯惠 电话:0371-66020903 E-mail:yangwenhui923@163.com

责任编辑 景泽龙 责任校对 杨雯惠
封面设计 李思璇 责任监制 常红昕
出版发行 黄河水利出版社
　　　　地址:河南省郑州市顺河路49号 邮政编码:450003
　　　　网址:www.yrcp.com E-mail:hhslcbs@126.com
　　　　发行部电话:0371-66020550
承印单位 河南博之雅印务有限公司
开　本 787 mm×1 092 mm 1/16
印　张 11.75
字　数 272 千字
版次印次 2023 年 9 月第 1 版 2023 年 9 月第 1 次印刷
定　价 86.00 元

前　言

　　水资源短缺已成为制约我国生态环境质量和经济社会发展的重要因素。农业用水占比较高,水资源短缺将危及粮食安全,因此亟须寻找替代水源来缓解这一危机。目前,废水量持续增加,处理后的生活污水(再生水)和养殖废水具有作为灌溉替代水源的潜力。这些水源中既含有植物需要的养分,又含有重金属、抗生素等污染物,阐明这些物质在土壤-植物系统的迁移累积规律对实现再生水和养殖废水在农业中的安全利用意义重大。为此,本书首先系统总结了再生水和养殖废水灌溉对土壤环境质量影响的最新研究进展,然后从新兴污染物(抗生素抗性基因)、重金属、氮、磷、盐分等影响土壤环境质量的重要因素入手,分别介绍了关于再生水和养殖废水灌溉对这些物质在土壤-植物系统中迁移规律影响的研究结果。

　　本书的相关研究得到国家自然科学基金项目(41701265、51209208、51479201、51779260、51209209)、河南省科技攻关项目(172102110121)、中英合作项目(CSIA18-11)、中央级科研院所基本科研业务费专项(中国农业科学院农田灌溉研究所)(FIRI2016-13、FIRI2017-14)、国家留学基金委、中国农业科学院科技创新工程、"十三五"国家重点研发计划项目(2017YFD0801103-2、2017YFC0403503)、英国生物技术和生物科学研究委员会(BBS/E/C/000I0310)、英国自然环境研究委员会(NE/N018125/1 LTS-M)、中央级公益性科研院所基本科研业务费专项基金项目(0032012034)、国家高技术研究发展计划(863计划)项目(2012AA101404)、农村领域国家科技计划支撑项目(2013BAD07B14)、科技部水体污染控制与治理项目(2009ZX07212-004)等项目的资助,在此深表感谢!

　　在李中阳研究员的指导下,全书的统筹规划由刘源副研究员全面负责。微生物和基因相关生物学指标的测定由中国农业科学院农田灌溉研究所崔二苹助理研究员指导完成。英国洛桑研究所Xiaoxian Zhang教授对河南省科技攻关项目和中英合作项目的申请和实施提供了大力帮助,Andrew Neal教授对微生物数据的解读和写作提供了精心指导。中国农业科学院农田灌溉研究所的齐学斌研究员、高峰研究员、樊向阳研究员、吴海卿副研究员、李平研究员、杜臻杰副研究员、胡超副研究员、乔冬梅研究员和黄仲冬副研究员对试验设计和实施给予了指导,赵志娟副研究员和樊涛助理研究员对样品测试分析给予了大力帮助,研究生肖亚涛参与了河南省科技攻关的部分试验,朱伟参与了再生水灌溉小白菜试验,李宝贵参与了再生水和养殖废水灌溉对土壤重金属影响最新研究进展内容的撰写。北京市水科学技术研究院的刘洪禄教授对再生水长期灌溉样品采集提供了重要帮助,范海燕高级工程师对再生水长期灌溉试验资料的整理提供了热心的帮助。中国农业科学院农田灌溉研究所的崔丙健副研究员、刘春成助理研究员和黄鹏飞助理研究员也为本书的撰写给予了帮助,在此一并表示衷心感谢!

限于作者的水平,书中还存在疏漏和不足之处,敬请读者和同行批评指正。

作者

2023 年 6 月

目　录

第1章 再生水和养殖废水灌溉对土壤环境质量影响的研究进展

水资源短缺和水污染是世界上几乎每个国家都面临的双重问题。联合国可持续发展目标6：敦促对处理过的废水进行再利用，以确保所有人有水可用。到2030年，全球水资源短缺预计将达到40%，这将危及粮食安全，因为农业用水占全球总用水量的69%左右。随着人口数量的持续增长，粮食需求会进一步增加，农业用水将面临更为紧张的局势。因此，提高农业用水效率和寻找替代灌溉水资源是缓解这些挑战的唯一途径。目前，全球每年可以从排放的废水中回收约380 km³的水（Qadir et al.，2020），相当于农业用水量的15%。随着城镇化的推进，废水排放量会持续增加，因此处理后的废水（再生水和养殖废水等）可以作为灌溉的替代水源。这些水源虽含有氮和磷等营养物质，但也含有重金属和抗生素等有机、无机潜在污染物，且并非所有污染物都能在污水处理过程中加以去除，这些污染物随着灌溉进入农田后将经历复杂的物理、生物和化学过程。尽管再生水农田灌溉已有几十年的历史，但再生水农业利用的安全性仍未形成定论。

1.1 引　言

世界人口正在稳步增长，2021年为78亿人，预计到2050年将达到98亿人。在过去的几十年里，人口的快速增长使城市化速度非常快（Gallego-Schmid and Tarpani，2019；Singh，2021），这大大增加了城市污水的产量（Romeiko，2019）。水资源供需矛盾是全球面临的问题（Paranychianakis et al.，2015；Peña et al.，2020；Rutkowski et al.，2007），中国也不例外（Wang et al.，2019）。据估计，到2030年，中国目前的供水和预计的用水需求之间将出现约2 010亿 m³的缺口（Sun et al.，2016）。近一个世纪以来，世界各国经济迅速发展和人口急剧增长，加剧了工农业水资源供需矛盾。与此同时，世界范围内的水资源紧缺和污染等问题也推动了生活和工厂污水等的再生利用（Salgot and Folch，2018）。用处理过的废水灌溉可以增加农业收入，并通过减少排放到自然环境中的废水来减少环境污染（Shakhawat et al.，2014）。全球由处理过的和未经处理的废水灌溉的土地超过20 hm²（Sato et al.，2013），这一面积预计将在未来进一步增长（Mendoza-Espinosa et al.，2019）。中国农业用水量约占总用水量的60%~70%，且中国水资源利用和时空分布不均，将进一步加剧未来的水资源短缺（Lyu et al.，2016；Lyu et al.，2022）。开发新的农业灌溉替代水资源（如再生水和养殖废水等）对中国的淡水保护至关重要（Wang et al.，2017b）。

再生水是指工业废水、生活污水和雨水经适当处理后，能够达到一定的水质标准并且满足某种使用功能要求，从而可以作为有益使用的水。养殖废水主要是指规模化养殖场排放的废水，其中包括畜禽粪、尿和圈栏冲洗用水等。我国利用生活污水和人畜粪尿灌溉的农业历史悠久,经历了由自发灌溉的初步发展到迅速发展,再到安全慎重发展三个阶段(代志远 等,2014)。由于经济的快速发展和城市化率的提高,中国的城市污水排放量从2000年的3 317 957万 m^3 增加到2021年的6 250 763万 m^3,污水处理率从2000年的34.25%增加到2021年的97.89%。然而,2021年只有22%的非常规水(138.3亿 m^3)被利用,其中只有一小部分用于灌溉,这表明利用再生水来部分满足农业用水需求具有巨大潜力。达到灌溉水源排放标准的再生水和养殖废水作为农业灌溉的水源既满足了农业用水需求,又缓解了淡水资源压力,特别是在水资源短缺的地区(陈卫平 等,2014)。因此,合理开发和利用再生水和养殖废水等非常规水资源,对缓解我国水资源供需矛盾具有深远意义。

1.2 再生水和养殖废水灌溉对土壤质量的影响

再生水和养殖废水中已被证明含有盐、养分、重金属和新污染物,这些物质含量高低取决于水处理技术(Ofori et al.,2021)。灌溉这些非常规水后,这些成分可能在土壤、作物或地下水中积累并影响土壤、作物或地下水,且进入食物链影响公众健康。初始浓度、理化性质、灌溉方式、土壤性质和作物特性可能会影响再生水污染物在土壤、作物和地下水中的分布(Deng et al.,2019;Pedrero et al.,2010;Wu et al.,2020b)。再生水和养殖废水中含有植物所需的丰富的矿物元素和有机质等营养物质,灌溉后能够增加土壤肥力,减少化学肥料的使用,促进植物生长(Chen et al.,2015b;杜臻杰 等,2014)。但是再生水和养殖废水中还含有盐基离子、重金属和新污染物等物质,使用这些水源可能会对土壤-植物系统产生不良影响,并对人类健康产生影响(Elgallal et al.,2016;Erel et al.,2019;Poustie et al.,2020)。伴随灌溉,这些污染物会经历吸附或解吸、迁移、降解等过程以及被植物或其他土壤生物吸收,在土壤-植物系统中进行转运、转化和积累(Deng et al.,2019;Li et al.,2022)。

1.2.1 再生水和养殖废水灌溉对土壤基本性质的影响

与养殖废水灌溉相比,再生水灌溉可能导致土壤盐碱化和结构退化,因为再生水中的盐度和碱度高于常规水源(Wu et al.,2020a;刘源 等,2018b)。由于再生水水质、灌溉方式、土壤性质和作物特性的差异,这些影响的严重程度在不同研究中并不一致。我们前期的土柱试验表明,与清水灌溉相比,再生水灌溉土壤盐分显著增加,土壤水力特性受灌溉方式影响(韩洋 等,2018)。另有研究表明,短期再生水灌溉后土壤盐分变化不显著,钠吸附比(SAR)显著增加,特别是在深层土壤中,但低于盐碱化阈值(徐小元 等,2010)。长期再生水灌溉导致土壤盐分和SAR显著增加,土壤孔隙率略有下降,而高灌溉率降低了土壤盐分(Gu et al.,2019;潘能 等,2012)。尽管长期再生水灌溉有导致土壤发生次生盐渍化的风险,但可以通过调整灌溉方法来规避该问题。

再生水和养殖废水随灌溉向土壤中输入养分和有机质(Kama et al.,2023;韩洋 等,2018),尤其是养殖废水灌溉后表层土壤养分含量显著增加。使用再生水灌溉可以减少10%~15%的氮肥施用量(陈卫平 等,2014)。短期再生水灌溉后土壤的有效磷、速效钾和有机质含量显著增加(李宝贵 等,2021)。

再生水和养殖废水中的重金属可以在土壤中积累,积累程度取决于水质、土壤性质、作物类型、灌溉量和灌溉持续时间等(Chen et al.,2013;Liu et al.,2019b;Lu et al.,2020)。短期再生水灌溉并没有导致土壤中重金属的显著积累(Lu et al.,2016;杨军 等,2011),北京长期(16 年)再生水灌溉也未显著改变温室表层(0~20 cm)土壤中重金属含量(Liu et al.,2022),但北京长期(13~35 年)再生水灌溉增加了富含黏粒和粉粒的 0~50 cm、200~240 cm 和 460~500 cm 深度土壤的砷(As)、镉(Cd)、铬(Cr)、汞(Hg)、铅(Pb)、锌(Zn)含量,而更深的砂土层(>540 cm)中相应的含量下降。灌溉大约 30 年的内蒙古表层土壤中 As、Cd、Cr、Pb、Zn 含量与地下水灌溉土壤只有细微的差别,除铜(Cu)外(Zhang et al.,2018)。有研究发现养殖废水灌溉有增加土壤中重金属积累的风险(Kama et al.,2023),也有研究表明养殖废水灌溉后土壤中的重金属含量不一定增加(Liu et al.,2019b)。然而,评估长期灌溉再生水和养殖废水并种植不同作物条件下不同类型土壤中重金属积累风险是很有必要的。

虽然大多数新污染物可以通过化学、生物降解和光降解快速转化或去除,但它们通过再生水和养殖废水灌溉向土壤中持续输入,输入量可能远远超过土壤自身的去除能力,并构成“假持久性”威胁(Al-Jassim et al.,2015;Christou et al.,2017;Wu et al.,2021a)。在再生水灌溉的土壤中,新污染物的积累不仅取决于污染物的理化性质,如极性、辛醇-水分配系数(K_{ow})、固水分配系数(K_d)和水中污染物的初始浓度,还取决于土壤性质,如有机质含量、离子化、阳离子键桥作用和在孔隙水中的滞留(Chen et al.,2011;Liu et al.,2023),还受作物、土壤动物等影响(Xiao et al.,2023)。由于再生水中的污染物浓度较低或包气带微生物降解程度较高,再生水灌溉不会导致土壤中多环芳烃(PAHs)(Hu et al.,2020)、壬基酚(Hu et al.,2021)、邻苯二甲酸酯(Li et al.,2020)和酚类物质(Li et al.,2021)的大量积累。然而,有研究发现再生水灌溉土壤中药品和个人护理产品(pharmaceutical and personal care products,PPCPs)的检出频率和污染水平明显高于用清水灌溉的土壤(崔二苹 等,2020),一些 PPCPs(如三氯卡班)的积累可能对陆生生物构成高风险(Chen et al.,2011;Ma et al.,2018)。在 PPCPs 的自身理化性质和土壤性质的影响下,长期再生水灌溉土壤中 PPCPs 的积累可能在适度吸附、快速耗散和有效降解之间达到稳态平衡(Liu et al.,2020a;Liu et al.,2022)。养殖废水灌溉会导致抗生素和抗生素抗性基因在土壤中富集(Chen et al.,2023;Liu et al.,2019b;Onalenna et al.,2022)。然而,我们对新污染物的光降解过程和多种生物降解途径产生的中间代谢物的了解很有限(Christou et al.,2017;Li,2014)。因此,有必要进一步开展研究以确保再生水和养殖废水灌溉的安全性。

1.2.2 再生水和养殖废水灌溉对作物的影响

再生水和养殖废水灌溉引起的土壤理化性质和微生物的变化会影响作物生长,进而影响作物产量和质量(Cui et al.,2018;Wang et al.,2017b;Wu et al.,2020a;袁晶晶 等,2022)。再生水灌溉引起的土壤导水率和团聚体的变化可能通过控制作物对水分和养分的吸收来影响作物生长(朱晋斌 等,2019)。有研究表明,再生水灌溉输入的养分可以显著提高产量,加速作物生长(Lu et al.,2016),除非养分浓度超过各自的阈值(Gu et al.,2019)。养殖废水灌溉对作物生长的影响受作物种类、种植模式等影响(Kama et al.,2023;杜臻杰 等,2013)。

再生水和养殖废水中过量盐分导致的土壤盐碱化和结构退化可能会抑制作物生长,并导致作物减产,这取决于作物类型和生长阶段(Pedrero et al.,2010)。在中国,很少观察到再生水灌溉引起土壤盐分增加而导致作物产量下降,但直接废水灌溉导致早期作物减产(陈卫平 等,2014)。在俄罗斯的养殖废水灌溉试验也表明,处理后的养殖废水灌溉可以促进植物生长,并未造成土壤中盐分积累(Mukhametov et al.,2022)。高盐分导致的持水能力降低会限制浅根作物的水分利用率,而高盐分导致的水力传导性降低会影响深根作物接近水分的可能性。在高盐分条件下,作物根区发生渗透胁迫,限制了作物的吸水,导致生长受抑制(刘登义 等,2002)。土壤盐分对作物生长的影响程度与作物的耐盐性能有关,可能对不耐盐作物有害,但对耐盐作物影响较小。此外,生长早期是对盐最敏感的阶段,随着生长的进行,作物的耐盐性越来越强(Wang et al.,2017b)。

再生水和养殖废水灌溉可以通过提供一定数量和形态的养分来改善作物的生理和形态发育,促进作物生长并提高产量(杜会英 等,2016),但养分过多会对作物的产量和品质有不利影响。再生水和养殖废水中以离子形态存在的养分容易被作物吸收,如硝酸根离子、铵根离子、磷酸根离子和钾离子。再生水灌溉与清水灌溉对作物品质(如可溶性糖、维生素C、粗蛋白质和氨基酸含量)无显著影响,但使叶菜亚硝酸盐含量以及黄瓜和番茄硝酸盐含量明显升高(许翠平 等,2010;薛彦东 等,2011)。再生水灌溉提高了番茄产量,提高了果实的可溶性糖和可滴定酸含量,并且对维生素C和可溶性固形物等品质指标没有显著的不利影响(Lu et al.,2016)。在种植上海青条件下,再生水灌溉相比清水灌溉处理,第二代综合生物响应指数(integrated biological response version 2,IBR$_{v2}$)显著增加(刘春成 等,2021)。与清水灌溉相比,再生水灌溉增加了玉米和小白菜产量,因为再生水的养分可获得性和利用率更高(Zhang et al.,2018;朱伟 等,2015)。养殖废水灌溉带入氮素等营养物质,能够改善土壤理化性质,提高土壤肥力,从而促进植株中氮素的积累,氮素的循环利用进一步增强了植株的光合作用能力(钟小莉 等,2017),从而促进小麦生长(吴秀宁 等,2020)。再生水和养殖废水中养分对作物的影响取决于它们的浓度、形态和作物种类。灌溉水中过量的氮导致成熟延迟和茎秆较弱;磷过剩抑制锌的吸收,导致锌缺乏;并且钾的过量供应导致缺镁。

但是再生水和养殖废水中可能含有一定浓度的重金属及新污染物(抗生素、环境激素、病毒、抗生素耐药基因和抗生素耐药菌等)(刘艳萍 等,2017b),如未采取合理灌溉措施和制度保障,将对农田生态系统构成潜在污染风险。重金属以离子形式被根或叶吸收后,根据元素和作物种类的不同,在作物的根、叶或果实中积累。重金属可以影响作物的代谢、光合作用和气孔开放,进而影响作物生长(Kim et al.,2015)。通常情况下,作物的根系比叶片、果实和种子等其他部位更容易积累重金属(李中阳 等,2012b)。然而,与根茎类作物(胡萝卜等)、谷物(小麦和玉米)和水果(番茄)等非叶类蔬菜相比,卷心菜、生菜和小白菜等叶类蔬菜往往在叶片中积累更多的重金属。中国再生水灌溉作物中的重金属对作物生长或人类健康的风险很小(Lu et al.,2016;Wei et al.,2016),因为目前的累积量远低于国家标准(蔡亭亭 等,2013;丁传峰 等,2014),但仍需要监测再生水长期灌溉且耗水量大作物的重金属积累情况。

新污染物在被作物吸收后,可以转移到各种作物组织中,包括进入可食用部分(Wu et al.,2015;Zhang et al.,2021a)。含有微量新污染物的再生水和养殖废水可以促进作物生长,但污染物积累可能会影响作物形态和生理,包括潜在的遗传毒性(Qin et al.,2015)。大多数研究表明,相比清水灌溉,再生水灌溉对作物积累新污染物的影响较小(Li et al.,2018c;Li et al.,2020;Liu et al.,2022)。长期(20~40年)再生水灌溉的农田作物中检测到11种PPCPs,其浓度最小值低于0.01 μg/kg,最大值不超过28.01 μg/kg,但这些作物的食用对人类健康的风险很小(Liu et al.,2020b)。养殖废水灌溉的作物中也检测出多种抗生素(Liu et al.,2019b)。生物浓度因子(BCFs,作物中污染物浓度与土壤中污染物浓度的比值)通常用于评价新污染物的生物积累潜力。BCFs受污染物的理化性质、土壤性质和作物种类的影响(Batarseh et al.,2011;Christou et al.,2019;Parveen et al.,2015)。然而,对新污染物及其对作物的影响研究,需要多关注污染物的复合污染及其中间代谢物的毒性效应(Lin et al.,2020;Papaioannou et al.,2019)。

多数研究认为,再生水和养殖废水灌溉影响土壤微生物的数量、多样性和活动(Cui et al.,2019;Liang et al.,2022;Liu et al.,2019b;崔丙健 等,2019),可以提高作物产量,促进种子发芽,并通过促进有机物的分解以及生长调节剂和养分的释放来促进根系生长。微生物的数量和多样性增加可能会加快纤维素降解和养分循环的速度,使养分更容易被作物吸收。例如,研究发现,再生水灌溉增加了番茄产量,这是由于功能性微生物的丰度增加和土壤氮利用效率的提高(Guo et al.,2018)。在再生水灌溉的土壤中,盐的积累降低了可能促进作物生长的根瘤菌的丰度(Cui et al.,2019)。此外,也有研究表明,长期再生水灌溉降低了土壤微生物丰度(Wu et al.,2021a)或对土壤微生物群落结构无显著影响(Li et al.,2019;Liu et al.,2022)。再生水和养殖废水灌溉带来的土壤微生物变化引起土壤呼吸、硝化和反硝化的变化,可能会增加土壤-作物系统的二氧化碳(CO_2)和氧化亚氮(N_2O)排放(Chi et al.,2020;陶甄 等,2022)。

再生水和养殖废水灌溉土壤中可检测出病原体、抗生素抗性基因和抗生素耐药菌等。根据营养和环境条件的不同,再生水和养殖废水灌溉土壤中的病原体可能通过根系进入植物体,或者通过气溶胶附着在作物的表面或进入作物组织,并对人类和作物健康构成潜在威胁(Cui et al.,2020;Sacks and Bernstein,2011;Vivaldi et al.,2022;崔丙健 等,2019;崔二苹 等,2020)。再生水灌溉增加了辣椒果实中军团菌(*Legionella* spp.)(条件致病菌)的丰度,降低了果实表面γ-变形菌(γ-Proteobacteria)(大部分为植物致病菌)的丰度(崔丙健 等,2019)。再生水、养殖废水灌溉可使玉米根部大部分病原菌检出量增加,其幅度分别为0.06~1.17、0.30~2.20个数量级(崔二苹 等,2020)。再生水和养殖废水灌溉后植物可食部分是否含有病原体很大程度上受灌溉方式的影响,地下滴灌相对来说对于非根茎类作物比较安全(Perulli et al.,2021)。需要进一步研究长期再生水和养殖废水灌溉对人类和作物的健康风险,并制定有针对性的法规和指南来管理新污染物的潜在风险。

1.3 结论与展望

再生水和养殖废水作为替代水资源,合理开发利用可有效促进农业生态系统的可持续发展。因此,可推断再生水和养殖废水等非常规水源在农业灌溉中的使用比率将逐步增加。然而,这些水中含有盐分、养分、重金属、新污染物等。目前,再生水盐分和养分水平对中国土壤质量和作物生长的负面影响很低,在可控范围内。再生水灌溉土壤中重金属水平和新污染物积累也未对土壤或作物构成直接风险,但养殖废水灌溉对土壤新污染物的积累需要引起重视。为了确保安全,需要进一步评估由于长期灌溉再生水和养殖废水而导致的重金属、新污染物(尤其是高移动性、低降解率的污染物)和中间代谢物在土壤和作物中的积累以及对人类健康的影响,同时利用合理的灌溉方式和作物种类,配合有效的综合管理措施,确保再生水和养殖废水的安全灌溉。

第2章 再生水灌溉对抗生素抗性基因在土壤中扩散的影响

我国农业水资源严重短缺,华北作为我国粮食主产区,地下水严重超采,已形成了世界上最大的地下水降落漏斗区。再生水作为潜在的替代水源,因其量大(据《中国可持续发展水资源战略研究综合报告》预测,到2030年污水年排放总量将达到850亿~1 060亿 m³)且含有丰富的养分,将其用于农业灌溉可在一定程度上缓解农业用水短缺形势(Chen et al., 2015b;Erel et al., 2019;Kang et al., 2007;Vergine et al., 2017)。以色列等发达国家再生水利用已有较长的历史,而我国尚处于起步阶段。2016年《中华人民共和国国民经济和社会发展第十三个五年规划纲要》提出:加快非常规水资源安全利用,实施再生水利用工程。我国污水排放总量呈逐年增加趋势,随着污水处理率的不断提高,如何将处理后的再生水大部分用于农业安全生产是建设资源节约型、环境友好型社会的迫切需要。但再生水中还含有重金属、抗生素、抗生素抗性基因(antibiotic-resistant genes, ARGs)等污染物,如果利用不当,会影响生态环境和食品安全,并严重威胁人类的生存和生活。ARGs作为新污染物,近年来受到广泛的关注(Canica et al.,2019;Pruden et al., 2006;罗义 等,2008),仅美国每年大约有23 000位病人因感染了耐药菌无法治愈而身亡(Rahube et al., 2014)。同时,ARGs可在同种属菌株间和不同种属的菌株之间发生水平基因转移(horizontal gene transfer, HGT),即使抗性菌株死亡后,携带ARGs的裸露DNA会在脱氧核苷酸酶的保护作用下长期存在(Udikovic-Kolic et al., 2014),导致常规的污水处理方法并不能有效去除其中的ARGs(Ferro et al.,2017;Pärnänen et al., 2019)。因此,持久且易传播扩散的ARGs已成为环境污染的隐患。目前,关于再生水灌溉对土壤ARGs影响的研究较少,且多为短期试验,同时试验结果并没有形成一致的结论,对生产实践的指导意义不足,因此亟须开展再生水长期灌溉下土壤ARGs累积的研究,为再生水在农业中合理利用提供参考。

2.1 再生水长期灌溉试验布置

2.1.1 试验点概况

田间微区试验设置在北京市水科学技术研究院永乐店试验站(39°20′N,114°20′E,海拔约12 m)日光温室内(Chen et al., 2023)。试验区属暖温带半湿润大陆性季风气候,平均日照时数2 459 h,平均气温11~12 ℃,平均降水量565 mm。在冬季,通过供暖设施使温室温度保持在20 ℃左右。表层土壤为均质轻壤土(<0.002 mm, 7.0%;0.002~0.05 mm, 54.7%;0.05~2 mm, 38.3%),性质为:容重1.4 g/cm³、pH 8.4、电导率(EC)36.0 mS/cm、有机质(OM)24 g/kg、总氮1.13 g/kg、总磷1.24 g/kg、总钾20.7 g/kg、碱解氮162.9 mg/kg、速效钾319.2 mg/kg和速效磷134.7 mg/kg。

试验从2002年12月开始,设置在两个温室大棚(大棚A和大棚B)里。灌溉方式为滴灌,每个大棚设置有地下水灌溉、再生水灌溉和地下水再生水交替灌溉 3 种灌水水质,灌水量一致,每个处理 3 个重复。两个大棚共 18 个小区,小区的布局如图 2-1 所示。每个大棚里除灌水水质外,其他管理措施(施肥、除草等)保持一致,两个大棚的作物未刻意保持一致。试验用再生水为高碑店污水处理厂二级出水,地下水取自试验站农用井浅层地下水。

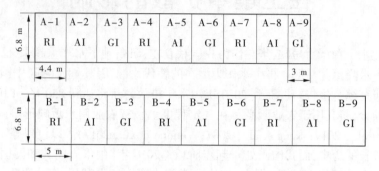

注:RI—再生水灌溉;AI—地下水再生水交替灌溉;GI—地下水灌溉。

图 2-1　温室大棚 A 和大棚 B 的小区灌溉处理布局

2.1.2　土样采集

2018 年 12 月 5 日取样,取样时大棚 A 种植的作物为长豆角,大棚 B 种植的作物为紫甘蓝(Liu et al.,2022)。在每个小区滴灌带中间区域随机选 3 个部位取 0~20 cm 深度的土壤,然后混合成一个土样。一部分样品在-80 ℃条件下保存,剩余的样品风干磨碎后保存,测定土壤养分、重金属等基本性质。

2.1.3　土样抗生素测定

待测定的抗生素包括 15 种磺胺类(磺胺嘧啶、磺胺二甲基嘧啶、磺胺氯哒嗪、磺胺甲恶唑、磺胺甲氧嗪、磺胺对甲氧嘧啶、磺胺间甲氧嘧啶、磺胺噻唑、磺胺间二甲氧嘧啶、磺胺甲噻二唑、磺胺苯吡唑、磺胺脒、磺胺醋酰钠、磺胺邻二甲氧嘧啶、磺胺喹恶啉)、14 种喹诺酮类(诺氟沙星、氟罗沙星、司帕沙星、奥比沙星、恩诺沙星、达氟沙星、培氟沙星、二氟沙星、环丙沙星、沙拉沙星、洛美沙星、氧氟沙星、恶喹酸、氟甲喹)、4 种四环素类(四环素、土霉素、金霉素、多西环素)。准确称取土壤样品 2 g 于 50 mL 离心管中,加入 4 mL EDTA-McIIvaine 提取缓冲液,涡旋混匀 1 min,加入 6 mL 乙腈,涡旋混匀后超声提取 15 min,10 000 r/min、4 ℃下离心 10 min,取全部上清液于 50 mL 离心管中加入萃取盐包(4.0 g 无水 Na_2SO_4,1.0 g NaCl),涡旋混匀 1 min,静置 10 min 盐析分层,10 000 r/min、4 ℃下离心 10 min,取乙腈层于 50 mL 离心管中,备用;向土壤残渣中加入 4 mL 甲醇,涡旋混匀后超声提取 15 min,10 000 r/min、4 ℃下离心 10 min,倒出上清液与乙腈层混合;取出 6 mL 上清液于 10 mL 离心管中,加入净化盐包(50 mg PSA、150 mg C18、900 mg 无水 Na_2SO_4),涡旋混匀 1 min,在 10 000 r/min、4 ℃下离心 5 min,氮气吹干,用甲醇水(8∶2,*V/V*)❶复溶,涡旋混匀 5 min,超声提取 5 min,过 0.22 μm 滤膜,使用超高效液相色谱串联

---

❶ *V/V* 指体积比,后同。

质谱法进行测定(ultra-high performance liquid chromatography tandem mass spectrometry，UPLC-MS/MS)。

2.1.4 土样宏基因组测序

2.1.4.1 DNA 提取和建库

采用 NucleoSpin Soil Kit 试剂盒依照说明书的方法提取土壤中的 DNA。使用 Qubit Fluorometer 检测样品 DNA 的浓度，使用 1%的琼脂糖凝胶电泳检测 DNA 样品的完整性。使用 Covaris 仪超声波(ME220，Covaris，Woburn，MA)打断 DNA 样品(1 μg)，通过调整打断参数，获得符合长度要求的短 DNA 片段。打断后的样品用 Magnetic beads 进行片段选择，使得样品条带集中在 200~400 bp。配制反应体系，适温反应一定时间，修复双链 DNA 末端，并在 3′末端加上 A 碱基，配制接头连接反应体系，适温反应一定时间，使接头与 DNA 连接。配制 PCR 反应体系，并设置反应程序，对连接产物进行扩增。将 PCR 产物变性为单链后，配制环化反应体系，充分混匀适温反应一定时间，得到单链环形产物，消化掉未被环化的线性 DNA 分子后，即得到最终的文库。通过 BGISEQ-500 平台(BGI，China)对文库进行测序得到 raw reads。

2.1.4.2 测序数据分析

使用 SOAPnuke (v1.5.6)对原始数据进行过滤(-1 20-q 0.2-n 0.05-Q 2-d-c 0-5 0-7 1)，得到 clean reads。然后使用 megahit v1.1.3 进行组装(--min-count 2--k-min 33--k-max 83--k-step 10)，接着对组装结果使用 Meta Gene Mark v2.10 在组装结果中预测开放阅读框(ORFs)(-1 100)，然后将不同样品预测出的基因合并在一起，使用 CD-Hit version 4.6.6 进行聚类(-c 0.95 -aS 0.9 -M 0 -d 0 -g 1)，以去除冗余序列，得到非冗余基因集 10 683 999 个。通过比对公共数据库(包括非冗余蛋白序列数据库 NCBI_nr[release 2018-08-14]、生物杀灭剂和重金属抗性基因数据库 BacMet(v0.8.23.85)、抗生素耐药性数据库 CARD 和移动遗传原件数据库 ISfinder)对基因集进行注释，获取基因功能和物种注释信息。然后将 reads 比对回基因集，计算各样品的基因丰度以及物种丰度情况。最后基于丰度数据，进行物种多样性分析、PCA 分析、dbRDA 分析、聚类分析、差异分析等。

2.2 长期再生水灌溉对土壤基本性质的影响

灌溉 16 年后土壤的基本性质如表 2-1、表 2-2、表 2-3 和图 2-2 所示。从 PCA 结果可以看出，土壤性质未被水质和种植模式明显区分(见图 2-2)，表明水质和种植模式均未显著影响土壤 pH、电导率、有机质、NH_4^+-N、速效磷和速效钾(见表 2-1)。在两种种植模式下，再生水灌溉相比地下水灌溉均增加了土壤 NO_3^--N 含量。大棚 B 的土壤总氮也有相同趋势，但大棚 A 则不然。水源不同并未引起土壤重金属总量的差异，除了大棚 A 中总镉在再生水灌溉和交替灌溉下明显降低。再生水灌溉降低了土壤有效重金属(大棚 A 中有个别例外)。

表 2-1 灌溉后土壤基本性质

处理		pH	电导率/ (mS/m)	有机质/ (g/kg)	总氮/ %	NO_3^--N/ (mg/kg)	NH_4^+-N/ (mg/kg)	速效磷/ (mg/kg)	速效钾/ (mg/kg)
种植模式	灌溉								
大棚 A	地下水	8.10a (0.32)	33.13a (22.51)	32.53a (4.07)	0.17ab (0)	188.38c (123.40)	4.12a (0.52)	221.22ab (46.40)	606.09a (262.89)
	地下水 再生水 交替灌溉	7.73ab (0.17)	53.80a (19.22)	29.71a (2.23)	0.16abc (0.02)	351.27abc (22.43)	3.36a (0.16)	228.70a (12.94)	672.42a (72.15)
	再生水	7.87ab (0.20)	43.13a (14.80)	27.53a (2.48)	0.14c (0.03)	367.16ab (94.81)	3.68a (0.93)	184.60ab (7.46)	594.33a (86.60)
大棚 B	地下水	7.99ab (0.15)	28.07a (5.74)	30.02a (0.44)	0.15bc (0.01)	214.40bc (97.23)	3.47a (0.89)	201.21ab (10.65)	492.06a (14.22)
	地下水 再生水 交替灌溉	7.77ab (0.23)	48.10a (32.03)	31.17a (1.49)	0.17ab (0.02)	349.69abc (69.43)	3.29a (1.24)	199.89ab (18.57)	577.77a (70.73)
	再生水	7.63b (0.18)	57.43a (24.53)	32.51a (2.97)	0.18a (0.01)	406.29a (70.00)	5.97a (5.46)	182.50b (19.11)	598.45a (128.56)

注:数据的呈现形式为平均值和标准差(括号中的数值),小写字母表示不同处理间差异显著($p < 0.05$),下同。

表 2-2 灌溉后土壤有效重金属含量

处理		有效镉/ (mg/kg)	有效铬/ (mg/kg)	有效铜/ (mg/kg)	有效铅/ (mg/kg)	有效锌/ (mg/kg)	有效砷/ (mg/kg)	有效汞/ (μg/kg)
种植模式	灌溉							
大棚 A	地下水	0.04a (0)	0.04a (0)	1.60bc (0.09)	0.83a (0.05)	9.58ab (1.81)	0.29a (0.01)	0.04abc (0.01)
	地下水再生水 交替灌溉	0.04ab (0)	0.04ab (0)	1.55c (0.05)	0.73ab (0.06)	9.76a (0.52)	0.30a (0)	0.03c (0)
	再生水	0.04b (0)	0.04b (0)	1.46c (0.04)	0.68b (0.05)	7.96b (0.34)	0.31a (0.02)	0.03bc (0.01)
大棚 B	地下水	0.04ab (0)	0.04a (0)	1.88a (0.04)	0.74ab (0.06)	8.04ab (0.37)	0.31a (0.01)	0.04ab (0)
	地下水再生水 交替灌溉	0.04ab (0)	0.04ab (0)	1.73ab (0.12)	0.70ab (0.09)	7.87b (0.68)	0.31a (0)	0.05a (0.01)
	再生水	0.04ab (0)	0.04ab (0)	1.79a (0.14)	0.76ab (0.10)	8.75ab (0.88)	0.30a (0.01)	0.05a (0.01)

表 2-3 灌溉后土壤重金属总量

处理		总镉/ (mg/kg)	总铬/ (mg/kg)	总铜/ (mg/kg)	总铅/ (mg/kg)	总锌/ (mg/kg)	总砷/ (mg/kg)	总汞/ (mg/kg)
种植模式	灌溉							
大棚 A	地下水	0.20a (0.02)	59.51a (2.06)	29.17cd (2.00)	21.63a (0.73)	111.97a (8.12)	5.96a (0.40)	0.11a (0.02)
	地下水再生水交替灌溉	0.15b (0.01)	63.78a (7.83)	29.30bcd (1.36)	21.51a (0.29)	112.29a (2.31)	5.55a (0.45)	0.13a (0.02)
	再生水	0.16b (0.02)	58.43a (2.93)	27.56d (1.79)	20.59a (0.86)	104.92a (3.16)	5.43a (0.85)	0.12a (0.01)
大棚 B	地下水	0.21a (0.02)	62.28a (3.74)	32.91a (0.62)	21.80a (0.66)	108.18a (1.43)	5.79a (0.24)	0.12a (0.09)
	地下水再生水交替灌溉	0.21a (0.01)	60.44a (2.88)	31.83abc (0.57)	21.35a (0.85)	105.83a (2.48)	5.77a (0.40)	0.10a (0.02)
	再生水	0.20a (0.02)	58.30a (3.44)	32.36ab (2.69)	22.05a (0.90)	109.60a (6.13)	5.50a (0.88)	0.15a (0.08)

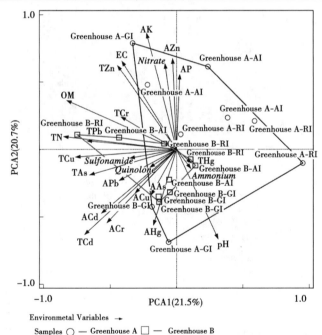

注：Greenhouse A 和 Greenhouse B 代表大棚 A 和大棚 B 两种种植模式，分别用圆圈和方框表示。
GI—地下水灌溉，RI—再生水灌溉，AI—地下水再生水交替灌溉。AK—速效钾，AZn—有效锌，
EC—电导率，Nitrate—硝态氮，Ammonium—铵态氮，TZn—总 Zn，AP—速效磷，OM—有机质，TCr—总铬，
TPb—总铅，TN—总氮，TCu—总铜，TAs—总砷，APb—有效铅，AAs—有效砷，ACu—有效铜，ACd—有效镉，
ACr—有效铬，AHg—有效汞，TCd—总镉，Sulfonamide—磺胺类抗生素，Quinolone—喹诺酮类抗生素。
Environmental Variables—环境变量，Samples—样品。

图 2-2 灌溉水源和种植模式对土壤性质影响的主成分分析

2.3　长期再生水灌溉对土壤生物学性质的影响

2.3.1　微生物群落组成

　　所有土壤中主要的门是 Proteobacteria、Acidobacteria、Actinobacteria、Chloroflexi、Gemmatimonadetes、Thaumarchaeota、Bacteroidetes、Cyanobacteria、Candidatus Rokubacteria、Planctomycetes 和 Unclassified phyla(见图 2-3)。PERMANOVA 表明种植模式对土壤微生物群落组成有显著影响($pseudo-F=11.5$，$p=3×10^{-5}$)，但是水源对土壤微生物群落组成没有影响($pseudo-F=1.1$，$p=0.333$)。聚类热图[见图 2-3(c)]也有同样的规律。所有

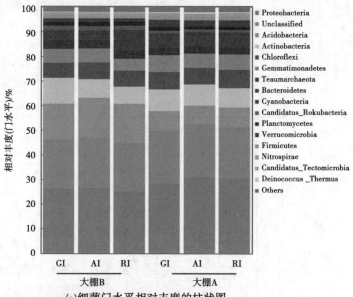

(a)细菌门水平相对丰度的柱状图

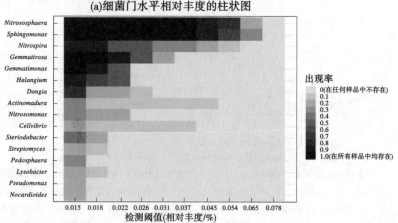

(b)土壤中分布最广泛的属水平热图

注:GI—地下水灌溉,RI—再生水灌溉,AI—地下水再生水交替灌溉。

图 2-3　土壤微生物群落组成

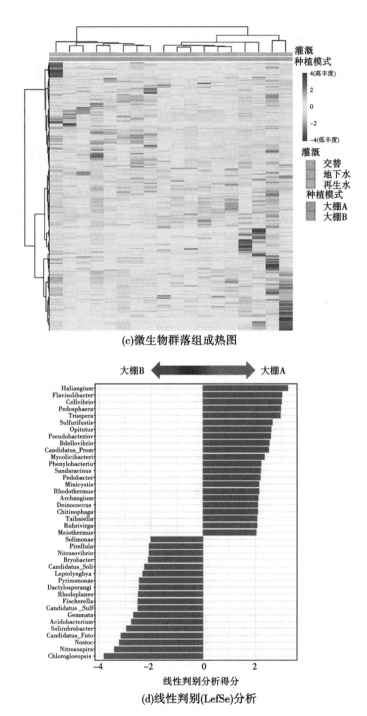

(c)微生物群落组成热图

(d)线性判别(LefSe)分析

续图 2-3

土壤中的优势原核生物是 *Nitrososphaera*、*Sphingomonas* 和 *Nitrospira*,并且与芽单胞菌门的 *Gemmatirosa* 和 *Gemmatimonas*[见图 2-3(b)]密切相关。总体上,有 22 类微生物与大棚 A 更相关[见图 2-3(d)],18 种与大棚 B 更相关。

2.3.2 抗生素及其抗性基因

　　土壤中抗生素的浓度如图 2-4 和表 2-4 所示，Sulfamethoxypyridazine、sulfametoxydiazine、sulfamonomethoxine、sulfathiazole、sulfacetamide sodium、difloxacin、sarafloxacin、lomefloxacin、flumequine 和 4 种四环素类抗生素的含量基本在检测限以下。地下水灌溉土壤的每种抗生素含量基本不超过 10 ng/g（见表 2-4），与其他研究的结果相当（Chen et al.，2011；Cui et al.，2018；Liu et al.，2019b；Ma et al.，2018；Wu et al.，2021a）。在两个大棚中，持续或交替再生水灌溉均没有显著影响土壤抗生素的总量。喹诺酮类抗生素的总量高于磺胺类抗生素。对于磺胺类抗生素来说，无论在哪个大棚里，两种再生水灌溉相比地下水灌溉均没有显著影响。对于喹诺酮类抗生素而言，大棚 A 中地下水灌溉土壤中含量显著高于再生水灌溉的土壤，但在大棚 B 正好相反。

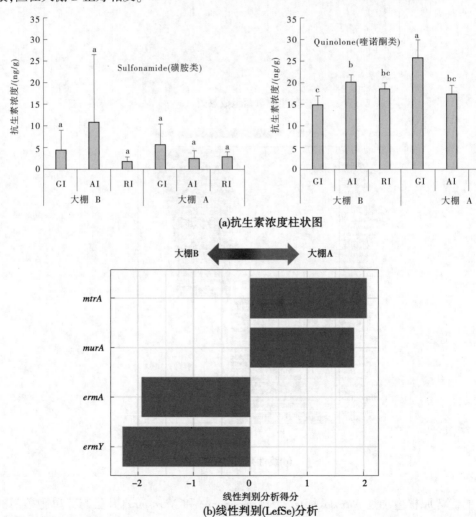

注：GI—地下水灌溉，RI—再生水灌溉，AI—两种水源交替灌溉。(a)柱状图上方小写字母表示不同处理间差异显著（$p < 0.05$），下同。(b)线性判别分析(LDA 值>1.5)指示两种种植模式中显著不同的抗生素抗性基因（$p_{adj} < 0.05$）。

图 2-4　土壤抗生素含量和抗生素抗性基因的 LefSe 分析

表 2-4　土壤中抗生素含量　　　　　　　　　单位:ng/g

抗生素种类	大棚 A			大棚 B		
	地下水灌溉	地下水再生水交替灌溉	再生水灌溉	地下水灌溉	地下水再生水交替灌溉	再生水灌溉
Sulfadiazine	0.12	0.13	0.11	0.13	0.19	0.11
Sulfamethazine	4.32	0.67	1.84	0.92	9.61	1.00
sulfachloropyridazine	0.11	0.12	0.09	2.48	0.14	0.14
sulfamethoxazole	0.12	0.15	0.11	0.09	0.12	0.10
Sulfathiazole	0.09	0.07	0.08	0.09	0.08	0.09
Sulfadimethoxypyrimidine	0.04	0.04	0.08	0.06	0.04	0.05
Sulfaphenazole	0.08	0.09	0.09	0.09	0.09	0.09
Sulfaguanidine	0.06	0.05	0.06	0.02	0.05	0.03
sulfadoxine	0.10	0.09	0.09	0.08	0.09	0.09
sulfaquinoxaline	0.68	1.13	0.29	0.37	0.11	0.19
Norfloxacin	3.74	2.09	2.27	1.77	2.17	1.78
Fleroxacin	1.66	1.19	1.15	1.02	1.07	1.06
Sparfloxacin	0.24	0.11	0.08	0.11	0.15	0.11
Orbifloxacin	0.15	0.11	0.10	0.08	0.09	0.10
Enrofloxacin	4.79	4.75	4.46	3.81	7.00	6.60
Danofloxacin	3.96	1.32	1.21	1.47	1.02	1.31
Pefloxacin	3.87	2.54	2.63	1.69	2.18	1.59
Ciprofloxacin	3.36	2.79	2.61	2.18	3.34	3.06
Ofloxacin	1.81	1.74	1.53	1.54	1.93	2.05
Oxolinic acid	2.08	0.87	0.84	1.20	1.14	0.89
总和	31.36	20.04	19.73	19.21	30.61	20.45

注:Sulfametoxydiazine 只在大棚 B 交替灌溉的一个土壤样品中检测到(0.89 ng/g),而 Doxycycline 只在大棚 B 再生水灌溉的一个土壤样品中检测到(6.65 ng/g)。

土壤中共检测出了 13 种抗生素抗性基因[见图 2-5(a)],其中 *oqxB* 基因广泛存在[见图 2-5(b)]。所有抗生素抗性基因相对丰度的比较结果表明,灌溉水质对基因丰度无显著影响(ANOVA, $F=0.6, p=0.582$),而种植模式影响显著(ANOVA, $F=17.4$, $p=0.0013$),大棚 A 的基因相对丰度高于大棚 B。与土壤中微生物群落组成的分布规律类似,种植模式对抗生素抗性基因组成影响显著(PERMANOVA, $pseudo-F=10.6$, $p=9\times10^{-5}$),而灌溉水质影响不显著(PERMANOVA, $pseudo-F=1.7$, $p=0.145$)。Lefse[见图 2-4(b)]得到了土壤中抗生素抗性基因的标志物:基因 *mtrA* 和 *murA* 与大棚 A 更相关,*ermA* 和 *ermY* 与大棚 B 更相关。

2.3.3　重金属抗性基因

BacMet 数据库共对比出 445 类重金属抗性基因,一些基因在所有土壤中都存在

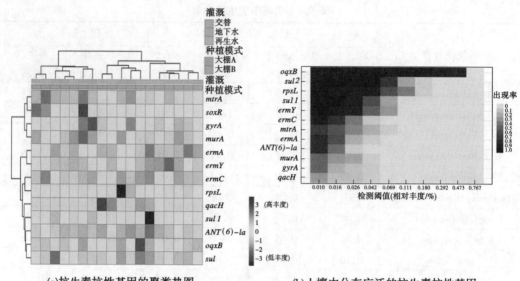

(a)抗生素抗性基因的聚类热图   (b)土壤中分布广泛的抗生素抗性基因

图 2-5　灌溉水质和种植模式对抗生素抗性基因分布的影响

[见图 2-6(a)],最丰富的是控制钼酸盐/钨酸盐输出的 *wtpC* 基因。基因 *nikA*、*nikB*、*nikC* 和 *nikE* 与输出镍的 ATP 结合盒相关。基因 *zraR* 和 *zraS* 与高锌或镉时介导 *zra*R 磷酸化的膜蛋白激酶相关。基因 *corR* 和 *corS* 编码铜相关的诱导类胡萝卜素产生并调节铜代谢的双组分系统。基因 *fbpC* 控制铁离子输出,基因 *acn* 编码调控铁的乌头酸水合酶,*znuC* 与锌输出相关。基因 *arsM* 介导亚砷酸盐甲基化生成挥发性三甲基胂。总重金属抗性基因的相对丰度在不同水质(ANOVA, $F=1.7$, $p=0.225$)和灌溉模式(ANOVA, $F=0.2$, $p=0.654$)下无显著差异。

尽管重金属抗性基因的相对丰度未受明显影响,但重金属抗性基因组成在不同种植模式下差异显著(PERMANOVA, $pseudo-F=8.2$, $p=2\times10^{-5}$),在不同灌溉模式下差异不显著(PERMANOVA, $pseudo-F=1.1$, $p=0.313$)(见图 2-7)。广泛存在的重金属抗性基因功能以从环境中获得重金属为主,而不同种植模式下重金属抗性基因的标志物主要与重金属抗性有关[见图 2-6(b)]。Lefse 分析表明,大棚 A 中 *trgB* 丰度更高,该基因与 *trgA* (不在 LefSe 的结果中)组成编码介导碲酸盐抗性的膜相关复合物的操纵子。大棚 B 中丰度较高的基因较多:*chrB1*、*chrF* 和 *chrC* 编码调节蛋白和依赖铁的超氧化物歧化酶以调控铬的抗性;*aioA* 和 *aioB* 编码调控砷解毒的亚砷酸盐氧化酶;*arrA* 编码砷酸呼吸还原酶;*cusR* 和 *cusA* 编码调节子和阳离子输出系统的一部分;*actP* 编码 P-型 ATP 酶,*copR* 编码转录激活蛋白;*mco* 编码介导铜和银抗性的多铜氧化酶;*silA* 编码银离子输出系统(*silABC*)的一部分;*nrsA* 和 *nrsR* 编码与镍抗性相关的阳离子输出系统。

2.3.4　生物杀灭剂抗性基因

灌溉水质和种植模式对生物杀灭剂抗性基因的影响如图 2-8 所示。分布最广泛的基因是 *fabL*,介导对杀菌剂三氯生的抗性。同样广泛存在的基因是 *evgS* 和 *evgA*,组成双组

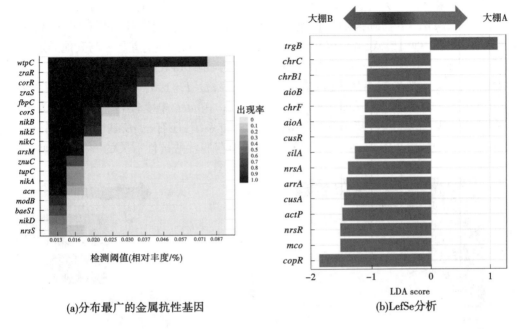

(a)分布最广的金属抗性基因   (b)LefSe分析

图 2-6　重金属抗性基因分布特征

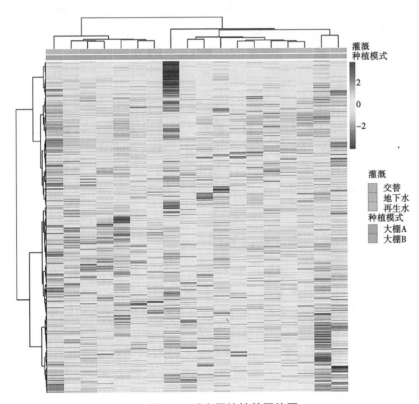

图 2-7　重金属抗性基因热图

分系统介导多重抗性。另外,一些广泛存在的基因与季铵化合物抗性有关,包括 *mdeA*、*cpxR*、*smrA* 和 *vcaM*。生物杀灭剂抗性基因的总相对丰度在不同灌溉水质(ANOVA, $F = 1.4$, $p = 0.283$)和种植模式(ANOVA, $F = 3.0$, $p = 0.106$)间无显著差异。与其他类别基因组成的响应类似,种植模式对生物杀灭剂抗性基因影响显著(PERMANOVA, $pseudo\text{-}F = 8.7$, $p = 3 \times 10^{-5}$),灌溉水质影响不显著(PERMANOVA, $pseudo\text{-}F = 1.0$, $p = 0.389$)(见图 2-9)。LefSe 得到的标志基因较少[见图 2-8(b)],在大棚 A 中 *adeL* 丰度较高,主要功能为组成调节有机硫酸盐、菲噻丁、吖嗪和吖啶的 *adeFGH* 外排系统,还有 *sugE* 基因编码季铵化合物的外排泵。在大棚 B 中,*vceR* 丰度较高,主要调节与胆汁酸抗性有关的 *vceCAB* 操纵子。

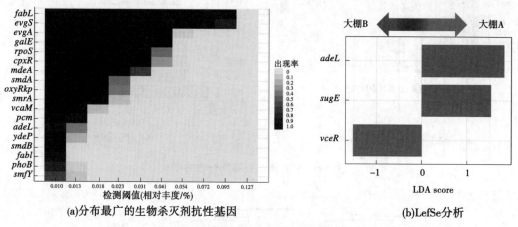

(a)分布最广的生物杀灭剂抗性基因   (b)LefSe分析

图 2-8   生物杀灭剂抗性基因的分布特征

2.3.5   插入序列

ISfinder 数据库共对比出 2 628 条插入序列,属于 29 种插入序列大类。插入序列组成的分布特征也同其他类别的基因相似,对种植模式响应显著(PERMANOVA, $pseudo\text{-}F = 10.6$, $p = 0.000\ 2$),对灌溉水质响应不显著(PERMANOVA, $pseudo\text{-}F = 1.5$, $p = 0.185$)(见图 2-10)。一些插入序列广泛存在于土壤中[见图 2-11(a)],包括 IS*3*、IS*5*、IS*21*、IS*66*、IS*110*、IS*256* 和 IS*630*。LefSe 分析表明,有 9 种插入序列在大棚 B 中丰度较高[见图 2-11(b)]。

2.3.6   与种植模式相关的特征基因和插入序列

根据 LefSe 结果,本次研究共识别出了 34 种特征基因或插入序列。在这些特征物的基础上,基于距离的线性模型模拟结果显示总镉(边际检验: $pseudo\text{-}F = 5.8$, $p_{perm} = 0.003\ 2$);总铜(边际检验: $pseudo\text{-}F = 6.4$, $p_{perm} = 0.001\ 9$);有效铜(边际检验: $pseudo\text{-}F = 5.5$, $p_{perm} = 0.004\ 3$);有效汞(边际检验: $pseudo\text{-}F = 5.5$, $p_{perm} = 0.004\ 4$)和喹诺酮类抗生素培氟沙星(边际检验: $pseudo\text{-}F = 3.3$, $p_{perm} = 0.036\ 5$)对这些标志基因的组成影响显著。dbRDA 分析($r^2 = 0.606$,轴 1 对总变异的解释度为 45.7%,轴 2 解释度为 7.2%;多重偏相关性分析显示:轴 1 总镉 $r = 0.238$,总铜 $r = 0.709$,有效铜 $r = 0.319$,有效汞 $r = 0.500$,培氟沙星 $r = -0.297$;轴 2 总镉 $r = -0.862$,总铜 $r = 0.430$,有效铜 $r = 0.055$,有效汞 $r = -0.086$,培氟沙星 $r = 0.249$)[见图 2-12(a)]表明总铜、有效铜、有效汞和培氟沙星是造成

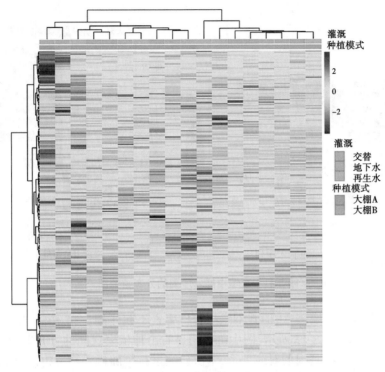

图 2-9　生物杀灭剂抗性基因的相对丰度热图

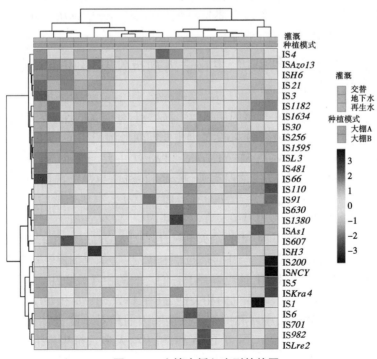

图 2-10　土壤中插入序列的热图

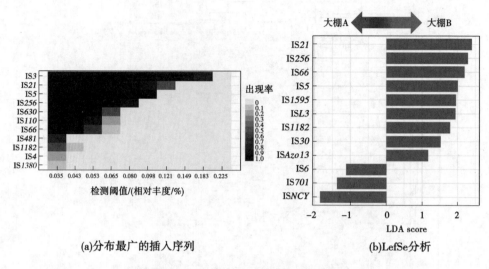

(a)分布最广的插入序列　　　　　(b)LefSe分析

图 2-11　土壤中插入序列的分布特征图

两个大棚明显差异的主要因素,但并不意味着抗生素不起作用。34 种标志基因或插入序列的相对丰度热图如图 2-13 所示,图中可以明显看出种植模式间的分布差异。为了更好地展示种植模式与这些基因的对应关系,本次研究进行了随机森林分析[见图 2-12(b)],其中前 15 个特征基因是最具代表性的。有 6 个是大棚 A 的特征基因:生物杀灭剂抗性基因 *sugE* 和 *adeL*、碲抗性基因 *trgB*、抗生素抗性基因 *murA* 和 *mtrA*、插入序列 IS*1595*。大多数的标志基因与大棚 B 相关:7 个重金属抗性基因(*aioB*、*copR*、*chrC*、*aioA*、*chrB1*、*nrsR* 和 *cusR*)和 2 个插入序列(IS*NCY* 和 IS*701*)。

2.3.7　微生物、重金属抗性基因、生物杀灭剂抗性基因和插入序列对抗生素抗性基因扩散的贡献

　　与抗生素抗性基因处于同一个基因集的微生物类别、重金属抗性基因/生物杀灭剂抗性基因信息如表 2-5 所示。丰度最高的 *oqxB* 基因主要与变形菌门相关,变形菌门还与 *sul1* 和 *soxR* 的扩散有关。基因 *sul2*、*ANT*(6)–*Ia*、*ermC* 和 *qacH* 主要与 Unclassified phylum 有关,*rpsL*、*gyrA*、*mtrA* 和 *murA* 主要与放线菌门相关,*ermY* 和 *ermC* 与厚壁菌门相关。基因 *oqxB*、*qacH* 和 *soxR* 与酚类化合物、烷烃、芳香烃、QACs、卤素、双胍、有机硫酸盐、吖啶、菲噻啶、吖嗪和百草枯等生物杀灭剂抗性基因有关。在这些基因中,只有 *mtrA* 与耐镉、锌和钴的重金属抗性基因有关。重金属抗性基因/生物杀灭剂抗性基因 *oqxB*、*qacF* 和 *czcR* 位于质粒上,其他的位于染色体上。值得一提的是,与重金属抗性基因/生物杀灭剂抗性基因相关的抗生素抗性基因都是通过外排机制起作用,这也解释了它们之间的相互关联性。

　　关于插入序列和抗生素抗性基因间的相关性,只有 *ANT*(6)–*Ia* 和 IS*Cco2* 共存于同一个基因集,所以本次研究又对插入序列和抗生素抗性基因的相对丰度进行了相关性分析(见表 2-6),发现 IS*1182*、IS*1595*、IS*256*、IS*30*、IS*66* 和 IS*L3* 与大多数抗生素抗性基因相关。基因 *oqxB* 和 *sul2* 只分别跟 IS*21* 和 IS*66* 显著相关,但是 *qacH* 与插入序列没有相关性。

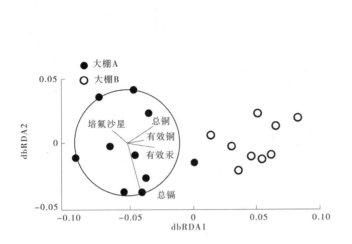

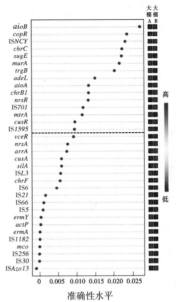

(a)基于Hellinger 距离的RDA分析

(b)根据LefSe结果进行随机森林分析

图 2-12　种植模式对基因和插入序列影响汇总

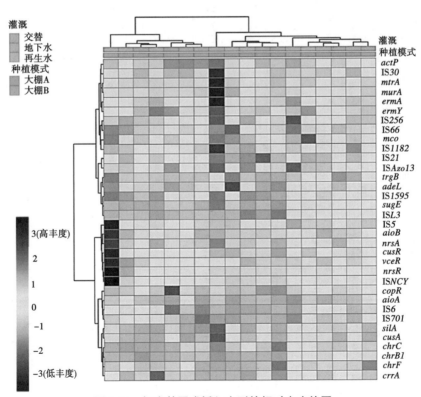

图 2-13　标志基因或插入序列的相对丰度热图

表 2-5 与抗生素抗性基因处于同一个基因集的微生物类别、重金属抗性基因/生物杀灭剂抗性基因信息

基因集 ID	微生物（门）	抗生素抗性基因	抗生素抗性基因类别	重金属抗性基因/生物杀灭剂抗性基因	位置	化合物
ly12A_GL0486129	Unclassified	oqxB	efflux pump complex	mexF	Chromosome	Triclosan[class:Phenolic compounds]，n-hexane[class:Alkane]，p-xylene[class:Aromatic hydrocarbons]
ly12A_GL0775171	Unclassified	rpsL	antibiotic resistant gene variant			
ly14A_GL0961001	Actinobacteria	rpsL	antibiotic resistant gene variant			
ly15A_GL0085838	Proteobacteria	oqxB	efflux pump complex	oqxB	Plasmid pOLA52	Benzylkonium Chloride (BAC) [class: Quaternary Ammonium Compounds (QACs)]，Clorine Dioxide (ClO$_2$) [class: Halogens]，Triclosan [class: Phenolic compounds]，Cetrimide (CTM) [class: Quaternary Ammonium Compounds (QACs)]，Chlorhexidine [class: Biguanides]，Sodium Dodecyl Sulfate (SDS) [class: Organo-sulfate]，Acriflavine [class: Acridine]
ly15A_GL0013424	Proteobacteria	oqxB	efflux pump complex	oqxB	Plasmid pOLA52	Benzylkonium Chloride (BAC) [class: Quaternary Ammonium Compounds (QACs)]，Clorine Dioxide (ClO$_2$) [class: Halogens]，Triclosan [class: Phenolic compounds]，Cetrimide (CTM) [class: Quaternary Ammonium Compounds (QACs)]，Chlorhexidine [class: Biguanides]，Sodium Dodecyl Sulfate (SDS) [class: Organo-sulfate]，Acriflavine [class: Acridine]
ly16A_GL0648819	Proteobacteria	sul1	antibiotic target replacement protein			
ly1A_GL0338058	Proteobacteria	oqxB	efflux pump complex	adeG	Chromosome	Sodium Dodecyl Sulfate (SDS) [class: Organo-sulfate]，Ethidium Bromide [class: Phenanthridine]，Safranin O[class:Azin]，Acridine Orange [class: Acridine]

续表 2-5

基因集 ID	微生物(门)	抗生素抗性基因	抗生素抗性基因类别	重金属抗性基因/生物杀灭剂抗性基因	位置	化合物
ly1A_GL0408828	Proteobacteria	oqxB	efflux pump complex	adeG	Chromosome	Sodium Dodecyl Sulfate (SDS) [class: Organo-sulfate], Ethidium Bromide[class:Phenanthridine], Safranin O [class:Azin], Acridine Orange [class: Acridine]
ly1A_GL0993324	Unclassified	rpsL	antibiotic resistant gene variant			
ly1A_GL1258081	Actinobacteria	rpsL	antibiotic resistant gene variant			
ly1A_GL1489423	Proteobacteria	oqxB	efflux pump complex	adeG	Chromosome	Sodium Dodecyl Sulfate (SDS) [class: Organo-sulfate], Ethidium Bromide [class:Phenanthridine], Safranin O[class:Azin], Acridine Orange [class:Acridine]
ly1A_GL1404435	Unclassified	qacH	efflux pump complex	qacF	Plasmid pIP833	Cetrimide (CTM) [class: Quaternary Ammonium Compounds (QACs)]
ly2A_GL1052096	Proteobacteria	oqxB	efflux pump complex	adeG	Chromosome	Sodium Dodecyl Sulfate (SDS) [class: Organo-sulfate], Ethidium Bromide [class: Phenanthridine], Safranin O [class: Azin], Acridine Orange [class: Acridine]
ly10A_GL1009141	Proteobacteria	oqxB	efflux pump complex	adeG	Chromosome	Sodium Dodecyl Sulfate (SDS) [class:Organo-sulfate], Ethidium Bromide[class:Phenanthridine], Safranin O [class:Azin], Acridine Orange [class: Acridine]
ly10A_GL1075254	Firmicutes	ermY	antibiotic target modifying enzyme			
ly3A_GL0115923	Actinobacteria	murA	antibiotic resistant gene variant or mutant			
ly3A_GL0265683	Firmicutes	ermA	antibiotic target modifying enzyme			
ly3A_GL0535754	Proteobacteria	oqxB	efflux pump complex	adeG	Chromosome	Sodium Dodecyl Sulfate (SDS) [class:Organo-sulfate], Ethidium Bromide [class:Phenanthridine], Safranin O [class:Azin], Acridine Orange [class: Acridine]

续表 2-5

基因集 ID	微生物（门）	抗生素抗性基因	抗生素抗性基因类别	重金属抗性基因/生物杀灭剂抗性基因	位置	化合物
ly3A_GL0483035	Actinobacteria	mtrA	efflux pump complex	czcR	Plasmid pMOL30	Cadmium (Cd), Zinc (Zn), Cobalt (Co)
ly3A_GL0640597	Proteobacteria	soxR	antibiotic resistant gene variant; efflux pump complex	soxR	Chromosome	Methyl Viologen[class:Paraquat]
ly3A_GL0707643	Actinobacteria	rpsL	antibiotic resistant gene variant			
ly3A_GL0976568*	Unclassified	ANT(6)-Ia	antibiotic inactivation enzyme			
ly3A_GL0899383	Proteobacteria	oqxB	efflux pump complex	oqxB	Plasmid pOLA52	Benzylkonium Chloride (BAC)[class: Quaternary Ammonium Compounds (QACs)], Clorine Dioxide (ClO$_2$)[class: Halogens], Triclosan[class: Phenolic compounds], Cetrimide (CTM)[class: Quaternary Ammonium Compounds (QACs)], Chlorhexidine[class: Biguanides], Sodium Dodecyl Sulfate (SDS)[class: Organo-sulfate], Acriflavine[class: Acridine]
ly3A_GL1125885	Actinobacteria	rpsL	antibiotic resistant gene variant			
ly3A_GL1593588	Actinobacteria	gyrA	antibiotic resistant gene variant			
ly3A_GL1535218	Actinobacteria	mtrA	efflux pump complex	czcR	Plasmid pMOL30	Cadmium (Cd), Zinc (Zn), Cobalt (Co)
ly10A_GL1118545	Unclassified	sul2	antibiotic target replacement protein			
ly11A_GL0099495	Proteobacteria	oqxB	efflux pump complex	mexF	Chromosome	Triclosan[class: Phenolic compounds], n-hexane[class: Alkane], p-xylene[class: Aromatic hydrocarbons]

续表 2-5

基因集 ID	微生物（门）	抗生素抗性基因	抗生素抗性基因类别	重金属抗性基因/生物杀灭剂抗性基因	位置	化合物
ly11A_GL0134632	Proteobacteria	oqxB	efflux pump complex	adeG	Chromosome	Sodium Dodecyl Sulfate (SDS) [class: Organo-sulfate], Ethidium Bromide [class: Phenanthridine], Safranin O [class: Azin], Acridine Orange [class: Acridine]
ly6A_GL0362141	Proteobacteria	oqxB	efflux pump complex	adeG	Chromosome	Sodium Dodecyl Sulfate (SDS) [class: Organo-sulfate], Ethidium Bromide [class: Phenanthridine], Safranin O [class: Azin], Acridine Orange[class: Acridine]
ly6A_GL0776679	Unclassified	ermC	antibiotic target modifying enzyme			
ly7A_GL0084569	Proteobacteria	oqxB	efflux pump complex	sdeB	Chromosome	Sodium Dodecyl Sulfate (SDS) [class: Organo-sulfate], Ethidium Bromide [class: Phenanthridine], n-hexane [class: Alkane], Chlorhexidine [class: Biguanides], Benzylkonium Chloride (BAC) [class: Quaternary Ammonium Compounds (QACs)]
ly7A_GL1430556	Verrucomicrobia	oqxB	efflux pump complex	mexF	Chromosome	Triclosan [class: Phenolic compounds], n-hexane [class: Alkane], p-xylene [class: Aromatic hydrocarbons]
ly8A_GL0137086	Proteobacteria	oqxB	efflux pump complex	adeG	Chromosome	SodiumDodecyl Sulfate (SDS) [class: Organo-sulfate], Ethidium Bromide [class: Phenanthridine], Safranin O [class: Azin], Acridine Orange [class: Acridine]
ly8A_GL0613685	Proteobacteria	oqxB	efflux pump complex	mexF	Chromosome	Triclosan [class: Phenoliccompounds], n-hexane [class: Alkane], p-xylene [class: Aromatic hydrocarbons]
ly11A_GL0560321	Actinobacteria	rpsL	antibiotic resistant gene variant			

注：* 只有这个基因集与插入序列中的 ISCco2（属于 IS1595 大类）共存。

表 2-6　抗生素抗性基因和标志插入序列相对丰度的相关性

		ANT(6)-Ia	ermA	ermC	ermY	mtrA	gyrA	murA	rpsL	oqxB	soxR	qacH	sul1	sul2
IS1182	R	0.431	0.684**	0.410	0.458	0.545*	0.555*	0.519*	0.300	-0.356	0.679**	-0.165	0.418	0.165
	p	0.074	0.002	0.091	0.056	0.019	0.017	0.027	0.227	0.147	0.002	0.513	0.084	0.514
IS1595	R	0.652**	0.603**	0.640**	0.510*	0.630**	0.676**	0.686**	0.754**	0.233	0.461	0.015	0.534*	0.420
	p	0.003	0.008	0.004	0.031	0.005	0.002	0.002	0	0.352	0.054	0.954	0.022	0.083
IS21	R	0.053	-0.228	-0.179	-0.193	-0.307	-0.089	-0.127	0.191	0.637**	-0.545*	0.337	-0.206	0.012
	p	0.833	0.363	0.477	0.442	0.216	0.726	0.617	0.447	0.004	0.019	0.171	0.412	0.962
IS256	R	0.674**	0.793**	0.460	0.541*	0.589*	0.604**	0.598**	0.377	-0.134	0.496*	-0.078	0.517*	0.280
	p	0.002	0	0.055	0.020	0.010	0.008	0.009	0.123	0.595	0.036	0.759	0.028	0.260
IS30	R	0.625**	0.727**	0.314	0.487*	0.685**	0.720**	0.688**	0.527*	-0.129	0.661**	0.196	0.612**	0.273
	p	0.006	0.001	0.205	0.040	0.002	0.001	0.002	0.025	0.609	0.003	0.436	0.007	0.273
IS5	R	-0.144	0.303	-0.166	0.284	0.010	0.109	0.018	-0.258	-0.506*	0.126	-0.063	-0.010	-0.228
	p	0.570	0.221	0.509	0.254	0.968	0.666	0.945	0.300	0.032	0.618	0.804	0.970	0.362
IS6	R	-0.217	0.213	-0.267	0.064	-0.073	-0.098	-0.155	-0.538*	-0.602**	0.201	-0.387	-0.133	-0.287
	p	0.386	0.395	0.285	0.801	0.772	0.698	0.540	0.021	0.008	0.424	0.113	0.598	0.248
IS66	R	0.652**	0.590**	0.491*	0.358	0.570*	0.528*	0.611**	0.395	0.008	0.321	-0.260	0.509*	0.472*
	p	0.003	0.010	0.039	0.145	0.014	0.024	0.007	0.105	0.379	0.194	0.298	0.031	0.048
IS701	R	-0.115	0.330	-0.229	0.237	-0.044	-0.002	-0.088	-0.451	-0.627**	0.252	-0.344	-0.111	-0.325
	p	0.649	0.181	0.362	0.344	0.862	0.992	0.730	0.060	0.005	0.314	0.162	0.661	0.188
ISAzo13	R	-0.070	-0.256	-0.367	-0.354	-0.518*	-0.444	-0.476*	-0.308	0.168	-0.599**	0.240	-0.318	-0.209
	p	0.781	0.305	0.134	0.149	0.028	0.065	0.046	0.213	0.506	0.009	0.337	0.198	0.405
ISL3	R	0.700**	0.492*	0.530*	0.396	0.541*	0.579*	0.615**	0.739**	0.428	0.248	0.231	0.546*	0.435
	p	0.001	0.038	0.024	0.104	0.021	0.012	0.007	0	0.076	0.322	0.357	0.019	0.071
ISNCY	R	-0.543*	-0.172	-0.370	-0.068	-0.302	-0.244	-0.316	-0.438	-0.434	-0.163	-0.059	-0.303	-0.340
	p	0.020	0.496	0.130	0.788	0.224	0.329	0.201	0.069	0.072	0.518	0.816	0.222	0.167

注：** 和 * 分别表示在 0.01 和 0.05 水平显著相关。

2.4 灌溉影响抗生素抗性基因的原因分析

本次研究揭示了来自市政污水处理厂的再生水灌溉和不同种植模式对蔬菜大棚土壤抗生素抗性基因扩散的影响,重点关注了微生物对重金属、生物杀灭剂的抗性以及引起基因水平转移的插入序列。研究结果未发现灌溉水质和灌溉方式对微生物群落组成、抗性基因和插入序列有显著影响,这表明使用再生水作为地下水的替代水源没有额外增加土壤抗生素抗性基因的负担,可能是因为我国的农田土壤抗生素抗性基因(如 *sul1*)丰度本来就处在一个较高水平(Peng et al.,2017;Tan et al.,2019;Wang et al.,2014;Wang et al.,2018a)。但是两个大棚土壤的抗生素抗性基因组成谱差异显著,即使在地下水灌溉时也是如此,表明地下水灌溉条件下抗性基因的扩散需要引起关注。

2.4.1 地下水灌溉的影响

在不经人为扰动的原始土壤中,也同样检测到抗生素抗性基因的存在(D'Costa et al.,2006)。在本试验布设之前,本次研究的试验点永乐店镇在没有污水处理条件时,曾经有污水灌溉的历史,可能会导致重金属、抗生素、生物杀灭剂和其他因素对抗生素抗性基因造成选择性压力,尤其是那些不易被降解和吸附的抗生素如磺胺甲恶唑和氧氟沙星等(Avisar et al.,2009;Lyu et al.,2019;Ma et al.,2018)。空气污染可能是导致地下水灌溉土壤检测出抗生素抗性基因的另一个原因(Hsiao et al.,2020;Ling et al.,2013)。另外,施鸡粪等有机肥也可能会增加土壤中抗生素抗性基因,因为有机肥富含抗生素抗性基因。

2.4.2 再生水灌溉的影响

已有关于再生水灌溉对土壤抗生素抗性基因影响的研究未形成一致结论。一个在德国布伦瑞克的研究表明,只有那些本来在再生水中丰度较高的抗生素抗性基因(如 *sul1*)在再生水灌溉后的土壤中丰度会增加,但是本来在再生水中丰度较低的基因(如 *bla*TEM)在再生水灌溉后的土壤中丰度不会增加,还有可能降低(Kampouris et al.,2021)。这个规律并不适用于本次研究,本次研究 *sul1* 和 *sul2* 分别在地下水和再生水中丰度较高(Liu et al.,2019a),但是在每个大棚的地下水灌溉和再生水灌溉土壤中基因的丰度并没有显著差异,可能由于土壤性质、气候和作物类型与本次研究不同。比如,本次研究土壤的 pH 范围为 7.63 ~ 8.10,布伦瑞克土壤的 pH 范围为 3.77 ~ 5.97。本次研究结论与 Shamsizadeh 等(2021)在半干旱地区的研究结果一致,他们发现灌溉水源对 *sul1* 等抗生素抗性基因的丰度无显著影响,认为在半干旱地区再生水可以用于农业灌溉。但是他们采集土样时把种植不同作物的土壤混合在了一起,所以很难确定这个试验结果是作物种植还是其他因素导致的。现有的关于灌溉对抗生素抗性基因影响的研究大多数只关注灌溉本身,并没有考虑其他因素。在本次研究中,每个大棚中除灌溉水质外的所有变量均保持一致,而且测定了土壤 pH、养分、重金属、抗生素以及抗性基因、插入序列和微生物群落组成,所以本次研究可以排除掉其他因素,证实灌溉水源的影响。

一些研究推测,再生水中的耐药菌进入土壤中竞争不过土著微生物而难以存活(Negreanu et al.,2012),这部分解释了本次研究中每个大棚不同灌溉处理土壤抗生素抗性基因的相似性。源自再生水的耐药菌对土壤微生物组成的影响微弱到难以计量,且就像本次研究一样,长时间灌溉之后很难对土壤微生物的抗性产生影响。另一种可能性是土壤中原有微生物为了竞争有限的食物,产生的抗生素对外来微生物有杀灭作用(Kelsic et al.,2015)。也有观点认为再生水携带有碳、氮等养分,可以为再生水灌溉土壤中微生物提供充足的碳源和氮源,减少食物竞争压力,因此减少了耗能的产生抗生素的基因表达(Martínez et al.,2011),也就抵消了再生水本身引入的有限的抗生素抗性基因的增加。

2.5 作物种植影响抗生素抗性基因的原因分析

与灌溉对抗生素抗性基因的影响截然相反,种植模式对抗生素抗性基因持续产生显著强烈的影响,包括对相对丰度和总组成谱的影响。

2.5.1 两种种植模式对土壤基本性质和微生物的影响

两个大棚再生水灌溉土壤的基本性质总体上无显著差异,除了总镉、有效铜、总铜、有效镉和总氮。鉴于再生水灌溉土壤的硝态氮和铵态氮差异不明显,那么总氮的差异可能是由有机氮造成的(Kelley et al.,1995)。尽管大棚 A 土壤的总氮和有机质低于大棚 B(见表 2-1),但 C/N(11.82)高于大棚 B(11.35),这有利于大棚 A 土壤中微生物进行氮的矿化。两个大棚的总氮和有机质差异可能是由于种植、施用化肥和有机肥不同。长此以往,这些不同可能会改变微生物群落结构和相应的基因。例如,大棚 B 土壤 Proteobacteria、Bacteroidetes、Verrucomicrobia 和 *Ca*. Tectomicrobia 的相对丰度小于大棚 A,而 Acidobacteria、Cyanobacteria、*Ca*. Rokubacteria、Planctomycetes 和 Deinococcus-Thermus 趋势则相反[见图 2-3(a)]。本次研究发现大多数携带抗生素抗性基因的微生物属于 Proteobacteria、Actinobacteria 和 Firmicutes,与前人研究结果一致(Wu et al.,2021b)。

2.5.2 土壤抗生素抗性基因与可能的促进因素之间的关系

在本次研究中,抗生素抗性基因与重金属抗性基因/生物杀灭剂抗性基因的共存主要是通过外排机制,存在于质粒上的抗生素抗性基因发生水平转移的可能性更大。抗生素抗性基因和插入序列的高度相关也表明了遗传转移元件对抗生素抗性基因的传播起了重要作用。在其他研究中同样发现 IS*Cco2* 和其他遗传转移元件普遍存在且对抗生素抗性基因的转移起到重要作用(Zhang et al.,2021b)。有观点认为,导致不动杆菌属的抗性增加的关键因素可能是插入序列的存在,比如 IS*Abc1*(属于 IS*1595* 大类)可以插入抗性基因的 5′-端,为基因装载启动子,使基因表达上调(Gootz et al.,2008)。所有这些生物物理化学性质的差异及相互作用导致了两个大棚抗生素抗性基因组成的差异。

2.6 对未来研究的启示

本次研究表明有限的重金属、抗生素含量的差异引起了抗性基因的差异。虽然本次研究无法确定这些标志性的差异基因是不是在结构上与插入序列相关联，但是研究结果指示了两者的相关性。此外，研究者关于养殖废水灌溉研究结果也显示了作物种植对土壤抗生素抗性基因扩散有显著影响，尽管影响机制还不明了；另一个研究证实了作物根系性质的差异性导致大豆根系比禾本科作物根系吸附更多的抗生素。本次研究的试验布置虽然不能区分取样时土壤的抗生素抗性基因组成是由 16 年的种植差异还是当季作物差异引起的，但是研究结果强有力地证实了种植模式对土壤抗生素抗性基因扩散的影响需要引起关注。

2.7 结 论

本次研究发现 16 年的再生水灌溉和种植模式差异均未显著影响土壤的 pH、电导率、有机质、铵态氮、速效磷、速效钾和抗生素总量。再生水灌溉导致了土壤有效重金属含量的降低(除个别外)，但是再生水灌溉土壤的微生物、抗生素抗性基因、重金属抗性基因、生物杀灭剂抗性基因和插入序列组成与地下水灌溉土壤相似。尽管与地下水和再生水交替灌溉相比，再生水连续灌溉减少了抗生素抗性基因及其相应的促进因素的输入，但是并没有显著影响抗生素抗性基因的扩散。本次研究证实了种植模式对抗生素抗性基因组成的影响大于再生水灌溉，而现有研究常常忽略种植模式这一影响因素。也就是说，除灌溉外的因素(如作物种植对抗生素抗性基因扩散的影响)在以后的研究中需要引起关注。

第3章　养殖废水灌溉对抗生素抗性基因在土壤-植物系统中扩散的影响

农业用水占据了全球50%~80%的淡水（Palese et al.，2009）。人口增加和全球变暖也导致用水量越来越多,废水循环用于农业灌溉可以缓解水资源紧缺的压力（Stroosnijder et al.，2012）。目前,畜禽养殖在向集约化发展,养殖废弃物的产生量不断增加。例如,在中国每年产生超过 3×10^9 t 的粪便（Xie et al.，2018）,其中仅江苏省2013年的畜禽粪便为 4.2×10^6 t（Wang et al.，2016a）。在美国,2016年产生的可回收的肉牛、奶牛和猪的总粪便干重为 37.7×10^6 t（Milbrandt et al.，2018）。利用养殖废水灌溉既可以利用其中丰富的养分,还可以减少其随意排放造成的环境污染。

但是,养殖废水含有抗生素和抗生素抗性基因（Qiao et al.，2018）。近几十年,大型集约化畜禽养殖场为了防治疾病并促进畜禽生长,使用了大量的抗生素。全球抗生素日使用量从2000年到2015年持续增长（Klein et al.，2018）。仅中国,2013年在经过污水处理后仍大约有53 800 t抗生素排放到环境中（Zhang et al.，2015）。残留的抗生素会对环境中的微生物造成选择性压力,导致ARGs和耐药微生物的传播扩散（Pruden et al.，2006）,进而导致抗生素的药效下降并威胁人类健康。在2017年世界抗生素宣传周上,联合国发出警示——抗生素抗性是一个不能忽视的危机,并呼吁抗生素的合理使用。

在养殖废水灌溉过程中,ARGs通过土壤、植物和地表径流传播（Ghosh et al.，2007；Joy et al.，2013）。比如,夏季废水灌溉的土壤在进入冬季停止灌溉后,ARGs下降（Sui et al.，2016）。Bastida等（2017）通过研究一个半干旱地区的柑橘园发现水质和灌溉量均影响土壤微生物群落。在一个3年的田间灌溉试验中,Mavrodi等（2018）发现灌溉通过改变土壤水势和pH而影响小麦根际微生物的多样性和特定操作分类单元（operational taxonomic units,OTUs）的相对丰度。Ma等（2018）研究表明灌溉水源影响药品和个人护理产品（PPCPs）在包气带土壤的累积和转运,但是该研究并未考虑ARGs。

抗生素抗性优先通过水流路径在土壤中传播（Lüneberg et al.，2018）,而ARGs的传播依赖于土壤中抗生素的移动性。Santiago等（2016）通过灌溉废水的研究表明,较高的土壤湿度导致了较高的PPCPs（包含了喹诺酮类抗生素氧氟沙星）,说明PPCPs的移动性随土壤湿度的增加而增加。同时,有研究表明增加再生水灌溉频率可增加土壤中ARGs（Fahrenfeld et al.，2013）。除了灌溉时间和灌溉量,灌溉方式也可能通过对土壤微生物、抗生素分布、土壤湿度、pH、有机质等因素的潜在影响而影响ARGs的扩散。但是,关于这些因素是如何综合起来影响土壤-植物系统的抗生素和ARGs的报道仍较少。

许多灌溉方式被用于提高干旱、半干旱地区的水分利用率（water use efficiency,WUE）。常规的沟灌尽管WUE较低,无疑是最传统的灌溉方式。隔沟灌（alternate-furrow irrigation,AFI）是一种改进的便于实施的灌溉方式,通过交替灌溉两个相邻的沟促进干旱侧土壤中根系分泌脱落酸（abscisic acid,ABA）而降低植株气孔导度和蒸腾速率（Graterol et al. ，1993；Kang et al. ，2000a；Kang et al. ，2000b）。隔沟灌已经在许多干旱地区替代沟灌作为主要的灌溉方式。本次研究假设灌溉方式、水质和灌溉量均影响土壤 ARGs 的丰度。本次研究旨在揭示养殖废水隔沟灌对农田生态系统抗生素和 ARGs 扩散的影响以及环境因子与 ARGs 分布的关系，筛选出可以减缓抗生素扩散的适宜的养殖废水灌溉方式，可提升公众对养殖废水灌溉环境风险的认知水平，为养殖废水的农田合理灌溉提供参考。

3.1 养殖废水灌溉试验布置

3.1.1 土壤

本次试验在中国农业科学院新乡农业水土环境野外科学观测试验站（35°15′44″N，113°55′6″E）日光温室内进行（Liu et al. ，2019b）。该温室只能遮挡雨水，不具备光照、温度、湿度和 CO_2 调节功能。试验地土壤类型为砂质壤土（潮土，中国土壤分类；Fluvic Cambisol，世界土壤分类）。0～20 cm 土壤的基本性质为：pH 8.54，电导率（EC）87.65 mS/m，有机质 9.01 g/kg，总氮 0.7 g/kg，硝态氮 136 mg/kg，铵态氮 7.89 mg/kg，速效钾 252 mg/kg，速效磷 33.2 mg/kg，总铜、总锌、总铅、总镉分别为 25.7 mg/kg、72.4 mg/kg、22.0 mg/kg、0.60 mg/kg，有效铜、有效锌、有效铅、有效镉分别为 1.45 mg/kg、1.79 mg/kg、1.92 mg/kg、0.20 mg/kg。

3.1.2 灌溉水

本次试验灌溉水分别为地下水（清水）和养猪废水。地下水从试验站地下约 4.5 m 深处抽取，并通过流量计控制水量。养猪废水采自试验站附近一家养猪场的发酵罐。两种水源的基本性质见表 3-1。

表 3-1　地下水和养殖废水的基本性质

水样	pH	EC/ （μS/cm）	COD/ （mg/L）	TDS/ （mg/L）	N/ （mg/L）	P/ （mg/L）	Ca/ （mg/L）	Mg/ （mg/L）	Fe/ （mg/L）	Zn/ （mg/L）	Mn/ （μg/L）
清水	8.07	1 985	104	2 251	0.550	—	55.5	122	1.07	0.021	178
废水	8.40	2 588	330	1 681	325.6	16.6	47.6	38.6	0.88	0.366	120

水样	Pb/ （μg/L）	Cd/ （μg/L）	Cu/ （μg/L）	Cr/ （μg/L）	As/ （μg/L）	Hg/ （μg/L）	NO_3^-/ （mg/L）	PO_4^{3-}/ （mg/L）	SO_4^{2-}/ （mg/L）	K^+/ （mg/L）	Na^+/ （mg/L）
清水	0.654	0.050	2.45	13.3	9.85	0.065	—	—	844	2.95	514
废水	1.729	0.107	73.16	30.0	2.10	0.178	2.70	4.94	319	212.3	257

注：1. COD 为化学需氧量。

　　2. TDS 为溶解性总固体。

　　3. N、P、Ca、Mg 及重金属含量为总量。

3.1.3 田间试验

辣椒是一种日常食用的蔬菜且经常在大棚中种植，因此选用辣椒（*Capsicum annuum*

L.，福龙 F1）作为供试植物。2017 年 4 月 14 号开始育苗，5 月 14 号选择健康且整齐一致的辣椒苗移栽到小区中，株距 0.5 m、行距 0.5 m。每小区种 3 行辣椒，共 4 个沟，沟深 30 cm。定植后，根据当地农民的种植经验，每小区采用沟灌方式灌清水 400 L（250 m³/hm²）。移栽辣椒前，土壤已施入底肥 $CO(NH_2)_2$ 180 kg/hm²、$Ca(H_2PO_4)_2 \cdot H_2O$ 450 kg/hm² 和 KCl 240 kg/hm²。在 7 月 21 日、8 月 12 日和 9 月 3 日分别追肥 $CO(NH_2)_2$ 90 kg/hm²，因此总尿素施用量为 450 kg/hm²。试验小区规格为 8 m × 2 m，每两个相邻的小区间隔 50 cm，以排除水分侧渗带来的影响。每小区平均每 7 天采用沟灌灌清水 400 L。6 月 19 日开始不同处理，养殖废水使用前与清水等体积混匀后施用。处理为：GC100（清水沟灌，每 10 天灌溉 400 L 的 100%）、GA50（清水隔沟灌，每 10 天灌溉 400 L 的 50%）、GA65（清水隔沟灌，每 10 天灌溉 400 L 的 65%）、GA80（清水隔沟灌，每 10 天灌溉 400 L 的 80%）、WC100（废水沟灌，每 10 天灌溉 400 L 的 100%）、WA50（废水隔沟灌，每 10 天灌溉 400 L 的 50%）、WA65（废水隔沟灌，每 10 d 灌溉 400 L 的 65%）、WA80（废水隔沟灌，每 10 天灌溉 400 L 的 80%）。具体的灌溉日程见表 3-2。每个处理设 3 个重复。根据 Kang 等（2000b），比较沟灌 100% 灌溉量和隔沟灌 50% 灌溉量处理，以评价隔沟灌的作用。对比隔沟灌 50%、65% 和 80% 灌溉量处理以筛选最佳的减缓 ARGs 扩散的隔沟灌灌溉量。同时设置了只施底肥但未种植植物且无灌溉的一个小区以规避种植和灌溉以外的因素对土壤 ARGs 的影响。

为确保产量，从 8 月 23 日开始所有的小区恢复清水沟灌，每小区每 7 天灌溉 400 L。10 月 9 日，收获植株，测定植株的产量及生物量。同时，收获的植株被分为根、茎、叶和果实。同时，采集 0～20 cm 深度的土样，根系上抖落的土为非根际土，黏附在根系上的土用刷子轻轻刷下作为根际土。每个小区随机挑选 5 个植株，把采集的土样合在一起。在裸地小区采集 3 个土样作为 3 个重复。植株样用灭菌的 8.5 g/L 的 NaCl 溶液清洗以去除黏附的土壤颗粒和微生物。一部分土样和植株样在 -80 ℃ 条件下保存，剩余的样品风干或烘干磨碎后保存。土壤 pH、氧化还原电位（Eh）、有机质、总氮、硝态氮、铵态氮、有效铜、有效锌、有效铅、有效镉的测定参考《土壤农业化学分析方法》（鲁如坤，2000）。

表 3-2　灌溉日程

灌溉日程	水样	灌溉量/L							
		GC100	GA50	GA65	GA80	WC100	WA50	WA65	WA80
2017-05-14	地下水	400	400	400	400	400	400	400	400
2017-05-21		400	400	400	400	400	400	400	400
2017-05-28		400	400	400	400	400	400	400	400
2017-06-04		400	400	400	400	400	400	400	400
2017-06-11		400	400	400	400	400	400	400	400
2017-06-19	地下水	400	200	260	320				
	养殖废水：地下水混合物（1:1,v/v）					400	200	260	320

灌溉日程	水样	灌溉量/L							
		GC100	GA50	GA65	GA80	WC100	WA50	WA65	WA80
2017-06-28	地下水	400	200	260	320				
	养殖废水:地下水混合物(1:1,v/v)					400	200	260	320
2017-07-09	地下水	400	200	260	320				
	养殖废水:地下水混合物(1:1,v/v)					400	200	260	320
2017-07-21	地下水	400	200	260	320				
	养殖废水:地下水混合物(1:1,v/v)					400	200	260	320
2017-08-01	地下水	400	200	260	320				
	养殖废水:地下水混合物(1:1,v/v)					400	200	260	320
2017-08-12	地下水	400	200	260	320				
	养殖废水:地下水混合物(1:1,v/v)					400	200	260	320
2017-08-23	地下水	400	400	400	400	400	400	400	400
2017-08-31		400	400	400	400	400	400	400	400
2017-09-07		400	400	400	400	400	400	400	400
2017-09-14		400	400	400	400	400	400	400	400
2017-09-19		400	400	400	400	400	400	400	400
2017-09-26		400	400	400	400	400	400	400	400
2017-10-03		400	400	400	400	400	400	400	400

3.1.4 抗生素的测定

依据 Cheng 等(2016),测定了畜禽养殖中 6 种典型抗生素(Tang et al.,2015),包括四环素(TC)、金霉素(CTC)、土霉素(OTC)、磺胺嘧啶(SDZ)、磺胺甲恶唑(SMX)和磺胺甲基嘧啶(SMZ)。

水样测定:用 0.45 μm 微孔滤膜过滤 10 mL 水样。加入 0.80 g/L Na$_2$EDTA,混匀后,反应 1 h,然后用 0.1 mol/L 的盐酸和氢氧化钠溶液调节溶液 pH 为 5.0 左右。固相萃取程序:依次用 2.0 mL 甲醇、2.0 mL 超纯水、1.0 mL 酸性超纯水(pH 为 5.0 ± 0.2)活化萃取板(Oasis HLB plates,60 mg,Waters,USA);控制上样速度大约为 0.4 mL/min;上样完后,用 2 mL 超纯水进行淋洗,之后用氮气吹扫 30 min 至干。然后用 2 mL 甲醇:乙腈混合溶液(1:1,V/V)进行样品洗脱,收集洗脱液,使用氮气吹干仪吹干,然后用 100 μL 的甲醇:水(1:1,*V/V*)溶解。最后,使用超高效液相色谱串联质谱法进行测定(Ultra-high Performance Liquid Chromatography tandem Mass Spectrometry,UPLC-MS/MS)。

土样和植物样的测定:称取冻干样品 75 mg,加入 3 mL 甲醇:Na_2EDTA-McIlvaine (1:1,*V/V*)溶液,振荡后超声(50 kHz)10 min,然后在 3 000 r/min 下离心 20 min,取上清液,重复 3 次后,混合上清液。取 1 mL 上清液用超纯水稀释到 10 mL,使甲醇含量在 2% 以下,然后上机测定。

超高效液相色谱–质谱联用仪为 Agilent 1290 Infinity UHPLC 串联 Agilent 6470 Triple Quadruple MS/MS(Agilent Technologies,USA),色谱分析柱为 XSelect HSS T3 Column(2.5 μm,2.1 × 100 mm,Waters Co.,Massachusetts,USA),质谱仪检测模式为 MRM(multi-reaction monitoring mode),电离源为电喷雾电离源(ESI)。6 种抗生素的仪器条件见表 3-3。

表 3-3　UPLC-MS/MS 的操作参数

抗生素	检测模式	Precursor ion/ (m/z)	Product ion/ (m/z)	Fragmentor/V	CE/V
土霉素	+	461.2	426.0	117	20
金霉素	+	479.2	444.2	120	20
四环素	+	445.2	410.1	110	20
磺胺甲恶唑	+	254.0	92.0	115	30
磺胺嘧啶	+	251.0	156.0	105	15
磺胺甲基嘧啶	+	265.1	92.0	100	33

3.1.5　DNA 提取

使用 FastDNA SPIN Kits(MP Biomedicals,CA)参照说明书操作提取土样、植株样和水样的 DNA。植株样在提取之前用液氮研磨。使用 Nanodrop ND-2000c 超微量核酸蛋白测定仪(Thermo Fisher Scientific,Waltham,MA)和 1.5% 琼脂糖凝胶电泳测定所提取 DNA 的浓度和质量。

3.1.6　细菌多样性测定

细菌的 16S rRNA 基因由 PCR 进行扩增。PCR 扩增选用细菌 16S rRNA V3-V4 区特异性引物,338F(5'-ACTCCTACGGGAGGCAGCAG-3'),806R(5'-GGACTACHVGGGTWTCTAAT-3') (Xu et al.,2016)。PCR 体系:10x Ex Taq Buffer,6 μL;dNTP,6 μL;BSA,0.6 μL;Ex Taq, 0.3 μL;Primer F,1.2 μL;Primer R,1.2 μL;DNA,1 μL;ddH$_2$O,43.7 μL。PCR 反应条件: 94 ℃变性 5 min,然后进入 31 个循环的扩增阶段,包括 94 ℃变性 30 s,52 ℃变性 30 s 和 72 ℃变性 45 s;72 ℃变性 10 min;16 ℃,保持。PCR 完成后利用琼脂糖凝胶电泳检测扩增产物。根据 PCR 产物的浓度,将各样品进行等浓度混样。混样产物利用琼脂糖凝胶电泳进行检测,并回收产物。

对测序结果检验后,去除特异性标签接头盒引物序列,然后利用 QIIME(Quantitative Insights into Microbial Ecology)软件使用 BLAST searches 在 Greengenes 数据库对序列进行

注释,在97%的相似度水平上聚类得到OTUs。

3.1.7　ARGs 和 intI1 的相对定量测定

在 CFX-96 touch 实时荧光定量 PCR 仪器(Bio-Rad,USA)进行定量聚合酶链反应 (quantitative polymerase chain reaction,qPCR),对 7 种 ARGs(tetA、tetG、tetO、tetW、tetX、sulI 和 sulII)、一类整合子 intI1 和内参基因 16S rRNA 通过 SYBR Green 方法进行扩增和定量测定,每个 qPCR 反应重复 3 次。引物相关信息见表 3-4。循环条件为:95 ℃变性 5 min; 然后进入 45 个循环的扩增阶段,包括 95 ℃变性 15 s,60 ℃变性 30 s 和 72 ℃变性 30 s。 使用 $2^{-\Delta\Delta C_t}$ 方法(Livak et al.,2001;Zhu et al.,2013)计算样品之间的相对丰度:

$$\Delta C_t = C_{t,(ARG\ or\ intI1)} - C_{t,(16S)} \tag{3-1}$$

$$\Delta\Delta C_t = \Delta C_{t,(Target)} - \Delta C_{t,(Ref)} \tag{3-2}$$

式中,C_t 为循环的阈值;Target 为实验组样品;Ref 为对照组样品。

表 3-4　引物相关信息

目的基因	引物	序列(5′~3′)	扩增子大小(碱基对,bp)	参考文献
tetA	tetA-F	GCTACATCCTGCTTGCCTTC	210	(Faldynova et al.,2003)
	tetA-R	CATAGATCGCCGTGAAGAGG		
tetG	tetG-F	GCAGAGCAGGTCGCTGG	134	(Zhang et al.,2016b)
	tetG-R	CCYGCAAGAGAAGCCAGAAG		
tetO	tetO-F	ACGGARAGTTTATTGTATACC	171	(Aminov et al.,2001)
	tetO-R	TGGCGTATCTATAATGTTGAC		
tetW	tetW-F	GAGAGCCTGCTATATGCCAGC	168	(Aminov et al.,2001)
	tetW-R	GGGCGTATCCACAATGTTAAC		
tetX	tetX-F	AGCCTTACCAATGGGTGTAAA	278	(LaPara et al.,2011)
	tetX-R	TTCTTACCTTGGACATCCCG		
sulI	sulI-F	CGCACCGGAAACATCGCTGCAC	163	(Zhang et al.,2016b)
	sulI-R	TGAAGTTCCGCCGCAAGGCTCG		
sulII	sulII-F	CTCCGATGGAGGCCGGTAT	190	(Luo et al.,2010)
	sulII-R	GGGAATGCCATCTGCCTTGA		
intI1	intI1-F	CCTCCCGCACGATGATC	280	(LaPara et al.,2011)
	intI1-R	TCCACGCATCGTCAGGC		
16S rRNA	1369F	CGGTGAATACGTTCYCGG	143	(Suzuki et al.,2000)
	1492R	GGWTACCTTGTTACGACTT		

用于比较的对照组依据分析目的而设定。当比较清水和废水 ARGs 的丰度时,选择清

水作为对照。当比较不同处理土壤的 ARGs 丰度时,选择施底肥前的初始土壤为对照。当比较不同处理不同植物器官的 ARGs 丰度时,选择清水沟灌处理(GC100)的根系为对照。

3.1.8 统计分析

使用 SPSS 16.0 for Windows (SPSS Inc., Chicago, IL, USA)对 ARGs 丰度和环境因子进行方差分析(ANOVA),并采用 Duncan's 多重检验法在 0.05 显著水平对各个处理进行差异显著性检验。采用 Pearson's 相关系数评价不同指标间的相关性。采用 MicrobiomeAnalyst (Dhariwal et al., 2017)分析 OTU 数据。平均数少于 14 的 OTU 被去除,同时采用四分位法方差过滤去掉变异系数最大的 10%的 OTUs。丰度数据采用加和缩放法(cumulative sum scaling, CSS)进行处理(Weiss et al., 2017)。采用主坐标分析法(principal coordinate analysis, PCoA)在 OTU 水平依据 weighted UniFrac phylogenetic distance 分析土壤细菌群落(Lozupone et al., 2011)。同时采用 Ward's minimum variance 对不同处理的 OTUs 进行分级聚类。依据 weighted UniFrac distance 采用排列多变量方差分析(permutation multivariate analysis of variance, PERMANOVA)检验 OTU 集合的差异显著性,当存在显著差异时,再用 PERMDISP 检验组间多变量离散的同质性(Anderson et al.,2013)。如果离散不显著,则认为组间差异性是处理造成的。

采用 PAST 3.20 依据 Gower distances 对不同处理的 ARGs 和 *intI1* 丰度进行 PCoA 分析(Kuczynski et al., 2010),以及双因素 PERMANOVA 分析(9 999 次排列)来评价不同的处理对 ARGs 和 *intI1* 丰度的影响是否显著。当处理间差异显著时,采用 CANOCO 5 进行冗余分析(redundancy analysis,RDA)(999 次排列)以阐明基因丰度和环境因素之间的相互关系(ter Braak, 1988)。采用 interactive-forward-selection 选择对基因丰度影响显著的环境因素,分析之前所有环境因子数据进行 *z* 转换。

3.2 养殖废水隔沟灌对土壤–植物系统抗生素、抗生素抗性基因等的影响

3.2.1 灌溉水中抗生素的浓度以及 ARGs 和 *intI1* 的相对丰度

TC、CTC、OTC、SMX、SMZ 和 SDZ 在清水中的浓度分别为 7.1~2.1 ng/L、9.0~2.2 ng/L、15.7~8.2 ng/L、5.0 ~ 3.7 ng/L、6.1~4.1 ng/L 和 3.1~2.2 ng/L,在废水中的浓度分别为 354.2~126.5 ng/L、311.4~184.7 ng/L、5 471.3~1 136.5 ng/L、5.1~4.9 ng/L、4.6~4.1 ng/L 和 9.2~3.0 ng/L。在废水中四环素的浓度显著高于清水中四环素的浓度,同时显著高于废水中的磺胺类抗生素浓度。废水中 *tetA*、*tetG*、*tetO*、*tetW*、*tetX*、*sulI*、*sulII* 和 *intI1* 基因的丰度分别比清水高 9.2 ~ 14.2 倍、409.0 ~ 176.1 倍、30.8 ~ 3.7 倍、634.3 ~ 149.7 倍、11.0 ~ 3.5 倍、183.8 ~ 88.0 倍、1 357.0 ~ 361.8 倍和 28.9 ~ 6.8 倍。

3.2.2 灌溉后土壤的化学性质

初始土壤和收获后土壤的基本化学性质见图 3-1 和图 3-2。清水灌溉土壤的 pH 和有

效锌含量较高,而废水灌溉的土壤有机质(OM)、总氮和硝态氮含量较高。非根际土壤的EC和硝态氮含量高于根际,而OM和铵态氮含量正好相反。

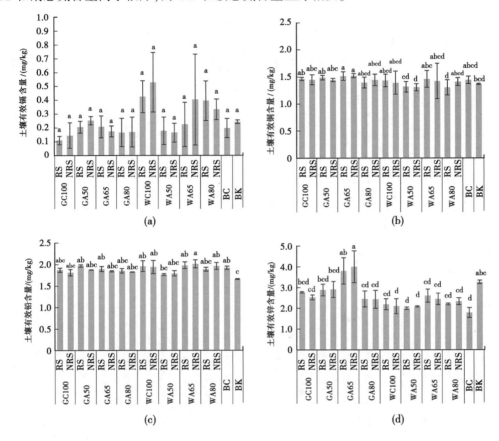

注:G 指清水,W 指废水,C 指沟灌,A 指隔沟灌;100、50、65 和 80 分别指 100%、50%、65%和 80%的充分灌溉量。BC 指施底肥前的初始土壤,BK 是指未种植物且未灌溉的裸地小区土壤。RS 和 BS 分别指根际和非根际土壤。数据为平均值±标准差,直方柱上方的小写字母表示处理间差异显著($p<0.05$)。下同。

图 3-1　土壤中有效重金属含量

3.2.3　土壤抗生素含量

3.2.3.1　水质和隔沟灌灌溉量的影响

土壤中磺胺类抗生素的含量低于四环素类抗生素的含量(见图 3-3),和水中趋势一致。废水灌溉土壤的抗生素浓度高于清水灌溉的土壤。随着 AFI 灌溉量的增加,根际和非根际土壤的抗生素含量均没有显著的增加。

3.2.3.2　隔沟灌影响

在废水灌溉条件下,沟灌与50%隔沟灌根际和非根际土壤抗生素含量没有显著差异。在清水灌溉条件下,50%隔沟灌显著降低了根际四环素类抗生素的含量,但显著增加了磺胺类抗生素的含量,表明与沟灌相比,隔沟灌对土壤中不同种类抗生素的影响并不一致。

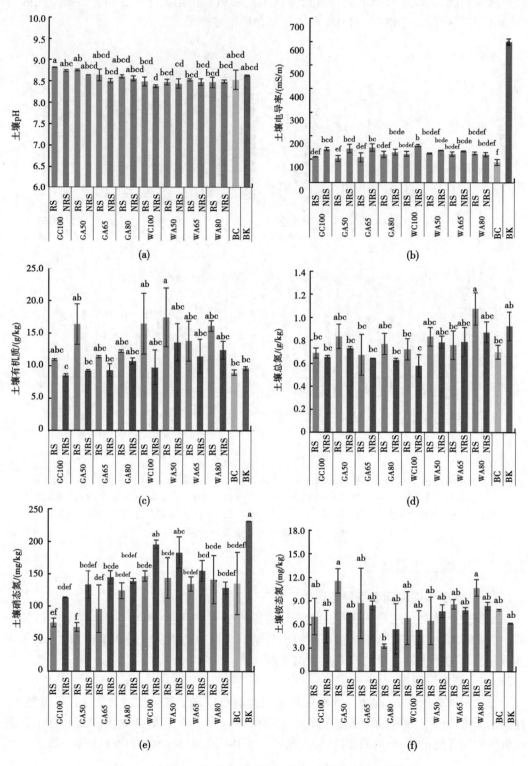

图 3-2 土壤 pH、电导率、有机质、总氮、硝态氮和铵态氮含量

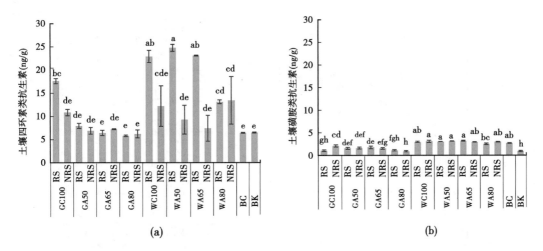

注:四环素类抗生素含量是四环素、金霉素和土霉素含量之和,磺胺类抗生素含量是磺胺嘧啶、磺胺甲恶唑和磺胺甲基嘧啶含量之和。

图 3-3 土壤抗生素含量

3.2.3.3 其他影响

初始土壤的磺胺类抗生素含量与废水灌溉的土壤没有显著差异,根际和非根际土壤的磺胺类抗生素含量也没有显著差异。清水灌溉并没有显著增加土壤抗生素含量,除了沟灌的根际土壤。对于四环素类抗生素来说,废水灌溉后根际土壤的抗生素含量显著高于初始土壤和裸地土壤。在沟灌条件下,无论是清水还是废水,根际四环素类抗生素的含量高于非根际土壤。而在隔沟灌条件下,只在废水 50% 和 65% 灌溉量时有此趋势。当灌溉量增加到 80% 时,根际和非根际土壤抗生素含量的差异消失了。裸地土壤磺胺类抗生素低于初始土壤,而四环素类抗生素没有变化。

3.2.4 细菌群落组成

稀疏曲线[见图 3-4(a)]表明测序深度足够。在 3 488 396 扩增子序列(每个样品平均序列数为 72 674,最大值和最小值分别为 94 028 和 40 558)中共得到 2 626 个 OTU。土壤中细菌主要的门是变形菌门(Proteobacteria)、酸杆菌门(Acidobacteria)、拟杆菌门(Bacteroidetes)、放线菌门(Actinobacteria)、芽单胞菌门(Gemmatimonadetes)、厚壁菌门(Firmicutes)和绿弯菌门(Chloroflexi),囊括了超过 93% 的 OTUs[见图 3-4(b)]。Actinobacteria 和 Firmicutes 在废水灌溉土壤中的相对丰度高于清水灌溉土壤,但不显著。与初始土壤相比,裸地土壤的 Actinobacteria、Gemmatimonadetes、Bacteroidetes 和 Chloroflexi 有所增加。

聚类分析(见图 3-5)和 PCoA 分析(见图 3-6)结果均表明根际和非根际细菌群落有显著差异,根际土壤 OTUs 的变异性小于非根际土壤。不同水源灌溉的土壤细菌群落存在显著差异,而不同灌溉量之间无显著差异。双因素 PERMANOVA 分析(见表 3-5)也表明 OTUs 的显著差异来源于灌溉水源而不是灌溉量。

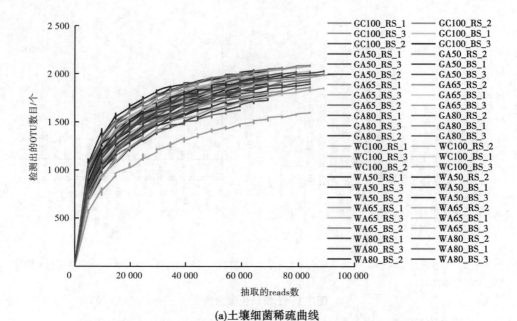

(a)土壤细菌稀疏曲线

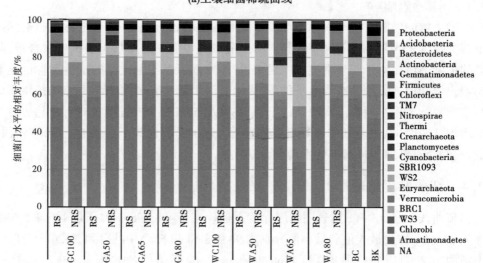

(b)门水平的相对丰度

图 3-4 土壤细菌稀疏曲线和门水平的相对丰度

3.2.5 土壤中 ARGs 和 *intI1* 的相对丰度

3.2.5.1 *intI1* 和 ARGs 的相关性

7 种 ARGs 均与 *intI1* 显著正相关(见表 3-6),表明 *intI1* 可能对 ARGs 的扩散起了非常重要的作用。*sulI* 和 *intI1* 的相关性在所有 ARGs 与 *intI1* 的相关性中最高,在根际和非根际分别为 $r = 0.97(p < 0.001)$ 和 $r = 0.68(p < 0.001)$。

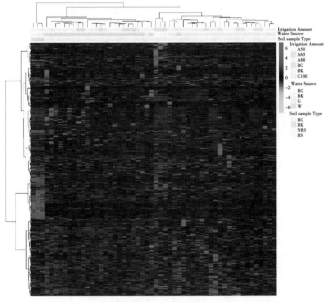

图 3-5　土壤细菌 OTUs 丰度的聚类分析热图

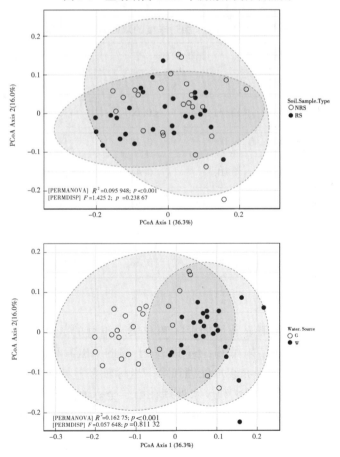

图 3-6　土壤细菌群落的主坐标分析

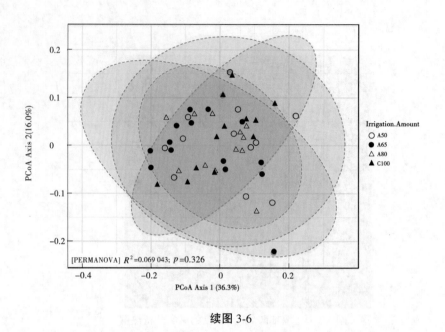

续图 3-6

表 3-5　土壤细菌 OTUs 和 ARGs 相对丰度的双因素 PERMANOVA 分析

土壤分区	方差来源	细菌 OTUs		ARGs	
		F	p	F	p
根际	水源	13.31	<0.001	30.27	<0.001
	灌溉量	1.07	0.38	9.69	<0.001
	互作	1.01	0.41	7.16	<0.001
非根际	水源	2.39	0.02	11.23	<0.001
	灌溉量	1.07	0.35	5.87	<0.001
	互作	1.05	0.38	5.99	<0.001

3.2.5.2　水质的影响

与清水灌溉相比,废水灌溉显著增加根际和非根际土壤的 ARGs 和 *intI1* 的丰度(见图 3-7、表 3-6)。从 PCoA 的结果可知,不同处理土壤的 ARGs 和 *intI1* 丰度有差异(见图 3-8)。在根际土壤,清水处理和废水处理在第一坐标轴上差异明显解释了基因丰度的 67% 的差异。而在非根际土壤,清水和废水处理在第二坐标轴差异明显,只解释了 15% 的变异。从 RDA 结果得出,废水处理土壤 ARGs 和 *intI1* 的丰度与抗生素浓度呈正相关,而清水处理无此规律(见图 3-9)。

表 3-6 土壤抗生素浓度与基因丰度的相关性以及 ARGs 丰度与 *intI1* 丰度的相关性

土壤分区	指标	*tetA*	*tetG*	*tetO*	*tetW*	*tetX*	*sulI*	*sulII*	*intI1*
根际	SMX	0.062	0.320	0.341	0.353	0.315	0.397	0.443*	0.346
	SMZ	0.189	0.443*	0.338	0.346	0.330	0.576**	0.458*	0.489*
	SDZ	0.068	0.401	0.347	0.312	0.290	0.516**	0.421*	0.447*
	TC	0.197	0.250	0.045	0.034	0.119	0.210	0.176	0.179
	OTC	0.248	0.439*	0.012	0.289	0.380	0.491*	0.439*	0.430*
	CTC	0.379	0.545**	0.085	0.439*	0.573**	0.604**	0.524**	0.531**
	intI1	0.563**	0.946**	0.497*	0.682**	0.702**	0.971**	0.754**	1
非根际	SMX	0.055	0.071	0.145	0.175	0.421*	0.351	0.620**	0.288
	SMZ	0	0.040	0.174	0.199	0.408*	0.392	0.715**	0.270
	SDZ	0.057	0.166	0.104	0.084	0.303	0.271	0.455*	0.194
	TC	0.028	−0.139	0.236	0.034	−0.033	−0.082	0.557**	−0.151
	OTC	0	−0.082	0.146	−0.032	−0.138	−0.180	0.469*	−0.205
	CTC	0.045	0.143	0.438*	−0.110	−0.127	−0.086	0.110	−0.205
	intI1	0.318	0.566**	0.127	0.356	0.638**	0.681**	0.210	1

注: * 表示显著($p<0.05$),** 表示极显著($p<0.01$)。TC 指四环素,CTC 指金霉素,OTC 指土霉素,SDZ 指磺胺嘧啶,SMX 指磺胺甲恶唑,SMZ 指磺胺甲基嘧啶。

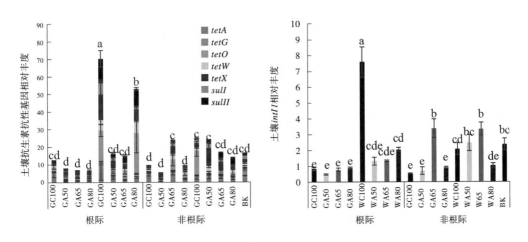

图 3-7 土壤中抗生素抗性基因和 *intI1* 的相对丰度

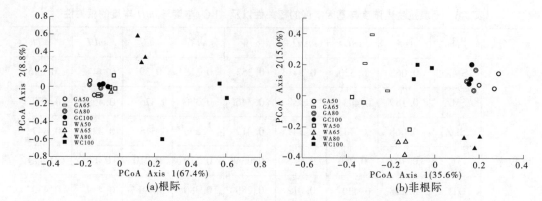

图 3-8　根际和非根际土壤抗生素抗性基因和 *intI1* 相对丰度的主坐标分析

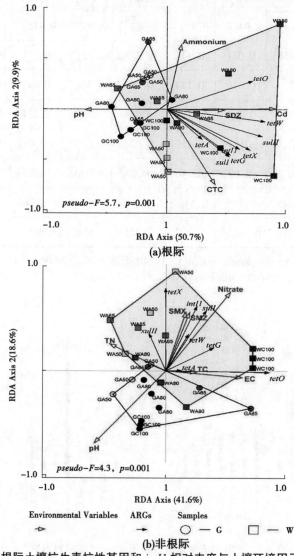

图 3-9　根际和非根际土壤抗生素抗性基因和 *intI1* 相对丰度与土壤环境因子相互关系的冗余分析

在根际土壤,在RDA的第一坐标轴上可明显得出灌溉水源对基因丰度有影响。土壤有效镉(解释23.8%的变异,$pseudo\text{-}F=9.2;p=0.001$),pH(解释12.1%的变异,$pseudo\text{-}F=3.4;p=0.039$)和磺胺嘧啶的含量(解释12.1%的变异,$pseudo\text{-}F=3.0;p=0.042$)与清水和废水处理的差异密切相关。所有ARGs和$intI1$的丰度与磺胺嘧啶的含量以及有效镉含量呈现出一定的正相关性,与pH呈负相关。$NH_4^+\text{-}N$含量(解释6.9%的变异,$pseudo\text{-}F=2.9;p=0.05$)和金霉素含量(解释6.3%的变异,$pseudo\text{-}F=2.9;p=0.04$)与RDA的第二坐标轴相关性较高,说明两者与灌溉水源的相关性较弱且对基因丰度的影响较小。非根际土壤中,清水和废水处理在RDA的第二坐标轴呈现出差异,对基因丰度的影响不如根际土壤显著。土壤EC(解释10.6%的变异,$pseudo\text{-}F=3.5;p=0.02$)和总氮含量(解释12.0%的变异,$pseudo\text{-}F=3.0;p=0.041$)在第一坐标轴的影响最显著,而四环素含量(解释10.4%的变异,$pseudo\text{-}F=3.1;p=0.047$)影响较小。基因$tetO$和$tetA$与第一坐标轴相关性较高。其他的基因与磺胺甲恶唑含量(解释10.0%的变异,$pseudo\text{-}F=2.7;p=0.049$)、磺胺甲基嘧啶含量(解释8.3%的变异,$pseudo\text{-}F=3.1;p=0.038$)和$NO_3^-\text{-}N$含量(解释6.9%的变异,$pseudo\text{-}F=2.8;p=0.037$)呈正相关。

3.2.5.3　隔沟灌和灌溉量的影响

废水灌溉导致了根际ARGs和$intI1$丰度的增加,尤其在灌溉量较大时。从图3-8可知,隔沟灌和灌溉量的影响比较明显,双因素PERMANOVA也表明了灌溉量的影响显著(见表3-4)。RDA也表明了灌溉量有显著影响(虽然有个别例外),尤其在废水灌溉条件下(见图3-9)。

废水隔沟灌条件下根际土壤ARGs和$intI1$的丰度显著低于沟灌,而清水灌溉的处理无此趋势,可能因为清水灌溉时最大100%灌溉量处理的土壤ARGs的丰度仍然很低。废水隔沟灌时,80%灌溉量条件下根际土壤ARGs和$intI1$的丰度最高,但是50%和65%灌溉量处理并无显著差异。同样,减少清水灌溉量对土壤ARGs和$intI1$的丰度无显著影响(有个别例外)。

3.2.6　植株中ARGs和$intI1$的相对丰度

3.2.6.1　水质的影响

与清水灌溉相比,废水灌溉增加了各植物器官尤其是根的ARGs丰度(见图3-10)。对于$intI1$,废水处理只在80%处理的茎以及100%和50%处理的果实中基因丰度增加。

3.2.6.2　隔沟灌影响

清水灌溉条件下,与沟灌相比,隔沟灌对植物器官的ARGs丰度无显著影响。当废水灌溉时,与沟灌相比,50%隔沟灌显著降低了茎中ARGs的丰度,但增加了根、叶和果实中ARGs的丰度以及根中$intI1$的丰度。因此,隔沟灌对植物器官和土壤ARGs丰度的影响不一致。

3.2.6.3　隔沟灌灌溉量的影响

废水灌溉条件下,根系ARGs和$intI1$的丰度并未随着灌溉量的降低而降低。根系ARGs的丰度在65%处理最高,而$intI1$的丰度在50%处理最高。清水灌溉条件下,灌溉量对根系ARGs的丰度无显著影响。无论使用清水或废水灌溉,茎和叶ARGs的丰度并

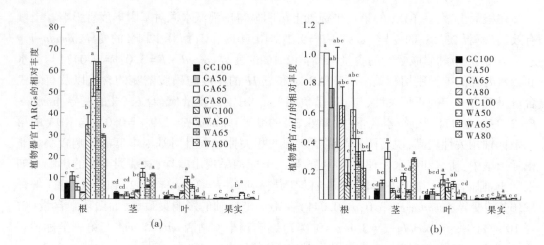

注:ARGs 的相对丰度为 *tetA*、*tetG*、*tetO*、*tetW*、*tetX*、*sulI* 和 *sulII* 相对丰度之和。

图 3-10　植物器官抗生素抗性基因和 *intI1* 的相对丰度

未呈现随灌溉量增加而增加的趋势。在所有植物器官中,果实 ARGs 最低。废水隔沟灌时,50%处理果实 ARGs 和 *intI1* 的丰度显著高于 65%和 80%处理。

3.2.7　植物器官的抗生素浓度

在所有的植物器官中均检测到了抗生素。和土壤的情况类似,植物中磺胺类抗生素含量低于四环素类抗生素(见图 3-11)。与清水灌溉相比,废水灌溉增加了抗生素在植物体内的累积(少数例外)。与废水沟沟灌相比,50%隔沟灌显著降低了根系抗生素含量。清水灌溉时,50%隔沟灌处理根系四环素类抗生素的含量以及茎和果实中磺胺类抗生素的含量显著低于沟灌处理。隔沟灌对植物体抗生素的累积有明显的负效应。

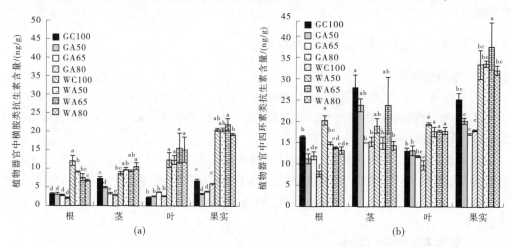

注:四环素类抗生素含量为四环素、金霉素和土霉素含量之和。磺胺类抗生素含量
是磺胺嘧啶、磺胺甲恶唑和磺胺甲基嘧啶含量之和。

图 3-11　植物器官抗生素的含量

在废水灌溉条件下,隔沟灌三个处理根、茎和叶抗生素含量无显著差异,但65%处理果实的抗生素含量显著升高。清水灌溉条件下,80%处理根系和叶片四环素类抗生素含量显著低于50%处理,而磺胺类抗生素在50%处理茎秆和80%处理果实中含量显著高于另两种灌溉量处理。在所有处理中,根系磺胺类抗生素含量高于相应土壤中的含量。

3.3 养殖废水隔沟灌引起抗生素抗性基因变化的原因分析

灌溉水源对土壤细菌群落、根际和植物抗生素含量、ARGs 和 intI1 丰度有显著影响。与沟灌相比,隔沟灌降低了土壤 ARGs 的丰度,与本次研究的设想一致。清水灌溉条件下,灌溉量对土壤 ARGs 丰度无显著影响。隔沟灌灌溉量对植物 ARGs 丰度的影响不一致,同时对土壤和植物抗生素含量的影响也不一致。

3.3.1 水平转移对 ARGs 扩散的可能影响

基因水平转移对 ARGs 在微生物群落中的扩散起着重要作用。结合机制促进的结合被认为对 ARGs 的传播有最大的影响,这种结合机制要么是由在自主复制的质粒上的基因编码,要么是由染色体上的整合结合元件编码(Smillie et al.,2010)。该研究观察到 sul1 和 intI1 的行为紧密相关(见表 3-6 和图 3-9)。整合子 intI1 是与抗生素抗性传播相关载体的重要标记物(Gillings et al.,2008)。通常,intI1 与 sul1 的 3'-保守区有关,该保守区可捕获对宿主产生额外和联合抗性的基因片段(Heuer and Smalla,2007),这可能是本次研究中两者相关度较高的原因。其他研究也报道了两者的相关性(Du et al.,2014;Lin et al.,2016;Peng et al.,2017;Wang et al.,2014)。另外,结合机制会促进非结合质粒移动,比如小的多拷贝的寄主范围广的质粒(Smalla et al.,2000)。质粒组 IncP-1、IncQ、IncN 和 IncW 经常被检测到(Binh et al.,2008),而且已有综述文章总结了转移抗性基因质粒的多样性(Palmer et al.,2010)。在这些质粒中,Inc18 类型已经被确认对抗生素抗性起重要作用(Heuer et al.,2011)。最近的研究还发现了裸露的胞外 DNA、噬菌体或类似噬菌体的基因转移因子在 ARGs 水平转移中的作用(von Wintersdorff et al.,2016)。本次研究的 RDA 结果中还发现了根际土壤有效镉与 ARGs 有较强的相关性,表明 ARGs 丰度的增加与有效镉含量的增加有关。这可能是由于 ARGs 和抗重金属基因的共选择,这种共选择经常发生在同一移动基因元件上(Baker-Austin et al.,2006)。尽管共选择现象已经被证实,但是如何利用该结果实现废水的合理灌溉较少受到关注。本次研究结果表明,应当充分重视这个共选择现象,因为仅仅去除或减少农场里的抗生素对抑制被施加土壤中的 ARGs 扩散可能是不够的。

3.3.2 抗生素含量和 ARGs 相对丰度的关系

土壤中磺胺类抗生素含量低于四环素类抗生素。土壤对四环素的吸附强于磺胺类(Hamscher et al.,2005),所以磺胺类移动性强,容易从土壤中淋失,而四环素类移动性差,容易在土壤中累积。当抗生素和 ARGs 随废水灌溉进入土壤中,ARGs 丰度会迅速增加,然后进入稳定期,最后随着降解和淋失而下降(Heuer et al.,2008)。本次研究中所有的 ARGs 都与根际土壤的两类抗生素正相关,而在非根际只与磺胺类正相关,尤其是磺胺甲恶唑和磺胺甲基嘧啶。在非根际土壤,ARGs 和抗生素没有一致的相关性(见表 3-6)。在根际和非根际土壤的 RDA 结果中,ARGs 的丰度与移动性强的磺胺类的相关性高于移动性弱的四环素类,表明抗生素的移动性尤其是含量低但移动性强的磺胺类对 ARGs 的扩散起重要作用。

3.3.3 水质对 ARGs 的影响

废水灌溉后,土壤的 ARGs 丰度和抗生素含量增加,这与前人研究一致(Ji et al., 2012;Negreanu et al., 2012),可能是由于废水中富含 ARGs 和抗生素。RDA 分析证明了废水灌溉土壤与抗生素、有效镉和氮化合物含量以及电导率较高有关,而清水灌溉土壤与 pH 增加有关。废水灌溉条件下,根际 ARGs 的丰度和分布随灌溉量变化而变化,但在清水灌溉条件下,灌溉量对基因的影响很小,因为清水中基因丰度相对较低。本次研究还发现不同水源灌溉和不同的土壤分区都会造成土壤细菌群落的显著不同,但是灌溉量对细菌 OTU 的丰度和多样性无显著影响(见图 3-5)。

3.3.4 隔沟灌对 ARGs 相对丰度的影响

50%隔沟灌处理只使用了沟灌一半的用水量,却保证了产量(见图 3-12)。同时,隔沟灌降低了根际 ARGs 的丰度,却未降低抗生素的浓度。尽管废水沟灌和 50%隔沟灌处理根际抗生素含量相近,但隔沟灌处理的 ARGs 丰度较低,表明隔沟灌降低了抗生素的移动性和可利用性。虽然隔沟灌每次灌溉只湿润一半根系,湿润侧和干旱侧土壤的水势差会驱使水分从湿润侧通过根区流向干旱侧,因此提高了水分利用率(Graterol et al., 1993;Kang et al., 2000b)。根系吸收作用会把远处的水分吸到根际,但是隔沟灌条件下蒸腾作用下降,导致该过程受到抑制(Kang et al., 2000b)。同时,本次试验中的抗生素主要为四环素类,吸附性较强,根系吸水引起的水分运动只能携带有限的可移动的抗生素到达根际。这些物理过程的综合作用导致了隔沟灌处理根际可利用的抗生素低于沟灌。研究表明隔沟灌在严重的水分亏缺条件下仍能保持较高微生物生物量(Wang et al., 2008)。隔沟灌对土壤 pH、EC、氮含量和重金属含量无显著影响(见图 3-1 和图 3-2)。因此,隔沟灌条件下 ARGs 丰度下降可能是由于镉和抗生素的可利用性下降。

生物学上,隔沟灌类似于局部水分胁迫,促使干旱区的根系合成脱落酸(Kang et al., 2000b)。研究表明,脱落酸除了可调节叶片气孔导度,还可调节植物和真菌的相互作用(Fan et al., 2009)。脱落酸的变化会引起其他植物激素的变化和基因表达的变化,进而可能会影响 ARGs 在根系内生菌的传播,以及在本次试验条件下可能导致废水灌溉根系的 ARGs 丰度增加。

3.3.5 隔沟灌灌溉量对 ARGs 相对丰度的影响

当废水隔沟灌灌溉量从 50%增加到 80%,根际 ARGs 的丰度显著增加。降低灌溉量对细菌群落无显著影响,可能是由于在收获之前所有处理都恢复了沟灌。因为清水 ARGs 丰度相对较低,所以清水灌溉量对 ARGs 丰度无显著影响。废水灌溉时,根际有效

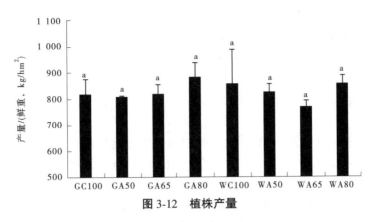

图 3-12　植株产量

镉和非根际电导率的增加与灌溉量有关(见图 3-9)。

在废水灌溉的根际土壤中,80%处理抗生素的分布明显不同于50%处理和65%处理。在80%处理,水分供给超过了土壤渗透而产生了地表径流,因此灌溉侧和非灌溉侧土壤含水量无显著差异(Wang et al.,2008),这个过程使80%处理土壤微生物和植物生理过程(根系分泌物、土壤–植物–微生物互作等)有别于50%处理和65%处理。同样,土壤抗生素含量并未随着灌溉量的增加而增加,而80%处理根际和非根际土壤抗生素含量相近。原因可能是80%处理的灌溉水一部分淋到20 cm以下,而采样是在0~20 cm。本次试验中0~20 cm和20~40 cm土壤的主要成分分别是粉粒和砂粒(Du et al.,2016),所以灌溉的水可以流到下层土壤中。在50%处理和65%处理条件下,植株处于水分胁迫中,根系可能会下扎以获得更多的水分。相反,在80%处理条件下,水分容易获得,因此根系主要分布在表层土壤。80%处理条件下表层土壤根系活性的相对增加会促进水分向深层移动以及根际抗生素的降解,导致抗生素含量的下降。由于80%处理条件下根际抗生素含量的下降,植物根系抗生素的含量和ARGs丰度也随之降低。和水质的影响不同,灌溉量主要影响ARGs、重金属、养分、抗生素含量以及生物可利用性。

3.3.6　植物对抗生素和 ARGs 的影响

植物作用包括根系和冠层,两者通过复杂的物理和生化过程相互影响,影响因植物种类、土壤类型、气候和田间管理方式不同而不同(Waring et al.,2015)。冠层影响土壤温度和湿度以及土壤内部和外部的气流运动,进而影响土壤微生物活动和生化过程。根系吸水可以引起远处的可溶性物质(如重金属、抗生素和ARGs等)对流运动到达根际,然后在根系尤其是超富集植物(Liu et al.,2013)的根系累积能被根系吸收的物质。本次研究表明植物可累积抗生素和ARGs,与前人研究结果一致。本次试验选用的辣椒品种福龙F1,叶片和果实中抗生素含量高于根系,与 Wu 等(2013)研究中辣椒(anaheim chili pepper)以及 Ye 等(2016a)研究中的菜椒(bell pepper)趋势相反。在 Wu 等(2013)的研究中,辣椒根系的抗生素含量与本次试验结果相当,但 Ye 等(2016a)试验中根系的抗生素含量远远高于本次研究。Wu 等(2013)和本次研究中都选用了磺胺甲恶唑,且都发现根系磺胺甲恶唑含量高于其生长介质;同时,Ye 等(2016a)和本次研究都选用了磺胺嘧啶,且都发现根系磺胺嘧啶高于其生长介质。Ye 等(2016a)发现根系四环素含量高于生长介质,与本次研究的部分结果不一致,可能由于两个试验农艺措施和土壤类型的不同导致抗生素的可利用性不同。很多植物可以从土壤中吸收抗生素(Boonsaner and Hawker,2012;Kumar et al.,2005;Lillenberg et al.,2010),若抗生素在根系中累积,则在块茎作物中有较高的残留;若抗生素的转运能力较强,则在植物叶片和果实中积累较多。具有抗生素高转运能力的植物尤其是叶菜类和果实类蔬菜(如西红柿、辣椒、黄瓜等)应受到更多的关注。

抗生素通过根系吸收进入植物体,因此根际效应对此过程有重要影响。植物种类不同以及伴随的根系分泌物、养分吸收和根系结构的不同会导致根际效应不同。本次试验中隔沟灌导致的干湿交替会影响根系结构,因而影响根际土壤和非根际土壤中的抗生素和 ARGs。除了根系分泌物,根系吸收阴阳离子的不平衡以及根系活动引起的土壤结构改变会影响土壤 pH 和其他生化过程。这些过程都会影响重金属和有机污染物的生物可利用性(Sabir et al.,2015),进而影响抗生素的吸附、解吸和 ARGs 的传播。

本次研究通过比较根际土壤和非根际土壤中 ARGs 丰度来分析根际效应的影响。在废水高灌溉量(100%和80%)时,所有的 ARGs 在根际丰度更高,可能是由于根际细菌群落更强的传播作用或者是因为根际携带 ARGs 的微生物更多。在低灌溉量(50%和65%)时,ARGs 的丰度在根际和非根际无显著差异。ARGs 对不同的环境因素和不同的土壤分区响应不同(见图3-8和图3-9)。根际对水质的影响比非根际强烈。在根际,ARGs 的活动受有效镉和磺胺嘧啶影响。同时 ARGs 丰度也受金霉素的一定影响,可能由于根际有机质含量较高,增加了其生物可利用性(Hung et al.,2009)。同样地,在非根际移动性强的磺胺甲恶唑和磺胺甲基嘧啶对基因的影响大于移动性弱的四环素。因此,抗生素的生物可利用性和移动性在 ARGs 的扩散中起重要作用。

在使用相同土壤的另一根箱试验中,研究发现废水的连续灌溉导致灌溉后30 d 和60 d 土壤的根际 ARGs 丰度比非根际高(Cui et al.,2018),因此可以推断在本次试验中多次隔沟灌废水后根际的 ARGs 丰度应该高于非根际。但是最后一次灌废水和收获间隔了近60 d,在这段灌清水的时间里,ARGs 在衰减,所以根际和非根际 ARGs 丰度的差异会随之改变。在高灌溉量时,土壤含水量相对较高,吸附性较弱的磺胺类很容易随着根系的吸水进入根际。因此,增加灌溉量可以为土壤带来更多的抗生素,即使停止废水灌溉,部分抗生素仍可以移动到根际。不被根系吸收的抗生素会在根际累积并促使 ARGs 在根际微生物中的传播多于非根际。在低灌溉量时,抗生素的可利用性较低,而且土壤含氧量较高,促使能降解抗生素的微生物处于劣势。同时,ARGs 也在不断衰减,这些原因导致了根际 ARGs 丰度下降。

3.3.7 应用

不仅在我国,在其他水资源缺乏的国家,增加水分利用率和安全利用处理的废水对发展可持续农业至关重要。除了改进农艺措施,许多国家的研究已经表明,有效的灌溉方式(如隔沟灌)可为实现这个目标起重要作用(Abd El-Halim, 2013; Aujla et al., 2007; Bogale et al., 2016; Du et al.,2013; Graterol et al.,1993; Grimes et al., 1968; Ramalan and Nwokeocha, 2000; Samadi and Sepaskhah, 1984; Sepaskhah and Hosseini, 2008;

Sepaskhah and Khajehabdollahi，2005；Siyal et al.，2016；Webber et al.，2006；Zhang et al.，2012）。本次试验选用辣椒作为供试植物，但是该灌溉方式可运用在其他作物上（Kang and Zhang et al.，2004）。同样，本次试验的土壤类型 Calcaric fluvic cambisol 是在世界上干旱、半干旱地区广泛存在的一类土壤（Dabach et al.，2016；Márquez et al.，2017；Molina et al.，2016；Parihar et al.，2016；Schirrmann et al.，2016；Sharma et al.，2017）。因此，本次试验关于隔沟灌调控土壤−植物系统 ARGs 扩散的结果可以推广到具有类似情况的地区。综合考虑对土壤和植物 ARGs 及抗生素的影响，80%隔沟灌是本次试验最佳的灌溉方式。但是在其他土壤和作物类型的结果有待进一步研究。

3.4 结 论

本次研究探明了清水和废水两种灌溉水源、沟灌和隔沟灌两种灌溉方式以及不同灌溉量条件下，土壤和植物中 ARGs 分布的差异。根际 ARGs 对废水灌溉响应比非根际更敏锐。与沟灌相比，隔沟灌降低了根际 ARGs 的丰度，但是可能会有增加植物 ARGs 丰度的风险。水质对 ARGs 的扩散有显著影响：基因对废水灌溉响应强于清水灌溉。废水隔沟灌条件下，降低灌溉量可以减少根际 ARGs 的丰度，但是未减少 ARGs 在植物的累积。抗生素生物可利用性对 ARGs 的扩散起重要作用，既能节水，又能减少 ARGs 扩散的养殖废水灌溉研究有待进一步完善。

虽然本次研究只在作物收获时测定了土壤和作物的相关性质，并没有测定土壤中抗生素的可利用性，但是废水隔沟灌不同灌溉量对土壤和植物 ARGs 丰度的影响已经明了，而且收获时土壤和果实的品质是最受关注的。本次研究证实了在根系水分胁迫条件下，根际特有的微生物和植物生理过程对 ARGs 扩散起到重要作用，有待继续研究。

第4章　养殖废水灌溉对土壤氮转化基因的影响

将富含养分的养殖废水回收用于灌溉可缓解缺水压力（Cai et al.，2013），捕获氮和植物生长所需的其他养分，也是一种合理处置废弃物的方式。用富含养分的养殖废水进行灌溉很有可能改变土壤氮素的循环，包括硝化、反硝化、固氮、厌氧氨氧化和完全氨氧化等。在硝化反应过程中，NH_4^+先氧化为NO_2^-，然后再氧化为NO_3^-。氨氧化是好氧条件下硝化过程中的一个限速过程，由氨氧化古菌（AOA）和氨氧化细菌（AOB）共同介导（Könneke et al.，2005）。在反硝化过程中，NO_3^- 和 NO_2^- 依次还原为一氧化氮（NO）、氧化亚氮（N_2O）或氮气（N_2），是厌氧微生物过程，由反硝化微生物驱动，涉及硝酸盐还原酶（由 narG 和 napA 编码）、亚硝酸盐还原酶（nirK 和 nirS 编码）、NO 还原酶（norB 和 norC 编码）和 N_2O 还原酶（nosZ 编码）（Li et al.，2018b）。

N_2O 的温室效应比 CO_2 强 300 倍，它也是臭氧消耗的罪魁祸首（Mosier et al.，1998）。考虑到中国的农业仍然是温室气体的净来源（Gao et al.，2018），减少耕地的温室气体排放势在必行（Ravishankara et al.，2009）。N_2O 排放受参与亚硝酸盐还原的功能基因调控，如 nirS 和 nirK，以及编码 N_2O 还原酶的 nosZ（Hu et al.，2015；Zehr and kudela，2010）。

土壤中硝化和反硝化微生物的丰度和活性受有机质（OM）、pH、总氮（TN）、有机碳、温度、NH_4^+ 和 NO_3^- 等因素的影响（Dong et al.，2009；Henry et al.，2006；Shan et al.，2018）。AOB 的生长取决于 NH_4^+ 的可利用性（Martens-Habbena et al.，2009）。河岸带植物-土壤系统氮动态研究表明，土壤电导率与 nirK、nirS、nosZ 基因丰度呈显著负相关，nifH 丰度与土壤容重呈显著负相关，而古细菌 amoA 丰度与土壤容重呈显著负相关；土壤含水量的增加导致 nifH 丰度增加，古细菌 amoA 丰度减少（Sosa et al.，2018）。增加 NO_3^- 和活性炭的可利用性可以促进反硝化作用（Weier et al.，1993），较高的 NO_3^- 含量会抑制 N_2O 还原酶活性（Qin et al.，2017），而低碳氮比（C/N）或高总氮对携带 amoA 基因的细菌有利（Dong and Reddy，2012；Nugroho et al.，2006）。耕作及其伴随的施用含 N 或 C 不同的无机肥（硝酸铵钙）或有机肥（乳浆液和牛粪堆肥）导致不同深度土壤性质存在差异，进而影响土壤剖面氮循环微生物群落丰度和 N_2O 净排放（Krauss et al.，2017）。

除这些土壤因素外，灌溉方式和频率也可能通过影响水和氧气分布的变化直接影响微生物及其相关氮转化基因的丰度和活性，或通过底物的扩散和转运、pH 和温度等的变化间接影响微生物及其相关氮转化基因的丰度和活性（Han et al.，2017；Hou et al.，2016；Owens et al.，2016；Wertz et al.，2013；Yang et al.，2018；Yin et al.，2015；Zhou et al.，2011）。灌水量对氮素相关微生物活性和基因丰度的影响尚未形成定论（Azziz et al.，2017；Berger et al.，2013；Zhang et al.，2016a），表明灌溉对微生物群落和氮转化基因的影响尚不清楚。

在干旱和半干旱地区，隔沟灌溉（AFI）已发展成为一种有效的节水灌溉方法。AFI 交替灌溉相邻的两个沟，未灌溉的沟中根系长时间干旱刺激脱落酸（ABA）的合成，使叶片气孔导度降低,最终降低植物的蒸腾作用。与传统沟灌(CFI)相比,AFI 具有减少 N_2O 排放的潜力(Han et al.,2014),但其对土壤中氮循环基因丰度的影响尚不清楚。

鉴于 AFI 被广泛使用且废水灌溉用量逐渐增加,我们研究了 AFI 对猪废水灌溉辣椒田氮循环基因丰度和主要氮转化过程的影响(Liu et al.,2019c)。每个处理都设置了一个地下水灌溉对照。我们假设:①AFI 伴随的干湿循环对土壤中氮转化过程和相关氮循环基因丰度的影响与 CFI 不同;②AFI 的灌水量同步改变了土壤中氮转化过程和相关氮循环基因丰度。在所有的处理和对照中,我们测定了主要氮转化过程、氮循环基因分布以及细菌和真菌群落组成,并分析了它们与土壤性质的关系。这将填补废水隔沟灌如何影响氮转化活动及其相关基因的知识空白,并为干旱、半干旱区农业生产中养殖废水的可持续利用和氮素管理提供参考。

4.1 养殖废水灌溉试验布置

4.1.1 氮转化速率表征

试验设计见第 3 章。

一部分样品保存在 -80 ℃,用于测定硝化和固氮速率,其余样品用于测定反硝化速率和其他土壤化学性质。硝化速率的测定依照 Hart 等(1994)的方案测定。简单地说,取 15 g 鲜土样品加入 100 mL 培养液[pH 7.2,7.5 mL 0.2 mol/L KH_2PO_4,17.5 mL 0.2 mol/L K_2HPO_4 和 75 mL 0.05 mol/L $(NH_4)_2SO_4$ 的混合物]中。所有样品在摇床上以 180 r/min 的速度在 25 ℃黑暗中振荡。在第 16 小时、第 20 小时和第 24 小时,每个样品取出 10 mL 过滤,在流动分析仪(AutoAnalyzer 3,Bran Luebbe,德国)上进行 NO_3^--N 分析。为了测定各土壤样品的初始 NO_3^--N 浓度,用 100 mL 去离子水代替 $(NH_4)_2SO_4$ 的培养液对土壤中硝态提取 1 h,其他步骤相同。根据 NO_3^--N 浓度的增加计算硝化速率。

反硝化速率使用 Xu 等(2007)报道的厌氧培养法测定,并进行了一些调整。对于每个土壤样品,准备一套体积为 125 mL 的玻璃瓶,装入 5 g 干土和 5 mL 去离子水。然后用硅橡胶塞盖上瓶口,在 30 ℃下培养 7 d,以激活微生物活性。预培养结束时,测定土壤中 $CaCl_2$ 提取态中 NH_4^+-N 和 NO_3^--N 的含量,并将其作为土壤的初始含量。为了测定 NH_4^+-N 和 NO_3^--N 的含量,随机选择 3 个相同的瓶子,用 20 mL 0.012 5 mol/L 的 $CaCl_2$(得到最终 $CaCl_2$ 浓度为 0.01 mol/L,土水比为 1:5)提取土壤,在摇床上以 180 r/min 的转速在 25 ℃下摇 1 h。悬液经过过滤后保存在 -20 ℃待测。用流量分析仪测定 NH_4^+-N 和 NO_3^--N 的含量。将 1.67 mL 硝酸钾溶液(含 1 mg NO_3^--N,相当于 200 mg NO_3^--N/kg 干土)加入其余的每个瓶子中,并立即用装有丁基橡胶隔片的密封硅橡胶塞盖上瓶子。硅胶涂抹在塞子周围,以确保严格的密封条件。每个瓶子接一个三通,连一个真空泵和一个装满高纯 N_2 的铝箔气袋。抽真空和充 N_2 过程重复 3 次,以形成厌氧顶空。在与大气压平衡后,在 30 ℃的黑暗中培养(此时为培养的第 0 天)。在培养的第 4 天、第 7 天和第 10 天,随机选择 3 个相同的瓶子,用 18.33 mL 0.013 6 mol/L 的 $CaCl_2$ 提取土壤,按上述

方法测定 NH_4^+-N 和 NO_3^--N 含量。通过 NO_3^--N 浓度的下降来计算反硝化速率。

固氮速率的测定采用乙炔还原法(Li et al.,2018a)。每种土壤 10 g(鲜重)在 125 mL 玻璃瓶中培养,玻璃瓶中含有空气和乙炔的混合物[10∶1(V/V),空气与乙炔的体积比]。气体样品(30 mL)从每个烧瓶的顶空收集,并转移到一个 25 mL 预抽真空的玻璃小瓶。使用配备火焰电离检测器(FID)的气相色谱仪(Shimadzu,GC-2014C,日本)分析气体样品中的乙烯。气体分析后,土壤样品在 105 ℃下干燥 24 h 并称重。乙烯产率[nmol C_2H_4/(g 干土·h)]由乙烯浓度与时间的回归线斜率计算。

解冻冷冻储存的样品可能会使测量到的土壤微生物活动与采集样品时的土壤微生物活动不同,但文献中关于这一点的研究结果并不一致,有些认为有一点变化,而另一些则认为没有发现变化(Stenberg et al.,1998)。尽管如此,我们所有的样本都是按照相同的方法存储和测定的,因此处理方法对样本的影响是一致的。正如 Rubin 等(2013)指出的那样,方法一致性是确保准确表征和比较土壤微生物群落的关键。因此,用上述存储和测定方法进行不同处理的比较是合理的。植物根、茎、叶和果实经浓硫酸消煮后,用流量分析仪测定总氮含量。植物氮素利用率(Yang et al.,2017)的计算如下:

$$氮素利用率(\%) = \frac{植株氮}{添加氮} \times 100 \tag{4-1}$$

植株氮是指每个小区植株所有器官氮的总和,添加氮是每个小区施用肥料中氮和灌水中氮的总和。

4.1.2　微生物多样性表征

DNA 提取和细菌多样性测定见第 3 章。

引物 ITS3(5′-GCATCGATGAAGAACGCAGC-3′)(Leaw et al.,2006)和 ITS4(5′-TCCTCCGCTTATTGATATGC-3′)(Siddique and Unterseher,2016)被用于扩增真菌 ITS 区域。PCR 反应混合体系和扩增条件参照 Huang 等(2016)。测序结果在 Unite 数据库进行注释。其他步骤同第 3 章细菌多样性测定。

4.1.3　基因的相对定量测定

我们测定的氮循环相关基因包括参与固氮的 *nifH*,参与氨氧化的古菌 *amoA* 和细菌 *amoA*,参与亚硝酸盐还原的 *nirK* 和 *nirS* 以及参与 N_2O 还原的 *nosZ*。引物相关信息见表 4-1。其他步骤见第 2 章。为了确定各处理土壤样品间氮循环相关基因丰度的变化,所有计算均以耕作和施肥前的土壤作为参考样本。

表 4-1　氮循环相关基因和 16S rRNA 基因扩增的目的基因、引物序列

目的基因	引物	Sequence (5′-3′)	参考文献
Archaeal *amoA*	Arch-amoAF	STAATGGTCTGGCTTAGACG	（Francis et al.,2005）
	Arch-amoAR	GCGGCCATCCATCTGTATGT	
Bacterial *amoA*	amoA-1F	GGGGTTTCTACTGGTGGT	（Rotthauwe et al.,1997）
	amoA-2R	CCCCTCKGSAAAGCCTTCTTC	

目的基因	引物	Sequence（5′–3′）	参考文献
nifH	PolF	TGCGAYCCSAARGCBGACYC	（Poly et al.，2001）
	PolR	ATSGCCATCATYTCRCCGGA	
nirK	nirK–F	GGMATGGTKCCSTGGCA	（Geets et al.，2007）
	nirK–R	GCCTCGATCAGRTTRTGG	
nirS	cd3AF	GTSAACGTSAAGGARACSGG	（Li et al.，2013）
	R3cd	GASTTCGGRTGSGTCTTGA	
nosZ	nosZ–F	AACGCCTAYACSACSCTGTTC	（Rösch and Bothe，2005）
	nosZ–R	TCCATGTGCAGNGCRTGGCAGAA	
16S rRNA	1369F	CGGTGAATACGTTCYCGG	（Suzuki et al.，2000）
	1492R	GGWTACCTTGTTACGACTT	

4.1.4　统计分析

单因素方差分析见第 3 章。同时进行了基因丰度、硝化速率、反硝化速率和氮素利用率的双因素（水源和灌溉量）方差分析。OTU 数据分析见第 3 章。不同之处在于平均数少于 20 的 OTU 被去除。使用 DESeq2 算法（Love et al.，2014）分析具有显著性差异的OTUs。采用 PAST 3.20 依据 Euclidean distance 对不同处理的氮转化基因丰度进行 PCoA分析和双因素 PERMANOVA 分析。RDA 分析中使用的环境因子采用"summarized effects of environmental variables"进行筛选。

4.2　养殖废水灌溉对土壤氮转化基因和活动以及微生物群落组成的影响

4.2.1　氮转化活动

不同处理下氮素的输入、吸收和植株氮素利用率见表 4-2。废水处理的总氮输入量高于地下水处理，但氮素利用率显著低于地下水处理。水源对氮素利用率影响显著，而灌水量对氮素利用率影响不显著（见表 4-3）。不同灌溉方式对氮素利用率无显著影响。与CFI 相比，AFI 显著提高了地下水氮素利用率，且 AFI 灌溉量越高，氮素利用率越高，但不显著。在不同水源下，3 种 AFI 灌溉量下植物对氮的吸收无显著差异，但在地下水灌溉下，CFI 植物对氮的吸收显著低于 AFI 的 80%灌溉量处理，而在废水灌溉下，CFI 植物对氮的吸收显著高于 AFI 的 50%灌溉量处理。

表 4-2　不同处理下植物生物量(鲜重)和氮素利用效率

处理	根/g	茎/g	叶/g	果实/g	植株氮/g	添加氮/g	氮利用效率/%
GC100	805±11c	6 537±136b	4 734±98b	11 776±481a	79.8±2.4b	339.96	23.5±0.7b
GA50	1 046±53abc	8 410±108ab	6 090±78ab	11 645±21a	98.7±4.5ab	339.3	29.1±1.3a
GA65	928±21bc	9 472±813a	6 859±589a	11 772±302a	107.3±5.3ab	339.498	31.6±1.6a
GA80	1 141±184ab	9 443±458a	6 838±332a	12 685±462a	114.8±10.3a	339.696	33.8±3.0a
WC100	1 302±135a	9 647±1 471a	6 986±1 065a	12 314±1 103a	113.8±18.0a	730.02	15.6±2.5c
WA50	859±32bc	6 321±16b	4 577±12b	11 878±261a	80.3±2.8b	534.33	15.0±0.5c
WA65	959±45bc	7 217±357b	5 226±259b	11 050±209a	93.2±5.0ab	593.037	15.7±0.8c
WA80	1 103±106abc	7 995±286ab	5 789±207ab	12 318±278a	88.5±5.2ab	651.744	13.6±0.8c

表 4-3　根际和非根际土壤硝化速率、反硝化速率和氮素利用率的双因素方差分析

差异来源	硝化速率				反硝化速率				氮利用率	
	根际		非根际		根际		非根际			
	F	P	F	P	F	P	F	P	F	P
水源	**8.60**	**0.010**	0.03	0.875	1.90	0.206	0.35	0.568	**155.93**	**<0.001**
灌溉量	1.53	0.245	1.94	0.164	2.15	0.172	0.02	0.996	2.84	0.071
交互作用	0.50	0.686	0.37	0.778	0.86	0.502	1.48	0.291	**4.86**	**0.014**

注:加黑为显著的处理。

在加入铵溶液后土壤中 $NO_3^- -N$ 含量从 0 h 增加到 16 h,然后下降(数据未列出),因此我们采用 0 h 和 16 h 之间 $NO_3^- -N$ 含量的差值来计算硝化速率。根际土壤硝化速率受水源的影响显著,但不受灌溉量的影响(见表 4-3)。在非根际土壤中,水源和灌水量对硝化速率的影响均不显著(见表 4-3)。地下水灌溉非根际土壤的硝化活动差异不显著,80%AFI 灌溉的硝化速率显著高于 50%废水灌溉非根际土壤(见图 4-1)。

土壤中 $NO_3^- -N$ 含量在厌氧培养 4 d 后下降,然后保持稳定(数据未列出),因此我们采用第 0 天和第 4 天 $NO_3^- -N$ 含量的差值来计算反硝化速率。不同水源灌溉土壤的反硝化速率无显著差异(见表 4-3)。在废水灌溉根际土壤,CFI 处理的反硝化活性高于 AFI 处理,且显著高于 AFI 65%灌溉量处理的反硝化活性。所有土壤均未检测到固氮作用。

4.2.2　真菌群落组成

稀疏曲线显示测序深度足以覆盖微生物多样性[见图 4-2(a)]。我们没有发现 OTU 的显著异质性,因此使用 PERMANOVA 来分析根际和非根际土壤不同灌溉处理之间的差异。由图 4-2(b)可知,真菌 OTU 组成仅在根际和非根际土壤之间存在显著差异(R^2 =

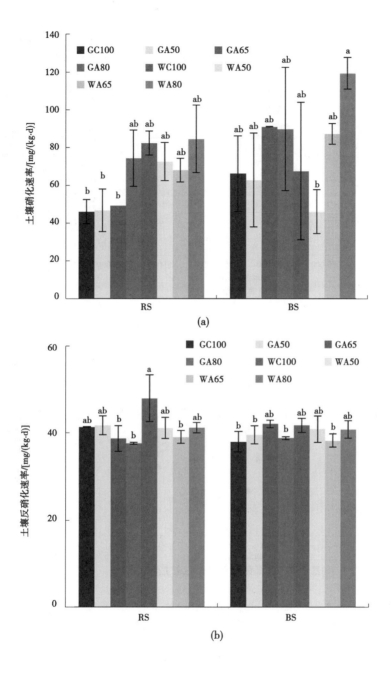

注:RS 指根际土壤,BS 指非根际土壤,G 指地下水,W 指养殖废水,C 指常规沟灌,A 指交替沟灌。100、50、65、80 分别为每小区充分灌溉时灌水量的 100%、50%、65%、80%。数据以平均值±标准差表示。

直方柱上方不同小写字母表示处理间差异显著($p < 0.05$)。

图 4-1　土壤的硝化速率和反硝化速率

0.181,$p < 0.001$),而水源($R^2 = 0.384$, $p = 0.092$)和灌水量($R^2 = 0.083$, $p = 0.166$)无显著影响。

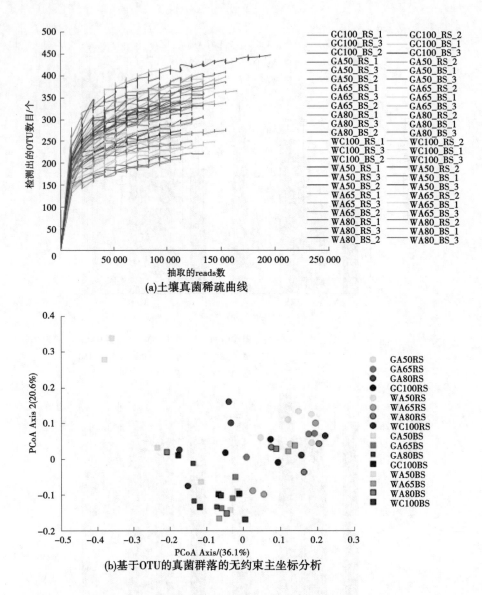

(a)土壤真菌稀疏曲线

(b)基于OTU的真菌群落的无约束主坐标分析

注:使用加权 UniFrac 距离度量。RS(圆形图标)表示根际土壤,BS(方形图标)表示非根际土壤,G 表示地下水,
W 表示养殖废水,C 表示常规沟灌,A 表示交替沟灌。50、65、80、100 分别为
每小区充分灌溉灌水量的 50%、65%、80%、100%。

图 4-2　土壤真菌稀疏曲线和基于 OTU 的真菌群落的无约束主坐标分析

4.2.3　有显著性差异的细菌和真菌 OTUs

我们使用丰度分析来确定其对灌溉水质或根际响应显著的 OTUs。对于细菌,我们发现地下水灌溉土壤中的 OTU 数量比废水灌溉土壤多,并且丰度显著增加(见图 4-3)。根际土壤中 OTUs 丰度显著高于非根际土壤。而丰度显著不同的菌门和菌纲在不同样品间差异明显(见表 4-4~表 4-7)。例如,地下水灌溉土壤中显著丰富的 OTU 以 Acidobacteria

（占总 OTU 的 23.5%）和 Gemmatimonadetes（占 22.6%）的 OTU 为主。污水灌溉土壤中细菌数量最多的是拟杆菌门（22.2%）、α-变形菌门（22.2%）、γ-变形菌门（20.2%）和放线菌门（14.1%）。地下水中数量最多且丰度显著较高的酸杆菌仅占 OTUs 的 2%，在废水灌溉土壤中丰度显著更高，而双胞菌仅占 1%。拟杆菌门、α-变形菌门和 γ-变形菌门在废水灌溉土壤中数量较多，在地下水灌溉土壤中含量仅为 7.0%、7.0% 和 8.7%。

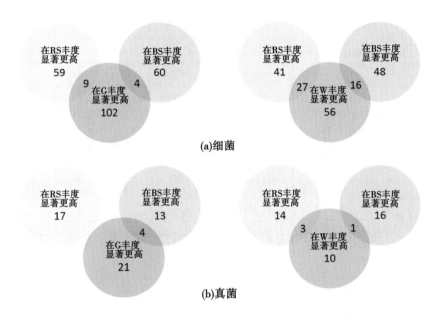

注:G—地下水灌溉土壤,W—废水灌溉土壤,RS—根际土壤,BS—非根际土壤。

图 4-3　源于水源或土壤分区的丰度具有显著差异的土壤中细菌和真菌的 OTUs 数量

非根际和根际土壤的 OTUs 丰度也存在显著差异。在这种情况下,根际土壤以 α-变形菌属（α-Proteobacteria）为主,在根际土壤中丰度显著较高的 α-变形菌属占 OTUs 总数的 30.9%,而在非根际土壤中丰度显著较高的 α-变形菌属仅占 OTUs 总数的 10.9%。在非根际土壤中丰度显著较高占比 15.6% 的 OTUs 被归类为酸杆菌属,而根际土壤中这一比例仅为 1.5%。非根际土壤占比 9.4% 的 OTUs 被归类为双胞菌属,而根际土壤中这一比例为 1.5%。

对真菌而言,地下水灌溉土壤中丰度较高的 OTUs 的数量也高于在废水灌溉土壤中丰度显著较高的 OTUs。在根际土壤中丰度较高的 OTU 数目和在非根际土壤中丰度较高的 OTU 数目相同,与细菌 OTU 的数量相似,但真菌 OTU 的数量较少。对不同灌溉水或土壤分区的响应的门也相同:子囊菌门、担子菌门、壶菌门和合菌门（见表 4-8~表 4-11）,表明真菌可能来源于土壤而非灌溉水,因此它们对根际活动的敏感性低于细菌。根际显著增加的 OTUs 中,废水灌溉显著增加的 OTUs 数（3 OTUs）高于地下水灌溉显著增加的 OTU 数（0）,而非根际土则相反。

表 4-4 地下水灌溉土壤中丰度显著高于废水灌溉水土壤的细菌 OTUs

序号		OTU	界	门	纲	目	科	属	种
1		OTU586	Bacteria	Acidobacteria	[Chloracidobacteria]	RB41			
2		OTU231	Bacteria	Acidobacteria	[Chloracidobacteria]	11-24			
3		OTU350	Bacteria	Acidobacteria	[Chloracidobacteria]	RB41	Ellin6075		
4		OTU20	Bacteria	Acidobacteria	[Chloracidobacteria]	RB41	Ellin6075		
5		OTU280	Bacteria	Acidobacteria	[Chloracidobacteria]	RB41	Ellin6075		
6		OTU52	Bacteria	Acidobacteria	[Chloracidobacteria]	RB41			
7		OTU1641	Bacteria	Acidobacteria	Acidobacteria-6	iii1-15			
8		OTU474	Bacteria	Acidobacteria	Acidobacteria-6	iii1-15	RB40		
9	BS	OTU527	Bacteria	Acidobacteria	Acidobacteria-6	iii1-15			
10		OTU260	Bacteria	Acidobacteria	Acidobacteria-6	iii1-15			
11		OTU606	Bacteria	Acidobacteria	Acidobacteria-6	iii1-15			
12		OTU180	Bacteria	Acidobacteria	Acidobacteria-6	iii1-15			
13		OTU449	Bacteria	Acidobacteria	Acidobacteria-6	iii1-15			
14		OTU821	Bacteria	Acidobacteria	Acidobacteria-6	iii1-15			
15		OTU571	Bacteria	Acidobacteria	Acidobacteria-6	iii1-15	mb2424		
16		OTU652	Bacteria	Acidobacteria	Acidobacteria-6	iii1-15			
17		OTU345	Bacteria	Acidobacteria	Acidobacteria-6	iii1-15			
18		OTU244	Bacteria	Acidobacteria	Acidobacteria-6	iii1-15			
19		OTU368	Bacteria	Acidobacteria	Acidobacteria-6	iii1-15			
20		OTU981	Bacteria	Acidobacteria	Acidobacteria-6	iii1-15			

续表4-4

序号		OTU	界	门	纲	目	科	属	种
21		OTU359	Bacteria	Acidobacteria	BPC102	B110			
22		OTU203	Bacteria	Acidobacteria	iii1-8	DS-18			
23		OTU1603	Bacteria	Acidobacteria	iii1-8	DS-18			
24		OTU372	Bacteria	Acidobacteria	Solibacteres	Solibacterales	PAUC26f		
25		OTU376	Bacteria	Acidobacteria	Solibacteres	Solibacterales			
26		OTU1370	Bacteria	Acidobacteria	Sva0725	Sva0725			
27		OTU367	Bacteria	Acidobacteria	Sva0725	Sva0725			
28		OTU768	Bacteria	Actinobacteria	Acidimicrobiia	Acidimicrobiales	C111		
29		OTU402	Bacteria	Actinobacteria	Acidimicrobiia	Acidimicrobiales			
30		OTU296	Bacteria	Actinobacteria	MB-A2-108				
31		OTU325	Bacteria	Actinobacteria	MB-A2-108				
32		OTU327	Bacteria	Actinobacteria	MB-A2-108				
33		OTU70	Bacteria	Actinobacteria	MB-A2-108				
34		OTU246	Bacteria	Actinobacteria	MB-A2-108				
35		OTU1720	Bacteria	Bacteroidetes	[Saprospirae]	[Saprospirales]	Saprospiraceae		
36		OTU159	Bacteria	Bacteroidetes	[Saprospirae]	[Saprospirales]	Saprospiraceae		
37		OTU509	Bacteria	Bacteroidetes	Cytophagia	Cytophagales	Cytophagaceae		
38	RS	OTU96	Bacteria	Bacteroidetes	Cytophagia	Cytophagales	Cytophagaceae		
39		OTU194	Bacteria	Bacteroidetes	Cytophagia	Cytophagales	Cytophagaceae	Pontibacter	
40		OTU276	Bacteria	Bacteroidetes	Cytophagia	Cytophagales	Cytophagaceae		

续表 4-4

序号		OTU	界	门	纲	目	科	属	种
41	RS	OTU122	Bacteria	Bacteroidetes	Flavobacteria	Flavobacteriales	Flavobacteriaceae		
42		OTU692	Bacteria	Bacteroidetes	Sphingobacteriia	Sphingobacteriales			
43		OTU512	Bacteria	Chloroflexi	Anaerolineae	S0208			
44		OTU232	Bacteria	Chloroflexi	Anaerolineae	SBR1031	A4b		
45		OTU25	Bacteria	Chloroflexi	Anaerolineae	SBR1031	A4b		
46		OTU311	Bacteria	Chloroflexi	S085				
47		OTU346	Bacteria	Chloroflexi	S085				
48		OTU585	Bacteria	Chloroflexi	S085				
49		OTU450	Bacteria	Chloroflexi	S085				
50		OTU835	Bacteria	Chloroflexi	TK17	mle1-48			
51		OTU371	Bacteria	Chloroflexi	TK17				
52		OTU462	Bacteria	Chloroflexi	TK17	mle1-48			
53		OTU545	Bacteria	Chloroflexi	TK17				
54		OTU309	Archaea	Crenarchaeota	Thaumarchaeota	Nitrososphaerales	Nitrososphaeraceae	CandidatusNitrososphaera	gargensis
55		OTU151	Archaea	Crenarchaeota	Thaumarchaeota	Nitrososphaerales	Nitrososphaeraceae	Candidatus Nitrososphaera	SCA1170
56	RS	OTU111	Bacteria	Firmicutes	Bacilli	Bacillales	Planococcaceae	Lysinibacillus	
57		OTU342	Bacteria	Gemmatimonadetes	Gemm-1				
58		OTU485	Bacteria	Gemmatimonadetes	Gemm-1				
59		OTU308	Bacteria	Gemmatimonadetes	Gemm-2				
60		OTU441	Bacteria	Gemmatimonadetes	Gemm-3				

续表 4-4

序号		OTU	界	门	纲	目	科	属	种
61		OTU218	Bacteria	Gemmatimonadetes	Gemm-3				
62		OTU34	Bacteria	Gemmatimonadetes	Gemm-3				
63		OTU458	Bacteria	Gemmatimonadetes	Gemm-5				
64		OTU183	Bacteria	Gemmatimonadetes	Gemm-5				
65		OTU270	Bacteria	Gemmatimonadetes	Gemm-5				
66		OTU407	Bacteria	Gemmatimonadetes	Gemm-5				
67		OTU596	Bacteria	Gemmatimonadetes	Gemm-5				
68		OTU237	Bacteria	Gemmatimonadetes	Gemm-5				
69		OTU564	Bacteria	Gemmatimonadetes	Gemm-5				
70		OTU425	Bacteria	Gemmatimonadetes	Gemm-5				
71		OTU728	Bacteria	Gemmatimonadetes	Gemm-5				
72		OTU459	Bacteria	Gemmatimonadetes	Gemm-5				
73		OTU59	Bacteria	Gemmatimonadetes	Gemm-5				
74		OTU610	Bacteria	Gemmatimonadetes	Gemmatimonadetes				
75		OTU266	Bacteria	Gemmatimonadetes	Gemmatimonadetes				
76		OTU400	Bacteria	Gemmatimonadetes	Gemmatimonadetes				
77		OTU363	Bacteria	Gemmatimonadetes	Gemmatimonadetes				
78	BS	OTU209	Bacteria	Gemmatimonadetes	Gemmatimonadetes	C114			
79		OTU803	Bacteria	Gemmatimonadetes					
80		OTU149	Bacteria	Gemmatimonadetes					

续表 4-4

序号		OTU	界	门	纲	目	科	属	种
81		OTU508	Bacteria	Gemmatimonadetes					
82		OTU172	Bacteria	Gemmatimonadetes					
83		OTU612	Bacteria	Nitrospirae	Nitrospira	Nitrospirales	0319-6A21		
84		OTU138	Bacteria	Nitrospirae	Nitrospira	Nitrospirales	0319-6A21		
85		OTU583	Bacteria	Nitrospirae	Nitrospira	Nitrospirales	Nitrospiraceae	Nitrospira	
86		OTU721	Bacteria	Proteobacteria	Alphaproteobacteria	Rhodobacterales	Hyphomonadaceae		
87		OTU217	Bacteria	Proteobacteria	Alphaproteobacteria	Rhodospirillales	Rhodospirillaceae		
88		OTU137	Bacteria	Proteobacteria	Alphaproteobacteria	Rhodospirillales	Rhodospirillaceae		
89	RS	OTU234	Bacteria	Proteobacteria	Alphaproteobacteria	Rhizobiales	Hyphomicrobiaceae		
90		OTU679	Bacteria	Proteobacteria	Alphaproteobacteria	Sphingomonadales	Sphingomonadaceae		
91	RS	OTU245	Bacteria	Proteobacteria	Alphaproteobacteria	Sphingomonadales	Erythrobacteraceae		
92	RS	OTU899	Bacteria	Proteobacteria	Alphaproteobacteria	Rhodobacterales	Rhodobacteraceae		
93		OTU272	Bacteria	Proteobacteria	Alphaproteobacteria	Sphingomonadales	Sphingomonadaceae		
94		OTU94	Bacteria	Proteobacteria	Betaproteobacteria	Rhodocyclales	Rhodocyclaceae	Azoarcus	
95		OTU526	Bacteria	Proteobacteria	Betaproteobacteria	MND1			
96	RS	OTU60	Bacteria	Proteobacteria	Betaproteobacteria	Methylophilales	Methylophilaceae		
97		OTU790	Bacteria	Proteobacteria	Betaproteobacteria				
98		OTU380	Bacteria	Proteobacteria	Deltaproteobacteria	NB1-j			
99		OTU501	Bacteria	Proteobacteria	Deltaproteobacteria	Syntrophobacterales	Syntrophobacteraceae		
100		OTU604	Bacteria	Proteobacteria	Deltaproteobacteria	Syntrophobacterales	Syntrophobacteraceae		

续表 4-4

序号		OTU	界	门	纲	目	科	属	种
101		OTU107	Bacteria	Proteobacteria	Gammaproteobacteria	Xanthomonadales	Sinobacteraceae		
102		OTU782	Bacteria	Proteobacteria	Gammaproteobacteria	Thiotrichales	Piscirickettsiaceae		
103		OTU436	Bacteria	Proteobacteria	Gammaproteobacteria	Thiotrichales	Piscirickettsiaceae		
104		OTU6	Bacteria	Proteobacteria	Gammaproteobacteria	Pseudomonadales	Pseudomonadaceae		
105		OTU133	Bacteria	Proteobacteria	Gammaproteobacteria	Legionellales			
106	RS	OTU1	Bacteria	Proteobacteria	Gammaproteobacteria	Pseudomonadales	Pseudomonadaceae		
107		OTU145	Bacteria	Proteobacteria	Gammaproteobacteria	Pseudomonadales	Pseudomonadaceae		
108		OTU1948	Bacteria	Proteobacteria	Gammaproteobacteria	Xanthomonadales	Sinobacteraceae		
109		OTU340	Bacteria	Proteobacteria	Gammaproteobacteria	Thiotrichales	Piscirickettsiaceae		
110	RS	OTU33	Bacteria	Proteobacteria	Gammaproteobacteria	Xanthomonadales	Xanthomonadaceae	Pseudoxanthomonas	
111		OTU177	Bacteria	SBR1093					
112		OTU710	Bacteria	TM7	TM7-1				
113	BS	OTU265	Bacteria	TM7					
114	BS	OTU464	Bacteria	TM7					
115		OTU254	Bacteria	WS3	PRR-12	Sediment-1			

注:RS 表示该 OTU 在根际土壤的丰度显著大于非根际土壤,BS 表示该 OTU 在非根际土壤的丰度也显著大于根际土壤,下同。

表4-5 废水灌溉土壤中丰度显著高于地下水灌溉土壤的细菌 OTUs

序号		OTU	界	门	纲	目	科	属	种
1	BS	OTU257	Bacteria	[Thermi]	Deinococci	Deinococcales	Trueperaceae	B-42	
2		OTU239	Bacteria	[Thermi]	Deinococci	Deinococcales	Trueperaceae	B-42	
3		OTU313	Bacteria	Acidobacteria	[Chloracidobacteria]	RB41	Ellin6075			
4		OTU158	Bacteria	Acidobacteria	iii1-8	DS-18				
5	BS	OTU639	Bacteria	Actinobacteria	Acidimicrobiia	Acidimicrobiales			
6		OTU658	Bacteria	Actinobacteria	Acidimicrobiia	Acidimicrobiales			
7		OTU38	Bacteria	Actinobacteria	Actinobacteria	Actinomycetales	Micrococcaceae	Aequorivita	
8	RS	OTU282	Bacteria	Actinobacteria	Actinobacteria	Actinomycetales	Microbacteriaceae	Microbacterium	
9		OTU567	Bacteria	Actinobacteria	Actinobacteria	Actinomycetales	Nocardioidaceae	Nocardioides	
10	RS	OTU394	Bacteria	Actinobacteria	Actinobacteria	Actinomycetales	Promicromonosporaceae	Promicromonospora	
11		OTU271	Bacteria	Actinobacteria	Actinobacteria	Actinomycetales	Nocardiaceae	Rhodococcus	
12		OTU518	Bacteria	Actinobacteria	Actinobacteria	Actinomycetales	Streptomycetaceae	Streptomyces	
13	RS	OTU187	Bacteria	Actinobacteria	Actinobacteria	Actinomycetales	Streptomycetaceae	Streptomyces	mirabilis
14	RS	OTU370	Bacteria	Actinobacteria	Actinobacteria	Actinomycetales	Micrococcaceae		
15	RS	OTU41	Bacteria	Actinobacteria	Actinobacteria	Actinomycetales	Micrococcaceae		
16	RS	OTU1458	Bacteria	Actinobacteria	Actinobacteria	Actinomycetales	Micrococcaceae		
17	RS	OTU15	Bacteria	Actinobacteria	Actinobacteria	Actinomycetales	Micrococcaceae		
18	BS	OTU114	Bacteria	Actinobacteria	Nitriliruptoria	Nitriliruptorales	Nitriliruptoraceae		
19		OTU341	Bacteria	Bacteroidetes	[Saprospirae]	[Saprospirales]	Chitinophagaceae	Chitinophaga	
20		OTU88	Bacteria	Bacteroidetes	[Saprospirae]	[Saprospirales]	Chitinophagaceae	Flavisolibacter	

序号		OTU	界	门	纲	目	科	属	种
21	RS	OTU251	Bacteria	Bacteroidetes	[Saprospirae]	[Saprospirales]	Chitinophagaceae	Flavisolibacter	
22	RS	OTU452	Bacteria	Bacteroidetes	[Saprospirae]	[Saprospirales]	Chitinophagaceae		
23	RS	OTU348	Bacteria	Bacteroidetes	[Saprospirae]	[Saprospirales]	Chitinophagaceae		
24	RS	OTU241	Bacteria	Bacteroidetes	[Saprospirae]	[Saprospirales]	Chitinophagaceae		
25		OTU1318	Bacteria	Bacteroidetes	Cytophagia	Cytophagales	Cytophagaceae	Pontibacter	
26		OTU483	Bacteria	Bacteroidetes	Cytophagia	Cytophagales	Cytophagaceae		
27		OTU47	Bacteria	Bacteroidetes	Cytophagia	Cytophagales	Cyclobacteriaceae		
28		OTU242	Bacteria	Bacteroidetes	Cytophagia	Cytophagales	Cytophagaceae		
29		OTU69	Bacteria	Bacteroidetes	Cytophagia	Cytophagales	Flammeovirgaceae		
30	RS	OTU214	Bacteria	Bacteroidetes	Flavobacteriia	Flavobacteriales	Flavobacteriaceae	Aequorivita	
31	RS	OTU63	Bacteria	Bacteroidetes	Flavobacteriia	Flavobacteriales	Flavobacteriaceae	Aequorivita	
32		OTU269	Bacteria	Bacteroidetes	Flavobacteriia	Flavobacteriales	Flavobacteriaceae	Flavobacterium	
33	RS	OTU18	Bacteria	Bacteroidetes	Flavobacteriia	Flavobacteriales	Flavobacteriaceae	Flavobacterium	gelidilacus
34		OTU76	Bacteria	Bacteroidetes	Flavobacteriia	Flavobacteriales	Flavobacteriaceae	Muricauda	
35	BS	OTU662	Bacteria	Bacteroidetes	Flavobacteriia	Flavobacteriales	Flavobacteriaceae	Salinimicrobium	
36		OTU1144	Bacteria	Bacteroidetes	Flavobacteriia	Flavobacteriales	Flavobacteriaceae	Salinimicrobium	
37		OTU99	Bacteria	Bacteroidetes	Flavobacteriia	Flavobacteriales	Flavobacteriaceae		
38		OTU12	Bacteria	Bacteroidetes	Flavobacteriia	Flavobacteriales	Flavobacteriaceae		
39		OTU850	Bacteria	Bacteroidetes	Flavobacteriia	Flavobacteriales	Flavobacteriaceae		
40	BS	OTU1187	Bacteria	Bacteroidetes	Sphingobacteriia	Sphingobacteriales	Sphingobacteriaceae		

续表 4-5

序号		OTU	界	门	纲	目	科	属	种
41	BS	OTU694	Bacteria	Chlorobi	OPB56				
42		OTU337	Bacteria	Chloroflexi	Anaerolineae	SBR1031	A4b		
43		OTU167	Bacteria	Chloroflexi	Anaerolineae	CFB-26			
44		OTU236	Bacteria	Chloroflexi	Thermomicrobia	AKYG1722			
45	BS	OTU413	Bacteria	Chloroflexi	Thermomicrobia	JG30-KF-CM45			
46		OTU64	Bacteria	Firmicutes	Bacilli	Bacillales	Paenibacillaceae	Ammoniphilus	
47		OTU9	Bacteria	Firmicutes	Bacilli	Bacillales	Bacillaceae	Bacillus	
48		OTU1264	Bacteria	Firmicutes	Bacilli	Bacillales	Bacillaceae	Bacillus	humi
49		OTU2448	Bacteria	Firmicutes	Bacilli	Bacillales	Bacillaceae	Bacillus	muralis
50		OTU708	Bacteria	Firmicutes	Bacilli	Bacillales			
51	RS	OTU291	Bacteria	Gemmatimonadetes	Gemm-1				
52		OTU216	Bacteria	Proteobacteria	Alphaproteobacteria	Rhizobiales	Rhizobiaceae	Agrobacterium	
53		OTU53	Bacteria	Proteobacteria	Alphaproteobacteria	Rhizobiales	Rhizobiaceae	Agrobacterium	
54		OTU80	Bacteria	Proteobacteria	Alphaproteobacteria	Rhizobiales	Hyphomicrobiaceae	Devosia	
55	BS	OTU594	Bacteria	Proteobacteria	Alphaproteobacteria	Rhizobiales	Hyphomicrobiaceae	Devosia	
56	RS	OTU420	Bacteria	Proteobacteria	Alphaproteobacteria	Rhizobiales	Hyphomicrobiaceae	Devosia	
57	RS	OTU211	Bacteria	Proteobacteria	Alphaproteobacteria	Rhizobiales	Hyphomicrobiaceae	Devosia	
58		OTU1423	Bacteria	Proteobacteria	Alphaproteobacteria	Sphingomonadales	Sphingomonadaceae	Kaistobacter	
59		OTU86	Bacteria	Proteobacteria	Alphaproteobacteria	Sphingomonadales	Sphingomonadaceae	Kaistobacter	
60		OTU160	Bacteria	Proteobacteria	Alphaproteobacteria	Rhodobacterales	Rhodobacteraceae	Paracoccus	

续表 4-5

序号		OTU	界	门	纲	目	科	属	种
61	RS	OTU338	Bacteria	Proteobacteria	Alphaproteobacteria	Rhizobiales	Hyphomicrobiaceae	Rhodoplanes	
62		OTU32	Bacteria	Proteobacteria	Alphaproteobacteria	Rhizobiales	Rhizobiaceae	Sinorhizobium	
63		OTU221	Bacteria	Proteobacteria	Alphaproteobacteria	Sphingomonadales	Sphingomonadaceae	Sphingobium	
64	BS	OTU124	Bacteria	Proteobacteria	Alphaproteobacteria	Sphingomonadales	Erythrobacteraceae		
65		OTU893	Bacteria	Proteobacteria	Alphaproteobacteria	Rhizobiales	Phyllobacteriaceae		
66	RS	OTU55	Bacteria	Proteobacteria	Alphaproteobacteria	Rhizobiales	Phyllobacteriaceae		
67	BS	OTU45	Bacteria	Proteobacteria	Alphaproteobacteria	Sphingomonadales	Erythrobacteraceae		
68		OTU532	Bacteria	Proteobacteria	Alphaproteobacteria	Rhizobiales	Phyllobacteriaceae		
69		OTU1558	Bacteria	Proteobacteria	Alphaproteobacteria	Sphingomonadales	Erythrobacteraceae		
70	BS	OTU570	Bacteria	Proteobacteria	Alphaproteobacteria	Sphingomonadales	Erythrobacteraceae		
71		OTU726	Bacteria	Proteobacteria	Alphaproteobacteria	Rhodospirillales	Rhodospirillaceae		
72	RS	OTU336	Bacteria	Proteobacteria	Alphaproteobacteria	Rhodobacterales	Rhodobacteraceae		
73		OTU339	Bacteria	Proteobacteria	Alphaproteobacteria				
74	RS	OTU1116	Bacteria	Proteobacteria	Betaproteobacteria	Burkholderiales	Comamonadaceae	Rubrivivax	
75		OTU565	Bacteria	Proteobacteria	Betaproteobacteria	Burkholderiales	Comamonadaceae		
76	RS	OTU897	Bacteria	Proteobacteria	Betaproteobacteria	Ellin6067			
77	BS	OTU17	Bacteria	Proteobacteria	Gammaproteobacteria	Oceanospirillales	Alcanivoracaceae	Alcanivorax	dieselolei
78	BS	OTU83	Bacteria	Proteobacteria	Gammaproteobacteria	Oceanospirillales	Alcanivoracaceae	Alcanivorax	
79	RS	OTU399	Bacteria	Proteobacteria	Gammaproteobacteria	Xanthomonadales	Xanthomonadaceae	Dokdonella	
80	BS	OTU48	Bacteria	Proteobacteria	Gammaproteobacteria	Oceanospirillales	Halomonadaceae	Haererehalobacter	salaria

续表 4-5

序号		OTU	界	门	纲	目	科	属	种
81		OTU75	Bacteria	Proteobacteria	Gammaproteobacteria	Oceanospirillales	Halomonadaceae	Halomonas	
82	BS	OTU7	Bacteria	Proteobacteria	Gammaproteobacteria	Oceanospirillales	Halomonadaceae	Halomonas	
83	RS	OTU667	Bacteria	Proteobacteria	Gammaproteobacteria	Xanthomonadales	Xanthomonadaceae	Luteimonas	
84		OTU630	Bacteria	Proteobacteria	Gammaproteobacteria	Xanthomonadales	Xanthomonadaceae	Lysobacter	
85		OTU8	Bacteria	Proteobacteria	Gammaproteobacteria	Xanthomonadales	Xanthomonadaceae	Lysobacter	
86		OTU146	Bacteria	Proteobacteria	Gammaproteobacteria	Thiotrichales	Piscirickettsiaceae	Methylophaga	
87		OTU54	Bacteria	Proteobacteria	Gammaproteobacteria	Thiotrichales	Piscirickettsiaceae	Methylophaga	
88		OTU50	Bacteria	Proteobacteria	Gammaproteobacteria	Thiotrichales	Piscirickettsiaceae	Methylophaga	
89	RS	OTU628	Bacteria	Proteobacteria	Gammaproteobacteria	Alteromonadales	Alteromonadaceae	Microbulbifer	
90		OTU103	Bacteria	Proteobacteria	Gammaproteobacteria	Pseudomonadales	Pseudomonadaceae	Pseudomonas	
91		OTU725	Bacteria	Proteobacteria	Gammaproteobacteria	Pseudomonadales	Pseudomonadaceae	Pseudomonas	
92		OTU106	Bacteria	Proteobacteria	Gammaproteobacteria	Pseudomonadales	Pseudomonadaceae	Pseudomonas	
93		OTU188	Bacteria	Proteobacteria	Gammaproteobacteria	Alteromonadales	[Chromatiaceae]		
94		OTU489	Bacteria	Proteobacteria	Gammaproteobacteria				
95		OTU204	Bacteria	Proteobacteria	Gammaproteobacteria	Xanthomonadales	Xanthomonadaceae		
96		OTU173	Bacteria	Proteobacteria	Gammaproteobacteria	Xanthomonadales	Xanthomonadaceae		
97	RS	OTU299	Bacteria	TM7	TM7-1				
98	BS	OTU297	Bacteria	TM7	TM7-3	IO25			
99	RS	OTU120	Bacteria	TM7	TM7-3				

表 4-6　非根际土壤中丰度显著高于根际的细菌 OTUs

序号	OTU	界	门	纲	目	科	属	种
1	OTU157	Bacteria	[Thermi]	Deinococci	Deinococcales	Trueperaceae	B-42	
2	OTU1352	Bacteria	[Thermi]	Deinococci	Deinococcales	Trueperaceae	B-42	
3	OTU257	Bacteria	[Thermi]	Deinococci	Deinococcales	Trueperaceae	B-42	
4	OTU396	Bacteria	Acidobacteria	[Chloracidobacteria]	RB41			
5	OTU527	Bacteria	Acidobacteria	Acidobacteria-6	iii1-15			
6	OTU154	Bacteria	Acidobacteria	Acidobacteria-6	iii1-15			
7	OTU295	Bacteria	Acidobacteria	Acidobacteria-6	iii1-15	mb2424		
8	OTU514	Bacteria	Acidobacteria	iii1-8	DS-18			
9	OTU49	Bacteria	Acidobacteria	iii1-8	DS-18			
10	OTU121	Bacteria	Acidobacteria	iii1-8	DS-18			
11	OTU289	Bacteria	Acidobacteria	iii1-8	DS-18			
12	OTU147	Bacteria	Acidobacteria	iii1-8	DS-18			
13	OTU510	Bacteria	Acidobacteria	iii1-8	DS-18			
14	OTU1248	Bacteria	Actinobacteria	Acidimicrobiia	Acidimicrobiales			
15	OTU294	Bacteria	Actinobacteria	Acidimicrobiia	Acidimicrobiales			
16	OTU639	Bacteria	Actinobacteria	Acidimicrobiia	Acidimicrobiales			
17	OTU196	Bacteria	Actinobacteria	MB-A2-108	0319-7L14			
18	OTU93	Bacteria	Actinobacteria	MB-A2-108	0319-7L14			

续表 4-6

序号	OTU	界	门	纲	目	科	属	种
19	OTU114	Bacteria	Actinobacteria	Nitriliruptoria	Nitriliruptorales	Nitriliruptoraceae		
20	OTU125	Bacteria	Bacteroidetes	[Rhodothermi]	[Rhodothermales]	Rhodothermaceae		
21	OTU224	Bacteria	Bacteroidetes	[Rhodothermi]	[Rhodothermales]	Rhodothermaceae		
22	OTU143	Bacteria	Bacteroidetes	Cytophagia	Cytophagales	Cytophagaceae	Pontibacter	
23	OTU92	Bacteria	Bacteroidetes	Flavobacteriia	Flavobacteriales	Flavobacteriaceae		
24	OTU58	Bacteria	Bacteroidetes	Flavobacteriia	Flavobacteriales	Flavobacteriaceae	Salegentibacter	
25	OTU27	Bacteria	Bacteroidetes	Flavobacteriia	Flavobacteriales	Flavobacteriaceae	Salegentibacter	
26	OTU71	Bacteria	Bacteroidetes	Flavobacteriia	Flavobacteriales	Flavobacteriaceae		
27	OTU57	Bacteria	Bacteroidetes	Flavobacteriia	Flavobacteriales	Flavobacteriaceae	Salinimicrobium	
28	OTU662	Bacteria	Bacteroidetes	Flavobacteriia	Flavobacteriales	Flavobacteriaceae	Salinimicrobium	
29	OTU39	Bacteria	Bacteroidetes	Sphingobacteriia	Sphingobacteriales	Sphingobacteriaceae		
30	OTU1187	Bacteria	Bacteroidetes	Sphingobacteriia	Sphingobacteriales	Sphingobacteriaceae		
31	OTU569	Bacteria	Bacteroidetes					
32	OTU694	Bacteria	Chlorobi	OPB56				
33	OTU301	Bacteria	Chloroflexi	Gitt-GS-136				
34	OTU413	Bacteria	Chloroflexi	Thermomicrobia	JG30-KF-CM45			
35	OTU843	Archaea	Euryarchaeota	Thermoplasmata				
36	OTU330	Bacteria	Gemmatimonadetes	Gemm-1				

续表 4-6

序号	OTU	界	门	纲	目	科	属	种
37	OTU431	Bacteria	Gemmatimonadetes	Gemm-3				
38	OTU440	Bacteria	Gemmatimonadetes	Gemm-5				
39	OTU473	Bacteria	Gemmatimonadetes	Gemm-5				
40	OTU152	Bacteria	Gemmatimonadetes	Gemm-5				
41	OTU209	Bacteria	Gemmatimonadetes	Gemmatimonadetes	C114			
42	OTU179	Bacteria	Proteobacteria	Alphaproteobacteria	Caulobacterales	Caulobacteraceae		
43	OTU570	Bacteria	Proteobacteria	Alphaproteobacteria	Sphingomonadales	Erythrobacteraceae		
44	OTU110	Bacteria	Proteobacteria	Alphaproteobacteria	Rhizobiales	Hyphomicrobiaceae	Devosia	
45	OTU186	Bacteria	Proteobacteria	Alphaproteobacteria	Rhodobacterales	Rhodobacteraceae	Paracoccus	
46	OTU594	Bacteria	Proteobacteria	Alphaproteobacteria	Rhizobiales	Hyphomicrobiaceae	Devosia	
47	OTU45	Bacteria	Proteobacteria	Alphaproteobacteria	Sphingomonadales	Erythrobacteraceae		
48	OTU124	Bacteria	Proteobacteria	Alphaproteobacteria	Sphingomonadales	Erythrobacteraceae		
49	OTU197	Bacteria	Proteobacteria	Betaproteobacteria	Nitrosomonadales	Nitrosomonadaceae	Nitrosovibrio	tenuis
50	OTU10	Bacteria	Proteobacteria	Gammaproteobacteria	Alteromonadales	Alteromonadaceae	Marinobacter	
51	OTU5	Bacteria	Proteobacteria	Gammaproteobacteria	Oceanospirillales	Halomonadaceae	Halomonas	
52	OTU100	Bacteria	Proteobacteria	Gammaproteobacteria	Oceanospirillales	Halomonadaceae	Halomonas	
53	OTU83	Bacteria	Proteobacteria	Gammaproteobacteria	Oceanospirillales	Alcanivoracaceae	Alcanivorax	
54	OTU17	Bacteria	Proteobacteria	Gammaproteobacteria	Oceanospirillales	Alcanivoracaceae	Alcanivorax	dieselolei

续表 4-6

序号	OTU	界	门	纲	目	科	属	种
55	OTU48	Bacteria	Proteobacteria	Gammaproteobacteria	Oceanospirillales	Halomonadaceae	Haererehalobacter	salaria
56	OTU7	Bacteria	Proteobacteria	Gammaproteobacteria	Oceanospirillales	Halomonadaceae	Halomonas	
57	OTU11	Bacteria	Proteobacteria	Gammaproteobacteria	Oceanospirillales	Halomonadaceae	Halomonas	
58	OTU275	Bacteria	Proteobacteria	Gammaproteobacteria				
59	OTU775	Bacteria	Proteobacteria	Gammaproteobacteria	HOC36			
60	OTU134	Bacteria	TM7	TM7-1				
61	OTU385	Bacteria	TM7	TM7-1				
62	OTU297	Bacteria	TM7	TM7-3	I025			
63	OTU464	Bacteria	TM7					
64	OTU265	Bacteria	TM7					

表 4-7 根际中丰度显著高于非根际土壤的细菌 OTUs

序号	OTU	界	门	纲	目	科	属	种
1	OTU316	Bacteria	Acidobacteria	Solibacteres	Solibacterales	PAUC26f		
2	OTU563	Bacteria	Actinobacteria	Acidimicrobiia	Acidimicrobiales			
3	OTU689	Bacteria	Actinobacteria	Actinobacteria	Actinomycetales	Nocardioidaceae		
4	OTU394	Bacteria	Actinobacteria	Actinobacteria	Actinomycetales	Promicromonosporaceae	Promicromonospora	
5	OTU15	Bacteria	Actinobacteria	Actinobacteria	Actinomycetales	Micrococcaceae		
6	OTU282	Bacteria	Actinobacteria	Actinobacteria	Actinomycetales	Microbacteriaceae	Microbacterium	
7	OTU187	Bacteria	Actinobacteria	Actinobacteria	Actinomycetales	Streptomycetaceae	Streptomyces	mirabilis
8	OTU1458	Bacteria	Actinobacteria	Actinobacteria	Actinomycetales	Micrococcaceae		
9	OTU370	Bacteria	Actinobacteria	Actinobacteria	Actinomycetales	Micrococcaceae		
10	OTU41	Bacteria	Actinobacteria	Actinobacteria	Actinomycetales	Micrococcaceae		
11	OTU206	Bacteria	Actinobacteria	Actinobacteria	Actinomycetales	Nocardioidaceae	Aeromicrobium	
12	OTU251	Bacteria	Bacteroidetes	[Saprospirae]	[Saprospirales]	Chitinophagaceae	Flavisolibacter	
13	OTU1258	Bacteria	Bacteroidetes	[Saprospirae]	[Saprospirales]	Chitinophagaceae		
14	OTU348	Bacteria	Bacteroidetes	[Saprospirae]	[Saprospirales]	Chitinophagaceae		
15	OTU241	Bacteria	Bacteroidetes	[Saprospirae]	[Saprospirales]	Chitinophagaceae		
16	OTU452	Bacteria	Bacteroidetes	[Saprospirae]	[Saprospirales]	Chitinophagaceae		
17	OTU153	Bacteria	Bacteroidetes	Cytophagia	Cytophagales	Cytophagaceae		
18	OTU96	Bacteria	Bacteroidetes	Cytophagia	Cytophagales	Cytophagaceae		

序号	OTU	界	门	纲	目	科	属	种
19	OTU302	Bacteria	Bacteroidetes	Cytophagia	Cytophagales	Cytophagaceae		
20	OTU357	Bacteria	Bacteroidetes	Cytophagia	Cytophagales	Cyclobacteriaceae	Echinicola	shivajiensis
21	OTU122	Bacteria	Bacteroidetes	Flavobacteriia	Flavobacteriales	Flavobacteriaceae		
22	OTU22	Bacteria	Bacteroidetes	Flavobacteriia	Flavobacteriales	Flavobacteriaceae		
23	OTU18	Bacteria	Bacteroidetes	Flavobacteriia	Flavobacteriales	Flavobacteriaceae	Flavobacterium	gelidilacus
24	OTU63	Bacteria	Bacteroidetes	Flavobacteriia	Flavobacteriales	Flavobacteriaceae	Aequorivita	
25	OTU214	Bacteria	Bacteroidetes	Flavobacteriia	Flavobacteriales	Flavobacteriaceae	Aequorivita	
26	OTU590	Bacteria	Firmicutes	Bacilli	Bacillales	Paenibacillaceae	Paenibacillus	amylolyticus
27	OTU111	Bacteria	Firmicutes	Bacilli	Bacillales	Planococcaceae	Lysinibacillus	
28	OTU291	Bacteria	Gemmatimonadetes	Gemm-1				
29	OTU211	Bacteria	Proteobacteria	Alphaproteobacteria	Rhizobiales	Hyphomicrobiaceae	Devosia	
30	OTU537	Bacteria	Proteobacteria	Alphaproteobacteria	Rhodospirillales	Rhodospirillaceae		
31	OTU899	Bacteria	Proteobacteria	Alphaproteobacteria	Rhodobacterales	Rhodobacteraceae		
32	OTU278	Bacteria	Proteobacteria	Alphaproteobacteria				
33	OTU560	Bacteria	Proteobacteria	Alphaproteobacteria	Rhizobiales	Hyphomicrobiaceae	Rhodoplanes	
34	OTU335	Bacteria	Proteobacteria	Alphaproteobacteria	Caulobacterales	Caulobacteraceae	Phenylobacterium	
35	OTU555	Bacteria	Proteobacteria	Alphaproteobacteria	Rhizobiales			
36	OTU245	Bacteria	Proteobacteria	Alphaproteobacteria	Sphingomonadales	Erythrobacteraceae		

续表 4-7

序号	OTU	界	门	纲	目	科	属	种
37	OTU28	Bacteria	Proteobacteria	Alphaproteobacteria	Sphingomonadales	Sphingomonadaceae	Sphingopyxis	
38	OTU14	Bacteria	Proteobacteria	Alphaproteobacteria	Sphingomonadales	Sphingomonadaceae	Sphingobium	
39	OTU223	Bacteria	Proteobacteria	Alphaproteobacteria	Sphingomonadales	Sphingomonadaceae	Novosphingobium	
40	OTU1012	Bacteria	Proteobacteria	Alphaproteobacteria	Rhizobiales	Bradyrhizobiaceae	Bradyrhizobium	
41	OTU1254	Bacteria	Proteobacteria	Alphaproteobacteria	Rhizobiales	Rhizobiaceae		
42	OTU504	Bacteria	Proteobacteria	Alphaproteobacteria	Sphingomonadales	Sphingomonadaceae	Sphingopyxis	alaskensis
43	OTU234	Bacteria	Proteobacteria	Alphaproteobacteria	Rhizobiales	Hyphomicrobiaceae		
44	OTU55	Bacteria	Proteobacteria	Alphaproteobacteria	Rhizobiales	Phyllobacteriaceae		
45	OTU420	Bacteria	Proteobacteria	Alphaproteobacteria	Rhizobiales	Hyphomicrobiaceae	Devosia	
46	OTU4	Bacteria	Proteobacteria	Alphaproteobacteria	Rhizobiales	Phyllobacteriaceae	Mesorhizobium	
47	OTU827	Bacteria	Proteobacteria	Alphaproteobacteria	Sphingomonadales	Sphingomonadaceae	Sphingomonas	suberifaciens
48	OTU338	Bacteria	Proteobacteria	Alphaproteobacteria	Rhizobiales	Hyphomicrobiaceae	Rhodoplanes	
49	OTU336	Bacteria	Proteobacteria	Alphaproteobacteria	Rhodobacterales	Rhodobacteraceae		
50	OTU229	Bacteria	Proteobacteria	Betaproteobacteria	MND1			
51	OTU123	Bacteria	Proteobacteria	Betaproteobacteria	Burkholderiales	Comamonadaceae		
52	OTU497	Bacteria	Proteobacteria	Betaproteobacteria	Burkholderiales			
53	OTU1116	Bacteria	Proteobacteria	Betaproteobacteria	Burkholderiales	Comamonadaceae	Rubrivivax	
54	OTU897	Bacteria	Proteobacteria	Betaproteobacteria	Ellin6067			

续表 4-7

序号	OTU	界	门	纲	目	科	属	种
55	OTU250	Bacteria	Proteobacteria	Betaproteobacteria	Methylophilales	Methylophilaceae		
56	OTU786	Bacteria	Proteobacteria	Betaproteobacteria	Methylophilales	Methylophilaceae		
57	OTU60	Bacteria	Proteobacteria	Betaproteobacteria	Methylophilales	Methylophilaceae		
58	OTU332	Bacteria	Proteobacteria	Gammaproteobacteria	Xanthomonadales	Sinobacteraceae	Steroidobacter	
59	OTU1	Bacteria	Proteobacteria	Gammaproteobacteria	Pseudomonadales	Pseudomonadaceae		
60	OTU33	Bacteria	Proteobacteria	Gammaproteobacteria	Xanthomonadales	Xanthomonadaceae	Pseudoxanthomonas	
61	OTU208	Bacteria	Proteobacteria	Gammaproteobacteria	Xanthomonadales	Xanthomonadaceae	Luteimonas	
62	OTU318	Bacteria	Proteobacteria	Gammaproteobacteria	Xanthomonadales	Xanthomonadaceae	Lysobacter	
63	OTU628	Bacteria	Proteobacteria	Gammaproteobacteria	Alteromonadales	Alteromonadaceae	Microbulbifer	
64	OTU399	Bacteria	Proteobacteria	Gammaproteobacteria	Xanthomonadales	Xanthomonadaceae	Dokdonella	
65	OTU667	Bacteria	Proteobacteria	Gammaproteobacteria	Xanthomonadales	Xanthomonadaceae	Luteimonas	
66	OTU299	Bacteria	TM7	TM7-1				
67	OTU156	Bacteria	TM7	TM7-3				
68	OTU120	Bacteria	TM7	TM7-3				

表 4-8 地下水灌溉土壤丰度显著高于废水灌溉水土壤的真菌 OTUs

序号		OTU	界	门	纲	目	科	属	种
1		OTU143	Fungi	Ascomycota	Archaeorhizomycetes	Archaeorhizomycetales	Archaeorhizomycetaceae		
2		OTU3	Fungi	Ascomycota	Dothideomycetes	Capnodiales	Davidiellaceae	Cladosporium	sphaerospermum
3	BS	OTU95	Fungi	Ascomycota	Eurotiomycetes	Eurotiales	Trichocomaceae	Penicillium	cinnamopurpureum
4	BS	OTU20	Fungi	Ascomycota	Incertae_sedis_Ascomycota	Incertae_sedis_Ascomycota	Incertae_sedis_Ascomycota		
5		OTU15	Fungi	Ascomycota	Pezizomycetes	Pezizales			
6		OTU13	Fungi	Ascomycota	Pezizomycetes	Pezizales	Ascobolaceae		
7		OTU169	Fungi	Ascomycota	Pezizomycetes	Pezizales	Pyronemataceae	Scutellinia	torrentis
8		OTU46	Fungi	Ascomycota	Saccharomycetes	Saccharomycetales	Trichomonascaceae		
9		OTU173	Fungi	Ascomycota	Saccharomycetes	Saccharomycetales	Metschnikowiaceae	Metschnikowia	agaves
10		OTU777	Fungi	Ascomycota	Sordariomycetes	Sordariales	Chaetomiaceae		
11		OTU11	Fungi	Ascomycota	Sordariomycetes	Hypocreales	Nectriaceae	Fusarium	oxysporum
12		OTU51	Fungi	Ascomycota	Sordariomycetes	Diaporthales			
13		OTU14	Fungi	Ascomycota	Sordariomycetes	Sordariales	Chaetomiaceae		
14		OTU1524	Fungi	Ascomycota	Agaricomycetes				
15		OTU36	Fungi	Basidiomycota	Agaricomycetes				
16		OTU138	Fungi	Basidiomycota	Agaricomycetes	Cantharellales	Cantharellaceae	Cantharellus	decolorans

序号		OTU	界	门	纲	目	科	属	种
17		OTU89	Fungi	Basidiomycota	Incertae_sedis_ Basidiomycota				
18		OTU1400	Fungi	Basidiomycota	Pucciniomycetes	Pucciniales	Raveneliaceae	Ravenelia	macowaniana
19		OTU385	Fungi	Basidiomycota	Pucciniomycetes	Pucciniales	Raveneliaceae	Ravenelia	macowaniana
20	BS	OTU61	Fungi	Basidiomycota	Wallemiomycetes	Wallemiales	Wallemiaceae		
21		OTU273	Fungi	Chytridiomycota	Chytridiomycetes	Spizellomycetales	Spizellomycetaceae	Spizellomyces	pseudodichotomus
22	BS	OTU47	Fungi	Chytridiomycota	Chytridiomycetes	Spizellomycetales	Spizellomycetaceae		
23		OTU296	Fungi	Chytridiomycota	Chytridiomycetes	Spizellomycetales	Spizellomycetaceae	Spizellomyces	palustris
24		OTU78	Fungi	Chytridiomycota					
25		OTU139	Fungi	Zygomycota	Incertae_sedis_Zygomycota	Kickxellales	Kickxellaceae	Linderina	pennispora

表 4-9 废水灌溉土壤丰度显著高于地下水灌溉土壤的真菌 OTUs

序号		OTU	界	门	纲	目	科	属	种
1		OTU53	Fungi	Ascomycota	Dothideomycetes	Pleosporales	Pleosporaceae	Bipolaris	micropus
2		OTU132	Fungi	Ascomycota	Eurotiomycetes	Eurotiales	Trichocomaceae	Aspergillus	sydowii
3	RS	OTU121	Fungi	Ascomycota	Eurotiomycetes	Eurotiales	Incertae_sedis_Eurotiales		
4		OTU16	Fungi	Ascomycota	Incertae_sedis_Ascomycota	Incertae_sedis_Ascomycota	Incertae_sedis_Ascomycota		
5		OTU54	Fungi	Ascomycota	Incertae_sedis_Ascomycota	Incertae_sedis_Ascomycota	Incertae_sedis_Ascomycota		
6		OTU25	Fungi	Ascomycota	Pezizomycetes	Pezizales			
7		OTU50	Fungi	Ascomycota	Saccharomycetes	Saccharomycetales	Dipodascaceae	Dipodascus	geotrichum
8	BS	OTU41	Fungi	Ascomycota	Sordariomycetes	Sordariales	Chaetomiaceae	Chaetomium	interruptum
9	RS	OTU106	Fungi	Basidiomycota	Agaricomycetes				
10		OTU35	Fungi	Basidiomycota	Wallemiomycetes	Wallemiales	Wallemiaceae		
11	RS	OTU23	Fungi	Chytridiomycota					
12		OTU38	Fungi	Zygomycota	Incertae_sedis_Zygomycota	Mucorales	Rhizopodaceae	Rhizopus	arrhizus
13		OTU27	Fungi	Zygomycota	Incertae_sedis_Zygomycota	Mucorales	Mucoraceae	Actinomucor	elegans
14		OTU83	Fungi	Zygomycota	Incertae_sedis_Zygomycota	Mucorales	Backusellaceae	Backusella	lamprospora

表 4-10 非根际土壤丰度显著高于根际土壤的真菌 OTUs

序号	OTU	界	门	纲	目	科	属	种
1	OTU6	Fungi	Ascomycota	Dothideomycetes	Pleosporales	Pleosporaceae		
2	OTU113	Fungi	Ascomycota	Eurotiomycetes				
3	OTU62	Fungi	Ascomycota	Eurotiomycetes	Eurotiales	Trichocomaceae	Aspergillus	ochraceus
4	OTU95	Fungi	Ascomycota	Eurotiomycetes	Eurotiales	Trichocomaceae	Penicillium	cinnamopurpureum
5	OTU60	Fungi	Ascomycota	Incertae_sedis_Ascomycota	Incertae_sedis_Ascomycota	Incertae_sedis_Ascomycota	Scolecobasidium	dendroides
6	OTU20	Fungi	Ascomycota	Incertae_sedis_Ascomycota	Incertae_sedis_Ascomycota	Incertae_sedis_Ascomycota		
7	OTU1493	Fungi	Ascomycota	Pezizomycetes	Pezizales			
8	OTU154	Fungi	Ascomycota	Sordariomycetes	Hypocreales	Bionectriaceae	Stephanonectria	keithii
9	OTU73	Fungi	Ascomycota	Sordariomycetes	Hypocreales	Incertae_sedis_Hypocreales	Acremonium	alternatum
10	OTU37	Fungi	Ascomycota	Sordariomycetes	Hypocreales	Incertae_sedis_Hypocreales	Acremonium	acutatum
11	OTU67	Fungi	Ascomycota	Sordariomycetes				
12	OTU41	Fungi	Ascomycota	Sordariomycetes	Sordariales	Chaetomiaceae	Chaetomium	interruptum
13	OTU52	Fungi	Basidiomycota	Agaricomycetes				
14	OTU58	Fungi	Basidiomycota	Agaricomycetes				
15	OTU61	Fungi	Basidiomycota	Wallemiomycetes	Wallemiales	Wallemiaceae		
16	OTU123	Fungi	Basidiomycota	Wallemiomycetes	Wallemiales	Wallemiaceae		
17	OTU47	Fungi	Chytridiomycota	Chytridiomycetes	Spizellomycetales	Spizellomycetaceae		

表 4-11 根际土壤丰度显著高于非根际土壤的真菌 OTUs

序号	OTU	界	门	纲	目	科	属	种
1	OTU282	Fungi	Ascomycota	Eurotiomycetes	Eurotiales	Trichocomaceae	Penicillium	simplicissimum
2	OTU121	Fungi	Ascomycota	Eurotiomycetes	Eurotiales	Incertae_sedis_Eurotiales		
3	OTU107	Fungi	Ascomycota	Eurotiomycetes	Onygenales	Incertae_sedis_Onygenales	Myceliophthora	verrucosa
4	OTU368	Fungi	Ascomycota	Incertae_sedis_Ascomycota	Incertae_sedis_Ascomycota	Pseudeurotiaceae	Pseudeurotium	hygrophilum
5	OTU1	Fungi	Ascomycota	Leotiomycetes	Incertae_sedis_Leotiomycetes	Myxotrichaceae		
6	OTU1636	Fungi	Ascomycota	Leotiomycetes	Incertae_sedis_Leotiomycetes	Myxotrichaceae		
7	OTU191	Fungi	Ascomycota	Leotiomycetes	Incertae_sedis_Leotiomycetes	Myxotrichaceae		
8	OTU42	Fungi	Ascomycota	Sordariomycetes	Microascales	Microascaceae	Cephalotrichum	microsporum
9	OTU249	Fungi	Ascomycota	Sordariomycetes	Microascales	Microascaceae		
10	OTU133	Fungi	Ascomycota	Sordariomycetes	Sordariales	Cephalothecaceae		
11	OTU214	Fungi	Ascomycota	Sordariomycetes	Microascales	Microascaceae	Pseudallescheria	apiosperma
12	OTU93	Fungi	Ascomycota	Sordariomycetes	Sordariales	Cephalothecaceae	Phialemonium	inflatum
13	OTU574	Fungi	Basidiomycota	Agaricomycetes				
14	OTU301	Fungi	Basidiomycota	Agaricomycetes				
15	OTU106	Fungi	Basidiomycota	Agaricomycetes				
16	OTU23	Fungi	Chytridiomycota					
17	OTU5	Fungi	Zygomycota	Incertae_sedis_Zygomycota	Mortierellales	Mortierellaceae	Mortierella	oligospora

4.2.4 氮转化基因的相对丰度

4.2.4.1 水质的影响

根际和非根际土壤中基因丰度受水源和灌溉量的显著影响(见图 4-4、表 4-12 和表 4-13)。不同灌水条件下根际和非根际土壤中与氮素循环相关的基因组合的基于基因相对丰度的无约束排序表明地下水灌溉土壤和废水灌溉土壤存在分离(见图 4-5)。在根际,地下水灌溉和废水灌溉在第一个 PCoA 轴上分离(与 84%的基因丰度变异相关)。废水灌溉土壤的组合与地下水灌溉土壤的组合差异较大。这种差异在非根际土壤中不太显著,其中废水灌溉和地下水灌溉的土壤在第二个 PCoA 轴上分开(仅占变异的 5%)。双因子PERMANOVA(见表 4-12)显示,不同灌溉水源的氮素循环相关基因丰度存在显著差异。

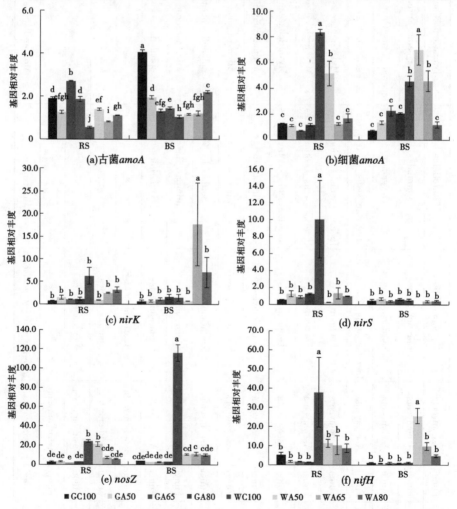

注:RS 指根际,BS 指非根际土,G 指地下水,W 指养殖废水,C 指常规沟灌,A 指交替沟灌。100、50、65、80 分别为每小区充分灌溉时灌水量的 100%、50%、65%、80%。数据以平均值±标准差表示。

直方柱上方不同小写字母表示处理间差异显著($p < 0.05$)。

图 4-4　土壤中氮素循环相关基因的相对丰度,以及 *nosZ/nirK* 和 *nosZ/nirS* 基因丰度比

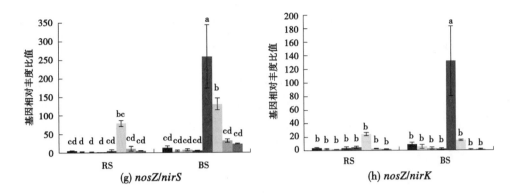

续图 4-4

表 4-12　不同灌溉水源、不同灌溉量下根际和非根际土壤各氮素

循环基因相对丰度变异的双因素 PERMANOVA 分析

土壤分区	变异来源	基因相对丰度	
		F	p
根际	水源	14.73	<0.001
	灌溉量	3.76	0.002
	互作	2.73	0.018
非根际	水源	101.21	<0.001
	灌溉量	60.20	<0.001
	互作	57.77	<0.001

表 4-13　根际(RS)和非根际(BS)土壤基因相对丰度的双因素方差分析

土壤分区	变异来源	古菌 amoA		细菌 amoA		nifH		nirK	
		F	p	F	p	F	p	F	p
RS	水源	478.93	<0.001	134.78	<0.001	9.25	0.008	17.04	0.001
	灌溉量	28.83	<0.001	44.47	<0.001	2.72	0.079	3.73	0.033
	互作	95.30	<0.001	36.09	<0.001	1.62	0.225	6.30	0.005
BS	水源	192.45	<0.001	48.55	<0.001	66.03	<0.001	5.40	0.034
	灌溉量	95.33	<0.001	7.82	0.002	21.09	<0.001	2.70	0.081
	互作	202.20	<0.001	12.65	<0.001	22.12	<0.001	2.43	0.103

土壤分区	变异来源	nirS		nosZ		nosZ/nirK		nosZ/nirS	
		F	p	F	p	F	p	F	p
RS	水源	3.49	0.080	215.54	<0.001	35.25	<0.001	61.20	<0.001
	灌溉量	3.47	0.041	36.38	<0.001	32.21	<0.001	40.10	<0.001
	互作	4.51	0.018	32.85	<0.001	36.90	<0.001	41.73	<0.001

续表 4-13

土壤分区	变异来源	*nirS*		*nosZ*		*nosZ/nirK*		*nosZ/nirS*	
		F	*p*	*F*	*p*	*F*	*p*	*F*	*p*
BS	水源	4.19	0.058	**226.84**	**<0.001**	**6.30**	**0.023**	**22.53**	**<0.001**
	灌溉量	0.66	0.588	**141.02**	**<0.001**	**6.56**	**0.004**	**6.69**	**0.004**
	互作	2.73	0.078	**134.78**	**<0.001**	**5.51**	**0.009**	**6.00**	**0.006**

注:加黑为显著的处理。

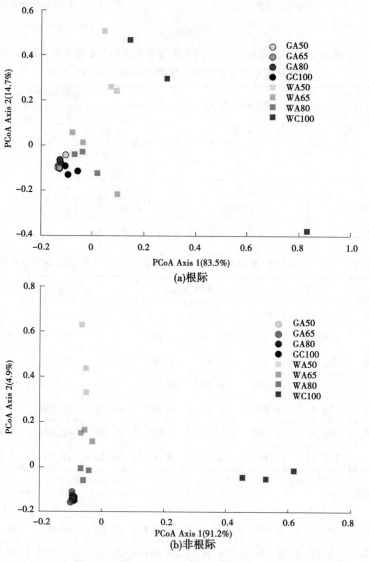

(a)根际

(b)非根际

注:G 为地下水,W 为养殖废水,C 为常规沟灌,A 为交替沟灌。50、65、80、100
分别为每小区充分灌溉时灌水量的 50%、65%、80%、100%。

图 4-5　根际和非根际土壤中基于相对丰度的欧氏距离度量对氮循环相关基因的无约束主坐标分析

在使用 RDA 进行约束排序得到的结果类似(见图 4-6),且 RDA 证实了根际和非根际土壤中 OM 和 *nifH*、硝态氮和细菌 *amoA*、硝化速率和 *nirS* 以及 pH 和古菌 *amoA* 之间存在强烈而显著的相关性。在根际土壤中,这些基因形成了三组:第一组由细菌 *amoA*、*nirK* 和 *nosZ* 组成,这些基因的丰度在废水灌溉土壤中随着硝态氮、反硝化速率的增加和 pH 值的降低而增加;第二组由 *nirS* 和 *nifH* 组成,与废水灌溉导致的 OM 和硝化速率增加密切

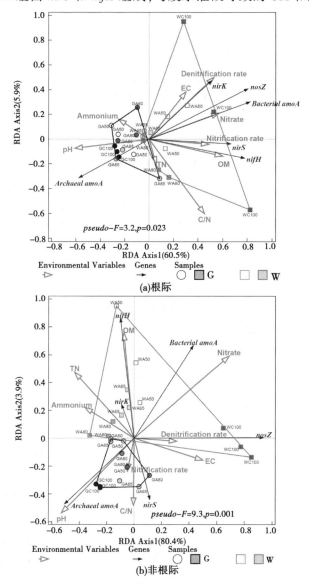

注:G 为地下水,W 为养殖废水,C 为常规沟灌,A 为交替沟灌。50、65、80、100 分别为每小区充分灌溉时灌水量的

50%、65%、80%、100%。Nitrification rate—硝化速率,Denitrification rate—反硝化速率,EC—电导率,Ammonium—铵态氮,

Nitrate—硝态氮,TN—总氮,OM—有机质,C/N—碳氮比,Archaeal—古菌的,Bacterial—细菌的,

Environmental Variables—环境变量,Genes—基因,Samples—样品。

图 4-6　根际和非根际土壤中氮循环相关基因相对丰度与环境因子的关联冗余分析

相关;第三组由古菌 *amoA* 组成,与地下水灌溉导致的 pH 升高密切相关。这些关联与第一 RDA 轴相关,该轴有效地分离了废水和地下水灌溉土壤,占模型描述的变异性的60.5%。土壤 pH(占变异率的 22.5%,*pseudo-F* = 6.4;*p* = 0.006)、OM(变异率的 21.9%,*pseudo-F* = 6.2;*p* = 0.014)、硝态氮(变异率的 20.0%,*pseudo-F* = 5.5;*p* = 0.011)和反硝化速率(变异率的 18.4%,*pseudo-F* = 5.0;*p* = 0.04)均与水源差异有关。其他环境参数与变异的相关性不大,只有古菌 *amoA* 基因与 pH 的增加有关——pH 增加是地下水灌溉土壤的一个显著特征。

这种环境因素与基因丰度之间的强烈关联在非根际土壤中并不明显。在非根际土壤中,地下水和废水处理在第二轴上分开,仅占变异的 3.9%。这些基因对灌溉的响应在非根际土壤中存在差异,且基因没有明显分组。在第二个轴上,*nirS* 基因的丰度与碳氮比和硝化速率相关,而 *nifH* 基因的丰度与 OM 相关,但这几个环境参数对基因整体变异性的贡献不显著。硝态氮浓度的增加和 pH 的降低确实对变异的贡献较大(硝态氮-变异的39.4%,*pseudo-F* = 14.3,*p* = 0.002;pH-23.7% 的变异性,*pseudo-F* = 6.8,*p* = 0.012),并与细菌 *amoA* 基因丰度增加和古菌 *amoA* 基因丰度降低相关。基因 *nosZ* 和 *nirK* 的丰度与EC(解释 20.3% 的变异,*pseudo-F* = 5.6,*p* = 0.015)和总氮(解释 16.3% 的变异,*pseudo-F* = 4.3,*p* = 0.046)的增加相关。硝态氮和总氮在废水灌溉条件下均增加,但受灌溉量的影响不同。

4.2.4.2 隔沟灌和灌溉量的影响

除古菌 *amoA* 外,废水灌溉土壤中基因丰度均高于地下水灌溉(见图 4-4)。PERMANOVA(见表 4-12)表明,在不同灌溉量下,无论是哪种水源,基因丰度都存在显著差异,这种差异在非根际土壤中比在根际土壤中更为显著,并且在第二个 PCoA 轴上表现明显(见图 4-5)。当用废水灌溉时,相对于 CFI,50% 灌溉量的 AFI 显著降低了根际细菌 *amoA*、*nifH* 和 *nirS* 的丰度,显著降低了非根际土壤中 *nosZ* 的丰度以及 *nosZ/nirK* 和 *nosZ/nirS*,但增加了非根际土壤中细菌 *amoA* 和 *nifH* 的丰度以及根际古细菌 *amoA* 的丰度(见图 4-4)。

灌溉量对土壤中氮循环相关基因的丰度有显著影响,但根际土壤中 *nifH* 和非根际土壤中 *nirK* 和 *nirS* 的丰度除外(见表 4-13)。随着 AFI 灌溉量的降低,根际和非根际土壤的 *nifH* 丰度均有所增加。随着根际含水量的增加,*nirK* 丰度增加,但 *nirS* 的响应不相同。在非根际土壤中,随着水量从 50% 增加到 65% 和 80%,土壤的 *nirK* 丰度也在增加,但高灌水量土壤中基因丰度变异性要大得多。随着灌水量由高(80% 和 65%)到低(50%),根际和非根际区土壤中细菌 *amoA* 丰度均呈增加趋势,根际土壤中古菌 *amoA* 丰度与细菌 *amoA* 丰度趋势相同,而非根际土壤中则相反。在根际土壤中,编码 N_2O 还原酶的 *nosZ* 基因的丰度在 50% 灌溉量处理显著高于其他两种灌溉量处理。*nosZ/nirK* 和 *nosZ/nirS* 已被广泛用于估计 N_2O 排放的可能性(Pereira et al.,2015)。在根际和非根际土壤中,50% AFI 废水灌溉处理的这两个比值都高于 65% 和 80% 的灌溉量处理,其中非根际土壤中 *nosZ/nirS* 差异显著(见图 4-4),表明 N_2O 排放的可能性降低。

4.3 讨 论

水源对根际土壤硝化速率和植物氮利用率的影响显著,灌水量对其影响不显著(见表 4-3),而水源和灌水量均对根际和非根际土壤的反硝化速率影响不显著。土壤的微生物群落结构受到不同处理的影响,细菌对处理的敏感性远高于真菌,真菌仅在根际和非根际土壤间存在差异。相比之下,细菌群落组成受灌溉水质和根际显著影响,而不受灌溉量的影响。在水质方面已有研究发现,与地下水灌溉相比,废水灌溉增加了 *nirK* 和 *nirS* 基因丰度(Zhou et al. , 2011)。一些研究发现根际土壤的微生物群落与非根际土壤不同。地下水灌溉土壤和废水灌溉土壤之间以及根际和非根际土壤之间细菌门和纲的差异符合不同门或纲的一般特征。例如,与地下水灌溉和非根际土壤更相关的酸杆菌已被证明对养分浓度敏感,并且在低养分条件下更丰富。α-变形菌情况相反,在增加营养条件下丰度增加(Gravuer et al. , 2017)。这跟它们与废水灌溉和根际的明显关联是一致的,在根际植物对不同氮形态的偏好(Stempfhuber et al. , 2017)和根际分泌物(Bais et al. , 2006)影响微生物丰度。灌溉量对细菌群落的影响不显著,但对基因丰度的影响显著。根际效应、水质和灌溉量对氮循环相关基因的相对丰度均有显著影响。

4.3.1 灌溉对土壤中氮转化活动的影响

所有处理的辣椒产量差不多(见表 4-2)。与 CFI 相比,地下水 AFI 显著提高了植物对氮的利用率(见表 4-2)。由于 AFI 在每次灌溉过程中只湿润了一半的根区,因此干沟和湿沟土壤之间的水基质势的差异可以驱动水从根区湿润的一半流向干的一半,从而提高水和氮的利用率(Kang et al. , 2000b)。然而,在废水灌溉条件下,灌溉方式和灌溉量对氮的利用率没有显著影响(见表 4-2),这表明即使在 AFI 灌溉量最低的情况下,氮的输入量也超过了植物的吸收量。虽然氮素利用率不受灌水量的显著影响(见表 4-3),但使用地下水灌溉时,在 AFI 灌溉量达到 80% 时利用率最高(见表 4-2)。

无论使用哪种水源灌溉,较高的 AFI 灌溉量(80%)提高了根际和非根际土壤的硝化活动(见图 4-1),表明氨挥发损失减少,可进行反硝化的硝态氮增加。反硝化活动没有增加氮损失,因为 80% AFI 处理下的反硝化速率并没有比其他两种 AFI 处理下的反硝化速率高(见图 4-1)。如上所述,80% AFI 处理下植物对氮的吸收量很高,NO_3^--N 在土壤中没有显著积累(见图 3-2)。在根际和非根际土壤中,80% 废水 AFI 处理的土壤总氮含量比其他处理下的总氮含量高,显著高于 CFI 和 65%AFI 处理的根际(见图 3-2),表明土壤肥力可能得到了改善。

土壤中氮循环基因的存在并不意味着基因的表达。细菌 *amoA* 丰度、古菌 *amoA* 丰度、硝化速率、*nirK* 丰度、*nirS* 丰度、*nosZ* 丰度和反硝化速率均对灌溉方式无响应。由于我们提取的是土壤 DNA,因此测得的基因丰度并不等同于实际的氮转化活性或 mRNA 浓度(Bowen et al. , 2018)。虽然在我们的土壤中检测到 *nifH* 基因,但与之前的研究一致,不存在固氮作用(Kumar et al. ,2017;Wang et al. ,2018b)。细菌固定氮的能力不仅受携带 *nifH* 基因的微生物丰度的控制,还受其他条件的控制。携带 *nifH* 基因的固氮菌喜好低氮环境,但合成固氮酶是一个耗能过程,并且受铁、磷或其他营养物质的限制(Larson et al.,2018)。

当 AFI 的废水灌溉量从 50%增加到 80%时,根际细菌和古菌的 amoA 丰度显著下降(见图 4-4),但硝化速率没有下降(见图 4-1),这表明 AFI 可能改变了水和其他基质的生物利用性,使得低灌溉量(50%)的微生物活性与高灌溉量(80%)的微生物活性不同。虽然 3 种 AFI 废水灌溉处理土壤的硝化速率差异不显著,但 80%处理的硝化速率高于 50%和 65%处理,这对农业生产是有意义的。在 80%灌溉量下,供水量超过土壤入渗速率,产生地表径流。因此,灌溉沟与非灌溉沟土壤含水量差异不显著,硝化菌可利用的土壤铵态氮含量较高。而在 50%灌溉量下,灌水量较低,只湿润部分根区,因此有效铵较少。因此,即使在相关基因丰度较低的情况下,80%的 AFI 灌溉量也能提高硝化速率。

在 AFI 灌溉量为 80%的条件下,硝化速率的增加促进了硝态氮的产生,但由于淋失,可用来进行反硝化的硝态氮未增加。因此,我们没有发现在 80% AFI 条件下根际和非根际土壤中硝态氮含量比 50%和 65%条件下增加(见图 3-2)。因此,80% AFI 的反硝化速率与其他两个 AFI 处理相当(见图 4-1),甚至前者 nirK 和 nirS 的丰度略高于后者(见图 4-4)。这些结果表明,80% AFI 可以实现土壤中水分、氧气和可利用氮之间的平衡进而增加氮利用率。

4.3.2　基因与土壤性质的关系

基因相对丰度的结果表明,nirK 和 nosZ 基因在非根际土壤中最丰富,nifH 和 nirS 基因在根际土壤中最丰富(见图 4-4)。细菌和古菌 amoA 在根际和非根际土壤中同样丰富(见图 4-4)。这表明氮循环相关过程存在空间变异,植物根系活动可能是造成这一现象的原因。基因 amoA 是硝化潜势的生物指标,在土壤中普遍存在,细菌和古菌 amoA 的丰度分别与 NO_3^--N 和 pH 的增加有关(RDA,见图 4-6)。细菌和古菌的 amoA 丰度对环境变化的响应不同。例如,Han 等(2017)报道了灌溉量对土壤中古菌 amoA 拷贝数的显著影响,但对细菌 amoA 拷贝数没有影响。这种影响与土壤温度、充水孔隙度(Liu et al.,2017)、pH、NO_3^--N、交换态 NH_4^+-N 和潜在硝化速率的变化明显相关。细菌 amoA 种群通常在农业土壤中更丰富,特别是在肥料投入较高和土壤扰动较大的土壤中(Bruns et al.,1999;Di et al.,2010),而古菌 amoA 在低氮浓度(Martens-Habbena et al.,2009)和未受干扰的土壤(Nicol et al.,2008)中主导氨氧化。在我们的试验中,在 pH 值较高、NO_3^--N 浓度较低的地下水灌溉土壤中,古菌 amoA 含量更高(见图 4-6)。然而,从图 4-6 中可以清楚地看出,根际和非根际土壤中细菌 amoA 对废水灌溉带来的更丰富的养分有特异性反应。这种对添加养分的反应与前人观察到的土壤中添加尿素后细菌 amoA 数量增加的结果一致(Reed David et al.,2010;Shen et al.,2011)。

与反硝化速率相关的 nirK 和 nosZ 基因的丰度也与根际 NO_3^--N 浓度的增加有关(见图 4-6),但在非根际土壤中最丰富(见图 4-4)。nirK 和 nirS 基因都调节亚硝酸盐向一氧化氮的转化,但它们由具有不同生态位偏好的微生物携带,对 C/N 的响应不同(见图 4-6)(Bowen et al.,2018)。荧光定量 PCR 结果(见图 4-4)显示,根际土壤中 nirK 和 nirS 丰度 WC100 处理出现最大值;但在非根际土壤中,nirK 丰度在 WA65、WA80 和其他处理间的

差异比 *nirS* 更大,表明 *nirK* 是响应更强烈地参与亚硝酸盐还原的功能基因。正如图4-6所示,*nirK* 丰度而不是 *nirS* 丰度与反硝化速率密切相关。一些研究也证实,携带 *nirK* 的反硝化细菌群落对环境变化更为敏感(Wertz et al.,2013;Yin et al.,2015)。然而,在砂质黏壤土中进行的一项小麦种植试验显示,*nirS*-反硝化细菌和 *nosZ*-反硝化细菌群落对灌溉管理比 *nirK*-反硝化细菌更敏感(Yang et al., 2018)。反硝化是一个厌氧过程,根际土壤中 *nirK* 和 *nirS* 丰度一般随灌水量的增加而增加(见图4-4)。在非根际土壤中,50%灌溉处理的 *nirK* 和 *nirS* 相对丰度最低,但100% CFI 处理的 *nirK* 丰度也低于65%和80% AFI 处理(见图4-4),这可能是因为非根际土壤由于水分分布不均而具有较高的空间异质性。

qPCR 结果证明了土壤中存在 N_2O 还原酶基因(*nosZ*),这表明土壤具有进行完全反硝化的潜力,因此非根际土壤 *nosZ* 基因的丰度与反硝化速率相关也就不足为奇了。硝化和反硝化都会产生 N_2O,受土壤湿度、氧气和其他环境因素影响(Arp and Stein,2003;Ma et al.,2008),因此本次研究发现的根际细菌 *amoA* 与 *nosZ* 之间的相关性(见图4-6)是合理的。硝化作用是0~5 cm 和5~10 cm 深度土层 N_2O 产生的主要驱动力,而反硝化作用发生在10~15 cm 和15~20 cm 土层(Castellano-Hinojosa et al., 2018)。有报道称,与传统的地面灌溉相比,在水稻土中进行水稻-小麦轮作时水稻季节干湿交替增加了土壤通气状况,从而增加了水稻季节同时硝化和反硝化造成的 N_2O 排放(Hou et al., 2016)。但在水稻季,淹水降低了土壤有机氮矿化,因此与传统灌溉相比,土壤中有更多的矿质氮可用于产生 N_2O,并显著减少了随后小麦季的 N_2O 排放。低氧化还原电位(Eh)有利于 N_2O 还原为 N_2,而较低的 Eh 与土壤湿度增加有关(Liu et al., 2012),这可以解释我们研究中100%CFI 处理中 *nosZ* 的高丰度(见图4-4)。

固氮酶铁蛋白合成基因 *nifH* 指示了固氮潜能(Wang et al., 2018b),该基因与废水灌溉根际有机质含量增加和 NH_4^+-N 浓度降低相关(见图4-6)。这表明,富含有机质的根际对氮的生物需求量很大,而可利用的 NH_4^+-N 无法满足这一需求,因此可以利用固氮来补充这种高需求。土壤中交换态 NH_4^+-N 含量随 AFI 灌溉量的增加而增加(见图3-2),这可以解释 *nifH* 丰度随 AFI 灌溉量的变化(见图4-4)。另一个基因 *nirS* 也与废水灌溉根际土壤中有机质的增加有关,并与 *nifH* 相关(见图4-6)。因为由 *nirS* 编码的 *nirS* 蛋白还具有作为羟胺(NH_2OH)还原酶的功能(Rees et al., 1997;Zumft, 1997),它也产生铵,有可能 *nirS* 和 *nifH* 耦合作用导致铵减少,并且 *nirS* 与硝化速率相关(见图4-6)。

4.3.3 真菌对氮循环的贡献

土壤中的氮代谢通常与细菌或古菌的活动密切相关。然而,真菌也可能在这些过程中发挥重要作用,应该得到更多的关注。我们研究中使用的引物不太可能扩增真菌基因,但真菌的作用不容忽视。已知许多真菌种可产生 N_2O(Shoun et al., 1992;Wei et al., 2014)。例如,有研究表明,尖孢镰刀菌(*Fusarium oxysporum*)和 *Cylindrocarpon tonkinese* 利用 *nirK* 将亚硝酸盐还原为 NO(Nakanishi et al.,2010),真菌的 *nirK* 与其细菌同源物具有密切的同源性(Kinetal,2010;Kobayashi et al., 1995)。真菌 *nirK* 引物对 *nirKfF/nirKfR*(Wei et al., 2015)检测到了土壤中主要的反硝化真菌类群 Ascomycota 的 *nirK*,使用这些真菌引物扩增后,*nirK* 克隆与 Ascomycota 中 Hypocreales、Sordariales 和 Eurotiales 的 *nirK* 具有同源性。在本次研究中,通过扩增子测序也发现,无论使用哪种水源灌溉,土壤中子囊菌门的丰度都明显更高(见表 4-8~表 4-11)。真菌在氮矿化和硝化过程中也是不可或缺的(De Boer and Kowalchuk, 2001; DeCrappeo et al., 2017; Lang and Jagnow, 1986),并且在亚缺氧和酸性条件下比细菌对 N_2O 产生的贡献更大(Chen et al., 2015a)。

4.4 结 论

本次研究比较了 AFI 和 CFI 条件下地下水和废水的不同灌溉量处理土壤氮素转化活动和相关氮素循环基因分布的差异。与 CFI 相比,地下水 AFI 提高了植物对氮的利用率。水质对基因丰度有明显影响,基因对废水灌溉的响应大于地下水灌溉。与 CFI 相比,废水 AFI 处理降低了根际除古菌 *amoA* 外的基因丰度。在废水 AFI 处理下,增加灌水量可以增加根际土壤中 *nirK* 和 *nirS* 的丰度,降低细菌和古菌 *amoA*、*nifH* 和 *nosZ* 的丰度,但不降低根际和非根际土壤的硝化速率,并保持反硝化速率不变,说明 AFI 灌水量没有同步改变土壤氮转化过程和相关氮循环基因的丰度。我们推测,不同 AFI 灌溉量下水分胁迫使根系所特有的一些生物物理过程可能导致土壤中氮转化过程与相关氮循环基因之间的不同步。

我们只测定了收获时土壤的性质,无法得到整个植株整个生长过程中土壤氮素转化和基因丰度的动态。不同灌溉量下 AFI 对土壤氮素转化和基因丰度的影响较为明显。本次研究结果具有重要的应用价值,证明了适当的灌水量可提高氮素利用率。

第5章 再生水和养殖废水灌溉下 土壤−植物系统养分和重金属迁移特征

再生水和养殖废水用于农田灌溉是经济可行的废水循环利用途径,可以有效缓解我国北方干旱、半干旱地区农业水资源紧缺的压力。一方面,再生水和养殖废水中的 N、P 及有机质等可以作为土壤养分,增加土壤肥力,促进植物生长;另一方面,其中的盐基离子、重金属等随灌溉进入土壤,造成土壤次生盐渍化和重金属的累积,进而影响植株生长。研究表明,在印度德里,再生水灌溉 20 年引起土壤 DTPA 提取的 Zn、Cu、Fe、Ni、Pb 显著增加,再生水灌溉 10 年引起土壤中的 Zn、Fe、Ni、Pb 显著增加,而再生水灌溉 5 年只影响土壤中的 Fe(Rattan et al.,2005);在洛杉矶,再生水灌溉 20 年的土壤的 EC、有机质、总碳、总氮增加,同时由于再生水灌溉持续带入重金属同时被土壤颗粒吸收,长期再生水灌溉(8 年和 20 年)会引起上层土壤重金属的累积(Xu et al.,2010);北京市再生水灌区(通州新河灌区),再生水灌区比井灌区土壤盐离子显著增加,重金属(Cu、As、Ni、Pb、Zn)在 140~200 cm 深度土层略有累积,但仍符合土壤环境质量标准 I 或 II 级,且再生水灌区与井灌区在 0~140 cm 深度土壤的重金属差异并不显著(高军 等,2012);河北省京安猪场周边猪场废水灌溉 8 年造成了土壤 Cd 和 As 污染(黄治平 等,2008a);猪场养殖废水灌溉后土壤中植物易吸收利用的各种 C、N、P、K 营养元素,特别是植物能直接吸收的碱解氮、速效磷、速效钾等(何运,2012);猪场废水灌溉对土壤中交换态钾量影响较大且达到显著水平,而对交换态钠、交换态钙、交换态镁量影响不显著(白丽静 等,2010);澳大利亚东南地区废水灌溉也引起了土壤的盐碱化(Muyen et al.,2011)。

可见,单独使用再生水或养殖废水灌溉条件下土壤−植物系统养分和重金属迁移规律的研究已有很多,但将两种水源灌溉进行对比的研究较少,难以在同等试验条件下对比再生水和养殖废水灌溉二者的优劣。因此,选取新乡市郊区农田土壤为供试土壤,种植玉米,采用根箱试验方法,进行再生水和养殖废水灌溉,探讨再生水和养殖废水灌溉对土壤−植物系统养分和重金属迁移规律的影响。该研究可为再生水和养殖废水的农业安全利用提供一定理论依据(刘源 等,2018c)。

5.1 再生水和养殖废水灌溉试验布置

5.1.1 供试材料

供试土壤为新乡市郊区农田 0~20 cm 土壤,土壤类型为碱性砂壤土,pH 为 8.30,总氮、总磷、总钾、有机质质量分数分别为 1.42 g/kg、1.18 g/kg、18.3 g/kg、7.17 g/kg,碱解氮、速效磷、速效钾质量分数分别为 104 mg/kg、25.1 mg/kg、235 mg/kg,交换态钾、交换态钠、交换态钙、交换态镁质量摩尔浓度分别为 0.499 cmol/kg、0.391 cmol/kg、35.9 cmol/

kg、4.80 cmol/kg,水溶性 K^+、水溶性 Na^+、水溶性 Ca^{2+}、水溶性 Mg^{2+}、水溶性 Cl^-、水溶性 SO_4^{2-}、水溶性 NO_3^-、水溶性 CO_3^{2-}、水溶性 HCO_3^- 质量分数分别为 17.0 mg/kg、43.5 mg/kg、185 mg/kg、30.7 mg/kg、50.2 mg/kg、77.0 mg/kg、155 mg/kg、未检出和 345 mg/kg。DTPA 提取的有效铁、有效锰、有效铜、有效锌、有效铅、有效镉、有效镍质量分数分别为 3.76 mg/kg、9.36 mg/kg、2.52 mg/kg、1.02 mg/kg、1.85 mg/kg、0.265 mg/kg、0.292 mg/kg,Fe、Mn、Cu、Zn、Pb、Cd、Ni 总量分别为 32 300 mg/kg、743 mg/kg、32.0 mg/kg、88.8 mg/kg、27.1 mg/kg、0.308 mg/kg、30.8 mg/kg。土样风干磨碎后过 2 mm 筛备用。玉米种子为浚单 20。试验所用再生水取于新乡市骆驼湾污水处理厂[厦门水务集团(新乡)城建投资有限公司],厂区具体位于新乡市鸿源路西侧,设计处理能力为日处理污水 15.00 万 m^3。自 2003 年 12 月正式投入运行以来,污水处理设备运转良好,日平均处理污水量为 9.77 万 m^3。该公司采用先进的污水处理设备,厂区主体工艺采用 A/O 处理工艺,经处理后的污水水质排放标准为《城镇污水处理厂排放标准》国家一级 A 排标准。所选养猪场属于 I 级规模集约化养殖场,养殖废水收集池建有微生物厌氧消化(沼气发酵,通过厌氧水解菌和厌氧产甲烷菌的代谢活动,将废水污染物中的大分子水解为小分子,最终转化为 CH_4 和 CO_2)处理系统,废水经处理后符合《畜禽养殖业污染物排放标准》(GB 18596—2001),粪大肠菌群数未检出,蛔虫卵死亡率达 98%。水样基本性质见表 5-1。其中,养殖废水中 Zn 超过《农田灌溉水质标准》(GB 5084—2005)规定的 2 mg/L,其他的均达标。试验所用蒸馏水 pH 为 6~7.5,电阻率不低于 10 MΩ·cm。

表 5-1　水样基本性质

水样	pH	EC/ (mS/cm)	总氮/ (mg/L)	总磷/ (mg/L)	K^+/ (mg/L)	Na^+/ (mg/L)	SO_4^{2-}/ (mg/L)	总钙/ (g/L)	总镁/ (g/L)	总铁/ (mg/L)
再生水	8.10	1.66	9.4	1.78	8.3	217.5	399.4	1.23	1.28	10.8
养殖废水	7.75	1.06	154.5	6.75	56.3	23.1	15.5	0.71	0.21	84.5

水样	Cl^-/ (mg/L)	NO_3^-/ (mg/L)	CO_3^{2-}/ (mg/L)	HCO_3^-/ (mg/L)	总锰/ (mg/L)	总铜/ (mg/L)	总锌/ (mg/L)	总铅/ (mg/L)	总镉/ (mg/L)	总镍/ (mg/L)
再生水	66.2	54.4	19.4	275	0.011	0.007	0.05	0.013 2	0.004 10	0.006 55
养殖废水	32.7	0.9	0	20	0.211	0.312	4.64	0.003 3	0.001 73	0.012 76

5.1.2　根箱试验

试验于 2016 年 8~10 月在中国农业科学院农田灌溉研究所日光温室进行(刘源 等,2018c)。采用长 14 cm、高 17 cm、宽 12 cm 的 PVC 根箱进行试验,沿长边把根箱用 300 目尼龙网分成 5 部分,两头为非根际(长 5 cm),其次为过渡区(长 1 cm),最中间为根际(长 2 cm)(Masud et al., 2014)。每个处理肥料添加量均为:N(尿素)200 mg/kg,P(过磷酸钙,含 P_2O_5 量为 16%)100 mg/kg,K(氯化钾)200 mg/kg。每个根箱装土 3 kg,灌蒸馏水 400 mL,第 2 天在根际播种玉米,每个处理播 6 粒种子。种子发芽一周后每个处理间苗至 3 株,然后开始进行不同灌水处理,以蒸馏水为对照,进行再生水和养殖废水灌溉,共 3 个处理,每个处理设 3 个重复。田间持水率保持在 70%,试验期间每个根箱总灌溉水量约为

3 L,再生水向土壤中输入的总氮、总磷、水溶性 K^+、水溶性 Na^+、水溶性 SO_4^{2-}、总钙、总镁、总铁、总锰、总铜、总锌、总铅、总镉、总镍分别为 28.3 mg、5.34 mg、24.9 mg、653 mg、1 198 mg、3.68 g、3.85 g、32.4 mg、0.031 7 mg、0.020 1 mg、0.138 mg、0.039 6 mg、0.012 3 mg、0.019 7 mg,养殖废水的输入量分别为 233 mg、20.3 mg、169 mg、69.4 mg、46.5 mg、2.14 g、0.631 g、254 mg、0.634 mg、0.936 mg、13.9 mg、0.009 9 mg、0.005 18 mg、0.038 3 mg。试验共进行 60 d,在第 60 天收获植物,分为地上部分和根系部分,取根际和非根际的土样。植物样用蒸馏水清洗后,60 ℃烘至恒重,称质量,地上部分称茎和叶,研磨过 60 目筛备用。土样风干研磨过 60 目筛备用。

5.1.3 指标测定

指标测定参照《土壤农业化学分析方法》(鲁如坤,2000)。按 1∶2.5 的固液质量比制备土壤悬液,用电位法测定 pH,用电导法测定 EC;土壤碱解氮用碱解扩散法测定;土壤有效磷用 $NaHCO_3$ 提取–钼锑抗比色法测定;土壤总氮用凯氏定氮法测定;土壤总磷用 NaOH 熔融–钼锑抗比色法测定;土壤总钾用 NaOH 熔融–火焰光度法(上海傲谱,HP1401)测定;土壤速效钾用 NH_4AC 提取–火焰光度法测定;土壤有机质用重铬酸钾容量法测定;土壤交换态钾钠用 NH_4AC 交换–火焰光度法测定;土壤交换态钙镁用 NH_4AC 交换–原子吸收分光光度法(HITACHI,Z-5000)测定;土壤交换态钾钠钙镁之和计为土壤有效阳离子交换量(ECEC);土壤有效重金属用 DTPA 提取–原子吸收分光光度法测定;土壤重金属总量用微波消解–原子吸收分光光度法测定;植株经浓 H_2SO_4 和 H_2O_2 消解后分别用凯氏定氮法、钒钼黄比色法和火焰光度法测定总氮、总磷和总钾;植株经微波(MILE-STONE,ETHOS One)消解后用原子吸收分光光度法测定 Ca、Mg、Fe、Mn、Cu、Zn、Pb、Cd、Ni。植株器官中重金属总量与根际土壤中重金属总量比值为重金属富集系数。

采用 SPSS 16.0(SPSS Inc.,Chicago,IL,Version 16.0)对数据进行方差分析,并采用 Duncan 多重检验法对各个处理进行差异显著性检验。

5.2 灌溉对土壤和植物的影响

5.2.1 再生水和养殖废水灌溉对植株生物量的影响

图 5-1 为再生水和养殖废水灌溉对植株生物量的影响。从图 5-1[图中直方柱上方英文字母不同表示不同处理间差异显著($p<0.05$),下同]可看出,与蒸馏水灌溉相比,再生水灌溉和养殖废水灌溉抑制了玉米根系和地上部分的生长,但养殖废水灌溉和蒸馏水灌溉条件下植株生长无显著差异。再生水灌溉时地上部分和根系生物量分别比蒸馏水灌溉时降低了 54.13%和 25.58%;养殖废水灌溉时,分别比蒸馏水灌溉时降低了 16.44%和 37.92%。养殖废水灌溉条件下植物生长状况优于再生水灌溉条件下。再生水含盐量较高,在本盆栽试验条件下,连续的再生水灌溉导致土壤板结,进而影响了植株的生长。已有相关研究在阐述再生水灌溉对高尔夫果岭草坪环境的影响研究中也得出了类似的结论,认为再生水灌溉使盐分在土壤中累积并发生盐渍化,导致土壤板结,孔隙度降低,渗透

性和通气性变差,影响植物生长(刘菊芳 等, 2011)。

5.2.2 再生水和养殖废水灌溉对土壤 pH 的影响

图 5-2 为再生水和养殖废水灌溉对土壤 pH 的影响。由图 5-2 可知,与培养前土壤相比,各处理 pH 均有所降低,这可能是由氮肥的硝化反应造成的。与蒸馏水灌溉相比,再生水灌溉提高了土壤 pH,养殖废水灌溉降低了土壤 pH,可能是由于灌溉使用的再生水 pH 较高,而已有研究表明养殖废水中铵态氮量很高(顾新娇 等, 2015),硝化反应进行剧烈,硝化反应释放质子会导致土壤 pH 下降(佟德利和徐仁扣,2012)。根际土壤的 pH 均高于非根际土壤,这与前人的研究结果(詹媛媛 等, 2009)一致,可能原因是植物根系吸收了较多的硝态氮,致使根系释放阴离子保证吸收平衡,从而导致根际土壤的 pH 较非根际土壤的高。

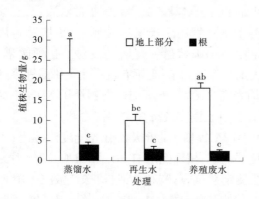

图 5-1 再生水和养殖废水灌溉
对植株生物量的影响

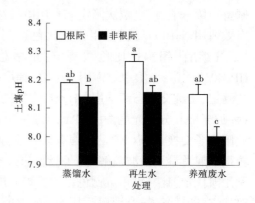

图 5-2 再生水和养殖废水灌溉
对土壤 pH 的影响

5.2.3 再生水和养殖废水灌溉对土壤和植株养分的影响

表 5-2 为再生水和养殖废水灌溉下的土壤养分。从表 5-2 可以看出,与蒸馏水灌溉相比,再生水灌溉增加了根际土壤的总磷、总钾、有效铁、速效钾和有机质量,增加比例分别为 4.78%、3.52%、1.71%、6.06%、9.62%,但未达到显著性水平。在已有研究结果中,再生水中高量的有机物质导致土壤有机质量随着灌溉次数的增加而增加(杨林林 等,2006);再生水灌溉增加了土壤速效磷量,显著增加了土壤有机磷组分中的活性有机磷和中活性有机磷,也显著增加了无机磷组分中的 Ca_2-P 和 Ca_8-P,提高了土壤磷素利用率(李中阳 等,2012c)。而养殖废水灌溉增加了根际土壤的总氮、总磷、总钾、总镁、有效铁、有效锰、碱解氮、速效磷、速效钾和有机质量,增加比例分别为 4.78%、8.76%、4.33%、7.62%、19.04%、8.99%、3.55%、29.40%、14.14%、21.63%,其中总镁、速效磷、速效钾达到了显著性水平($p<0.05$)。可见,养殖废水灌溉比再生水灌溉更能提高土壤肥力。已有研究(何运, 2012)表明,养殖废水灌溉后,土壤有机质得到了提升,土壤的疏松程度、土壤的结构性、通气性也相应地得到了改善和提高;土壤中碱解氮、速效磷、速效钾等得到了一定的提高,这与本书研究结果基本一致。

表 5-2 再生水和养殖废水灌溉下的土壤养分

处理	总氮量/(g/kg)		总磷量/(g/kg)		总钾量/(g/kg)		总钙量/(g/kg)	
	根际	非根际	根际	非根际	根际	非根际	根际	非根际
蒸馏水	1.31±0.07a	1.20±0.02b	1.25±0.01a	1.37±0.04a	17.96±0.28a	17.92±0.21a	34.69±0.40a	34.96±0.64a
再生水	1.31±0.07a	1.30±0.01a	1.31±0.06a	1.43±0.12a	18.59±0.20a	17.81±0.14a	33.49±0.24a	35.11±1.63a
养殖废水	1.37±0.04a	1.33±0.02a	1.36±0.04a	1.50±0.06a	18.73±0.19a	17.93±0.37a	34.63±0.28a	36.84±0.74a

处理	总镁量/(g/kg)		有效铁量/(mg/kg)		有效锰量/(mg/kg)		ECEC/(cmol/kg)	
	根际	非根际	根际	非根际	根际	非根际	根际	非根际
蒸馏水	9.66±0.12b	10.53±0.12a	3.43±0.07a	2.56±0.08a	15.80±0.50a	7.02±0.93a	41.01±0.56a	37.87±8.36a
再生水	9.62±0.10b	10.49±0.27a	3.48±0.16a	2.09±0.30a	12.56±1.77a	7.36±0.26a	39.99±1.60a	39.40±1.87a
养殖废水	10.39±0.06a	10.48±0.23a	4.08±0.24a	2.51±0.14a	17.22±5.74a	7.19±0.56a	39.78±0.70a	39.47±0.91a

处理	碱解氮量/(mg/kg)		速效磷量/(mg/kg)		速效钾量/(mg/kg)		有机质量/(g/kg)	
	根际	非根际	根际	非根际	根际	非根际	根际	非根际
蒸馏水	92.81±1.41a	79.14±3.77b	43.20±2.95b	46.96±1.66b	165.00±5.00b	265.00±0.00b	7.71±0.24a	6.87±0.25b
再生水	92.81±7.07a	86.68±3.77ab	41.87±0.10b	47.57±1.81b	175.00±5.00ab	272.50±2.50ab	8.46±0.50a	7.27±0.13ab
养殖废水	96.10±2.88a	94.07±2.98a	55.90±2.05a	60.97±1.43a	188.33±1.67a	291.67±7.26a	9.38±0.66a	8.07±0.22a

注:同一指标下同列数据不同字母表示处理间差异显著($p<0.05$),下同。

表 5-3 为再生水和养殖废水灌溉条件下的植株养分,从表 5-3 可看出,土壤养分增加,植株养分也随之增加。再生水灌溉条件下,植株根中 N、P、K、Ca、Mg 量均高于蒸馏水灌溉条件下,虽然未达到显著性水平,增加比例也分别达到了 17.12%、8.15%、26.80%、1.24%、11.35%;同时再生水灌溉也增加了植株茎中 N、K、Ca、Mg 量。前人关于再生水灌溉苜蓿的研究结果也表明,再生水灌溉增加了苜蓿植株体内的 N、P、Ca、Mg 量(李晓娜等,2007)。养殖废水灌溉条件下,植株根的 N、P、K、Ca、Mg 量分别比蒸馏水灌溉条件下增加了 49.83%、23.90%、15.44%、4.09%、8.65%,其中 N、P 处理间差异显著($p<0.05$);同样,养殖废水灌溉也提高了茎中 N、K 量。除养殖废水灌溉时,茎和叶中 Fe 的量较低外,3 种水质灌溉的植株茎和叶中各元素量无显著差异。相比于再生水灌溉,养殖废水灌溉更能提高植株的养分量。

表 5-3 再生水和养殖废水灌溉条件下的植株养分

处理	总氮量/(g/kg)			总镁量/(g/kg)		
	根	茎	叶	根	茎	叶
蒸馏水	10.52±1.59b	14.81±0.19a	17.10±0.58a	2.73±0.22a	2.89±0.13a	3.55±0.05a
再生水	12.32±0.23ab	15.10±0.48a	13.15±0.76a	3.03±0.11a	2.93±0.08a	3.40±0.06a
养殖废水	15.76±1.08a	15.51±0.31a	17.07±1.08a	2.96±0.07a	2.73±0.16a	3.16±0.33a

处理	总磷量/(g/kg)			总铁量/(mg/kg)		
	根	茎	叶	根	茎	叶
蒸馏水	0.76±0.03b	1.26±0.21a	1.53±0.13a	4 362.82±1 531.08a	79.62±7.62a	223.14±2.14a
再生水	0.82±0.05ab	1.10±0.04a	1.38±0.18a	3 254.68±448.19a	74.21±5.89a	236.63±13.08a
养殖废水	0.94±0.04a	1.04±0.06a	1.60±0.13a	1 923.80±79.24a	52.25±1.10b	173.61±6.64b

处理	总钾量/(g/kg)			总锰量/(mg/kg)		
	根	茎	叶	根	茎	叶
蒸馏水	1.68±0.06a	3.60±0.53a	7.33±0.55a	170.45±64.34a	34.55±9.40a	53.25±9.42a
再生水	2.13±0.05a	5.42±0.65a	7.16±1.60a	131.22±31.11a	24.48±0.37a	46.37±4.09a
养殖废水	1.93±0.36a	3.61±0.28a	6.42±0.16a	98.74±16.67a	21.52±0.46a	37.34±2.07a

处理	总钙量/(g/kg)		
	根	茎	叶
蒸馏水	18.58±0.50a	11.19±0.19a	12.91±0.00a
再生水	18.81±0.11a	11.24±0.46a	12.09±0.91a
养殖废水	19.34±1.49a	11.82±1.07a	12.47±1.43a

5.2.4 再生水和养殖废水灌溉对土壤电导率的影响

再生水和养殖废水灌溉对土壤电导率的影响如表 5-4 所示。由表 5-4 可知,与蒸馏水灌溉相比,再生水灌溉下根际和非根际土壤的电导率分别增加了 15.99% 和 58.85%,且非根际土壤增加达到显著性水平($p<0.05$),可能是由于再生水中 Na^+、SO_4^{2-} 质量浓度较高,灌溉后导致土壤中 Na^+、SO_4^{2-} 等主要盐基离子质量浓度增加。郑伟等研究表明,短期再生水灌溉草坪土壤均表现出一定的盐分积累现象,认为再生水多年连续灌溉土壤有潜在盐化风险(郑伟 等, 2009)。养殖废水灌溉下根际和非根际土壤电导率与蒸馏水灌溉处理无显著差异,甚至根际土壤还降低了 10.83%。因此,再生水灌溉相对于养殖废水灌溉有引起土壤次生盐渍化的风险。

表 5-4　再生水和养殖废水灌溉下土壤电导率

单位:μS/cm

处理	根际	非根际
蒸馏水	563±22a	486±55b
再生水	653±46a	772±57a
养殖废水	502±64a	588±43ab

5.2.5　再生水和养殖废水灌溉对土壤和植株重金属质量分数的影响

表 5-5 为再生水和养殖废水灌溉下的土壤有效重金属,从表 5-5 可以看出,再生水灌溉条件下,土壤有效重金属 Cu、Zn、Pb、Cd、Ni 量与蒸馏水灌溉处理无显著差异,前人研究也表明短期内采用再生水灌溉重金属在土壤中的累积不明显,且土壤中的重金属量都远低于国家标准规定的允许值(魏益华 等, 2008;杨军 等, 2011)。养殖废水灌溉时根际和非根际土壤的有效铜、有效锌显著高于蒸馏水灌溉处理($p<0.05$),有效铜的增加比例分别为 24.12% 和 29.26%,有效锌的增加比例分别为 293.19% 和 404.86%,其原因可能为试验所用养殖废水中 Cu、Zn 量较高。前人研究也表明猪场废水灌溉导致了污灌区耕层土壤 Zn、Cu 的污染(黄治平 等, 2008b)。因此,养殖废水灌溉相比于再生水灌溉提高了土壤重金属污染风险。养殖废水灌溉处理根际和非根际土壤的有效铅、有效镉和有效镍与蒸馏水灌溉处理无显著差异。根际土壤的有效铅、有效镉、有效镍高于非根际土壤,可能是由于根系分泌物的活化作用(徐卫红 等, 2006)。有研究(林琦 等, 1998)指出根际土壤中铁锰氧化物结合态重金属几乎为非根际土壤的 2 倍,根际土壤可能存在活化重金属的机制:植物的根系可以分泌质子,促进植物对土壤中元素的活化和吸收;根系分泌物中某些金属结合蛋白和某些特殊的有机酸能螯合重金属,促进重金属溶解;在根细胞质膜上的专一性金属还原酶作用下,土壤中高价金属离子还原,从而溶解性增加。

Cu、Zn、Pb、Ni 在植株根中累积最多,其次为叶,茎中最少。Cd 在叶中累积最多,其次为根,茎中最少。虽然养殖废水灌溉显著增加了土壤的有效铜量($p<0.05$),但是并未造成植株 Cu 量的显著增加(见表 5-6)。养殖废水灌溉下植株根和茎中 Zn 的量显著增加($p<0.05$),分别增加了 102.35% 和 244.49%。这与前人的研究结果相似,即养殖废水灌溉显著地增加了大白菜中 Cu、Zn 和 Cd 的量,其中 Zn 的量在养殖污水灌溉 12 年和 23 年后比对照增加了 62% 和 121%(章明奎 等, 2011)。而对于再生水灌溉来说,同土壤有效重金属质量分数结果类似,植物重金属量与蒸馏水处理基本无显著差异。再生水和养殖

废水灌溉对植株叶和根重金属富集系数的影响如表 5-7 所示。从表 5-7 可以看出，与蒸馏水灌溉相比，再生水灌溉下植株根和叶中重金属富集系数无显著变化，养殖废水灌溉下叶中 Pb 和根中 Zn 的富集系数显著增加，可能是因为与其他几种重金属相比，植株对 Zn 的需求量相对较大，同时玉米对 Pb 的吸收能力较强(代全林 等，2005)，而养殖废水灌溉的根际土壤 Zn、Pb 含量相对较高，促进了根系对 Zn、Pb 的吸收以及向叶片的转运。因此，养殖废水灌溉相比于再生水灌溉有造成植物累积重金属的风险。

表 5-5　再生水和养殖废水灌溉下的土壤有效重金属

处理	Cu/(mg/kg)		Zn/(mg/kg)		Pb/(mg/kg)	
	根际	非根际	根际	非根际	根际	非根际
蒸馏水	2.13±0.01b	2.23±0.03b	1.00±0.03b	0.83±0.04b	1.86±0.04a	1.71±0.04a
再生水	2.15±0.01b	2.30±0.03b	0.99±0.01b	0.91±0.00b	1.82±0.05a	1.55±0.07a
养殖废水	2.65±0.07a	2.88±0.05a	3.94±0.11a	4.18±0.05a	1.99±0.07a	1.64±0.05a

处理	Cd/(mg/kg)		Ni/(mg/kg)	
	根际	非根际	根际	非根际
蒸馏水	0.20±0.01a	0.19±0.01a	0.38±0.00a	0.24±0.00a
再生水	0.22±0.01a	0.19±0.01a	0.39±0.03a	0.24±0.03a
养殖废水	0.22±0.01a	0.18±0.01a	0.39±0.02a	0.26±0.01a

表 5-6　再生水和养殖废水灌溉下的植株重金属

处理	Cu/(mg/kg)			Cd/(mg/kg)		
	根	茎	叶	根	茎	叶
蒸馏水	15.93±2.68a	5.89±0.31a	11.50±1.50a	0.39±0.02a	0.27±0.05a	1.30±0.17a
再生水	17.40±0.10a	5.96±0.16a	12.50±2.07a	0.41±0.09a	0.22±0.00a	1.32±0.15a
养殖废水	17.09±0.51a	6.44±0.34a	12.21±0.38a	0.36±0.09a	0.31±0.05a	1.16±0.12a

处理	Zn/(mg/kg)			Ni/(mg/kg)		
	根	茎	叶	根	茎	叶
蒸馏水	25.87±4.06b	16.56±0.47b	23.61±1.69a	5.48±0.02a	1.24±0.41a	1.52±0.02a
再生水	22.75±3.22b	14.30±0.96b	20.32±2.88a	5.68±0.08a	1.22±0.07a	1.41±0.04b
养殖废水	52.35±2.66a	57.05±1.40a	39.62±7.18a	5.49±0.22a	1.23±0.02a	1.56±0.02a

处理	Pb/(mg/kg)		
	根	茎	叶
蒸馏水	7.93±2.27a	1.88±0.01a	6.42±0.21b
再生水	7.38±3.31a	1.86±0.02a	8.08±0.06a
养殖废水	14.64±4.28a	2.20±0.18a	8.34±0.07a

表 5-7　再生水和养殖废水灌溉下的植株叶和根重金属富集系数

处理	叶				
	Cu	Zn	Pb	Cd	Ni
蒸馏水	0.43±0.06a	0.29±0.02a	0.32±0.03b	3.14±0.44a	0.05±0.00a
再生水	0.46±0.08a	0.25±0.04a	0.37±0.00ab	3.75±0.10a	0.05±0.00a
养殖废水	0.44±0.03a	0.43±0.08a	0.40±0.01a	2.86±0.61a	0.05±0.00a
处理	根				
	Cu	Zn	Pb	Cd	Ni
蒸馏水	0.60±0.10a	0.32±0.05b	0.40±0.13a	0.95±0.06a	0.19±0.00a
再生水	0.64±0.00a	0.28±0.04b	0.34±0.15a	1.15±0.11a	0.19±0.00a
养殖废水	0.62±0.04a	0.57±0.03a	0.71±0.21a	0.81±0.12a	0.19±0.01a

5.3　结　论

与蒸馏水灌溉相比,再生水和养殖废水灌溉均可增加土壤养分和植株养分量,且养殖废水灌溉增加幅度更大。但再生水灌溉会增加土壤发生次生盐渍化的风险,而养殖废水灌溉会增加土壤有效重金属并存在造成重金属在植物体内积累的风险。该研究可为再生水和养殖废水的农业安全利用提供一定的参考。

第6章 再生水灌溉对不同类型
土壤磷形态变化的影响

磷素在土壤中移动性差,施入土壤的磷肥至少有 70%~90% 以不同的磷形态积累在土壤中,难以被当季作物吸收利用(刘建玲和张福锁,2000)。累积于土壤中磷的有效利用或其有效性,在很大程度上取决于磷的形态,有关土壤磷形态及其转化始终是土壤化学的研究热点(李中阳 等,2012c;李中阳 等,2010)。不同的施肥、耕作、灌溉等农艺措施都会影响到土壤磷的有效性及其形态转化(Kumar and Dey,2011;韩艳丽和康绍忠,2001)。城市再生水作为潜在的水资源,越来越多地用于农业灌溉。国外再生水灌溉技术已经相当成熟,其用于农田灌溉的面积逐步扩大(Rattan et al.,2005;Shelef and Halperin,2002)。再生水农业安全利用可在很大程度上缓解农业水资源紧缺状况。再生水中含有植物生长所需的多种有益元素,能很好地改善土壤保肥性、保水性、缓冲性和通气状况等,特别是对于肥力相对较低的土壤,再生水是其重要的养分来源(M. Kiziloglu et al.,2007)。再生水灌溉农田在增加土壤中磷养分供应量的同时,其对土壤理化性质的影响也将影响到土壤原有磷素以及外加磷源的归宿。再生水灌溉增加植物与土壤磷含量的报道较多(Kalavrouziotis et al.,2008;Kiziloglu et al.,2008;Rattan et al.,2005),但其对土壤中磷形态变化的影响尚少见报道。而且我国土壤类型复杂,不同土壤类型具有不同的理化性质,再生水灌溉下不同类型土壤中磷形态的变化将会表现出差异性。随着再生水在农业用水中权重的逐渐增加,本研究在温室条件下,采用盆栽试验种植小白菜的方法,研究了再生水灌溉对小白菜生长和土壤磷素有效性及其形态转化的影响(李中阳 等,2014a),旨在为再生水的合理利用提供科学依据。

6.1 再生水灌溉试验布置

6.1.1 供试土壤和再生水

试验地点选在中国农业科学院农田灌溉研究所河南新乡农业水土环境野外科学观测试验站温室大棚,试验于 2011 年 6 月开始,至 9 月结束。所用 4 种类型蔬菜的土壤分别为取自湖南衡阳的红壤、河南郑州的潮土、陕西杨凌的塿土、吉林长春的黑土,其基本性质见表 6-1。土样风干后过 5 mm 筛,混匀备用。试验用再生水取自试验站附近的河南省新乡市骆驼湾污水处理厂,污水主要来源为城市生活污水,其 pH 为 6.60,HCO_3^-、SO_4^{2-}、总氮、总磷、总钾含量分别为 320.8 mg/L、290.4 mg/L、40.0 mg/L、0.824 mg/L、24.42 mg/L,COD<20 mg/L,Cu、Zn、Cd 含量分别为 20.15 mg/L、164.84 mg/L、0.003 mg/L,其他重金属等未检测出。

表 6-1 供试土壤性质

土壤类型	地点	pH	有机质/(g/kg)	总氮/(g/kg)	总磷/(g/kg)	总钾/(g/kg)	速效磷/(mg/kg)	速效钾/(mg/kg)	Cd/(mg/kg)
红壤	湖南衡阳	5.60	20.08	1.33	1.09	13.80	50.53	88.28	0.30
潮土	河南郑州	7.50	11.54	1.05	0.90	16.37	19.24	94.46	0.57
塿土	陕西杨凌	7.84	16.22	1.11	1.06	20.21	20.07	140.40	0.58
黑土	吉林长春	7.58	30.50	1.52	1.12	22.24	60.55	145.33	0.58

6.1.2 试验设计

盆栽试验所用塑料花盆高 15 cm，口径 18 cm，底径 16 cm。每盆装土 2.5 kg，施加基肥 N 200 mg/kg、P 100 mg/kg 和 K 200 mg/kg。供试作物为小白菜（*Brassica campestris* L. ssp. *chinensis* Makino），直接播种，待出芽后每盆按适当间距保留 3 棵，以自来水为对照（CK），进行 1/2 再生水、清水再生水轮灌、全再生水处理，各处理灌溉量一致。每个处理重复 6 次，随机排列。试验期间每隔 2 d 从污水处理厂取 1 次再生水，每天灌溉时间相同，试验过程保持 60% 田间持水量。每次灌水时从花盆底部加水，慢慢渗入土壤。

6.1.3 测定项目与方法

小白菜在生长 50 d 达到成熟期时开始收样。收取地上部植株，用自来水冲洗 3 遍，在烘箱 75 ℃下烘 72 h 至恒重，称取干重。小白菜磷含量、土壤速效磷含量的测定采用土壤农业化学常规方法（鲁如坤，2000）的钼锑抗比色法。采用 Bowman-Cole（Bowman and Cole，1978）法把土壤有机磷分为活性有机磷（active organic P，AOP）、中活性有机磷（moderately active organic P，MAOP）、中稳性有机磷（medium stable organic P，MSOP）和高稳性有机磷（high stable organic P，HSOP）；土壤无机磷分组采用顾益初等的分级方法，主要分为 6 个组分：Ca_2-P、Ca_8-P、$Al-P$、$Fe-P$、$O-P$ 和 $Ca_{10}-P$。同样采用钼锑抗比色法测定各组分磷含量。

6.1.4 数据处理

采用统计分析软件 SPSS16.0 对试验数据进行方差分析（$p < 0.05$），并采用 Duncan 多重检验法对各处理进行差异显著性检验。

6.2 再生水灌溉对土壤磷形态的影响

6.2.1 再生水灌溉对小白菜生物量的影响

由于所选用红壤、潮土、塿土、黑土 4 种类型土壤自身肥力的差异性，种植的小白菜生物量也有一定的差异性（见表 6-2），在 4 种灌溉处理下都表现为黑土生物量最大，在清水灌溉下能达到 1.46 g/pot,依次是红壤、墰土和潮土。红壤小白菜生物量在全再生水灌溉处理下显著增加了 9.09%,而 1/2 再生水、轮灌处理与对照相比差异不显著。潮土、墰土在 3 种再生水灌溉处理下小白菜生物量都显著增加,其中以全再生水灌溉增加比例最大,分别增加了 16.08%、9.92%。黑土小白菜生物量在再生水灌溉下也有增加趋势,但没有达到显著水平。

表 6-2　再生水灌溉不同类型土壤小白菜干物质量　　　　　　单位:g/pot

处理	红壤	潮土	墰土	黑土
清水	1.32 ±0.05bB	1.12 ±0.05bD	1.21 ±0.03bC	1.46 ±0.04aA
1/2 再生水	1.33 ±0.02bB	1.28 ±0.05aB	1.31 ±0.05aB	1.47 ±0.07aA
轮灌	1.36 ±0.04abB	1.26 ±0.02aC	1.27 ±0.03aC	1.50 ±0.04aA
全再生水	1.44 ±0.04aB	1.30 ±0.04aC	1.33 ±0.06aC	1.54 ±0.05aA

注:同列不同小写字母、同行不同大写字母均表示在 $p < 0.05$ 水平下差异显著,下同。

6.2.2　再生水灌溉对小白菜地上部磷含量的影响

由图 6-1 可知,在同一清水灌溉处理下,小白菜地上部磷含量在 4 种类型土壤间有一定的差异,含量最高的为黑土,0.38 g/kg;最低的为潮土,0.3 g/kg。与清水灌溉相比,1/2 再生水和轮灌处理小白菜磷含量虽然有增加趋势,但没有达到显著水平;而全再生水灌溉均显著增加了 4 种类型土壤小白菜地上部磷含量,红壤、潮土、墰土、黑土的增加比例分别为 17.6%、20.0%、18.8% 和 15.8%。

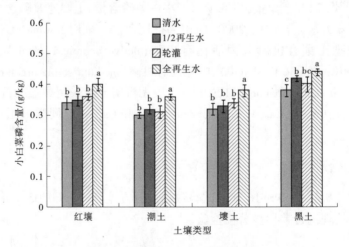

图 6-1　再生水灌溉不同类型土壤小白菜磷含量

6.2.3　再生水灌溉对土壤速效磷含量的影响

由于试验所用土壤磷含量的差异性,在同一清水灌溉处理下,4 种类型土壤速效磷含量差异比较明显,黑土含量最高为 70.66 mg/kg,其次是红壤,含量较低的为潮土和墰土,分别为 24.25 mg/kg 和 24.85 mg/kg。与对照相比,红壤、潮土和墰土速效磷含量在 1/2

再生水和轮灌处理下有增加趋势,但没有达到显著水平,而黑土速效磷含量增加显著,分别达到 77.71 mg/kg 和 76.54 mg/kg。全再生水灌溉均显著增加了 4 种类型土壤速效磷含量,红壤、潮土、塿土和黑土的增加比例分别为 16.7%、32.2%、34.4% 和 16.8%,潮土和塿土增加比例较大(见图 6-2)。

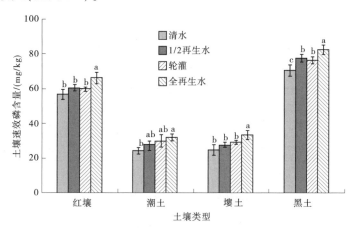

图 6-2 再生水灌溉不同类型土壤速效磷含量

6.2.4 再生水灌溉对土壤有机磷含量的影响

由表 6-3 可知,4 类土壤中各有机磷组分含量以中活性有机磷含量最高,其次是中稳性有机磷,含量最低的为活性有机磷。红壤、潮土、塿土活性有机磷的含量在全再生水灌溉处理下显著增加,与对照清水灌溉相比,分别增加 26.4%、41.7%、53.9%;活性有机磷在 1/2 再生水和轮灌处理下也有增加趋势,但均没有达到显著水平。3 类土壤中活性有机磷在 3 种再生水灌溉处理下变化不大,但均有增加趋势,其中以全再生水灌溉处理增加趋势明显。全再生水灌溉显著降低了潮土和塿土中稳性有机磷含量,分别降低 10.7% 和 12.6%;而对红壤中稳性有机磷含量影响不大。再生水灌溉对黑土各组分有机磷含量无影响。

表 6-3 再生水灌溉不同类型土壤有机磷含量   单位:mg/kg

土壤类型	水处理	活性有机磷	中活性有机磷	中稳性有机磷	高稳性有机磷
红壤	清水	20.12b	218.66a	65.90a	22.74a
	1/2 再生水	20.52b	219.70a	61.84a	23.18a
	轮灌	22.37ab	220.41a	61.25a	22.25a
	全再生水	25.44a	222.05a	60.77a	21.09a
潮土	清水	10.04b	165.31a	70.80a	59.54a
	1/2 再生水	12.08ab	167.54a	67.82ab	57.55a
	轮灌	11.54b	165.95a	68.12ab	62.32a
	全再生水	14.23a	169.04a	63.23b	57.45a

土壤处理	水处理	活性有机磷	中活性有机磷	中稳性有机磷	高稳性有机磷
塿土	清水	10.55b	169.35a	55.02a	46.14a
	1/2 再生水	11.69b	169.64a	53.37a	48.28a
	轮灌	10.88b	172.71a	51.36ab	47.47a
	全再生水	16.24a	174.55a	48.09b	47.09a
黑土	清水	25.45a	381.08a	265.55a	140.08a
	1/2 再生水	25.94a	376.46a	267.12a	144.80a
	轮灌	25.63a	383.31a	266.44a	140.15a
	全再生水	26.71a	380.08a	261.32a	138.64a

6.2.5　再生水灌溉对土壤无机磷含量的影响

在无机磷组分中,4 种类型土壤均以 Ca_2-P 含量最低(见表 6-4),但各组分无机磷含量在不同类型土壤中有显著差异,红壤 O-P 含量最高,其次是 Fe-P、Al-P,而潮土、塿土、黑土均以 $Ca_{10}-P$ 含量最高,其次是 O-P。全再生水使红壤 Ca_2-P 含量显著增加 13.6%,而 Al-P 含量显著降低 7.3%;而 Ca_8-P、Fe-P、O-P 和 $Ca_{10}-P$ 含量变化不大。潮土、塿土 Ca_2-P、Ca_8-P 在 3 种再生水灌溉处理下有增加趋势,在全再生水灌溉处理下 Ca_2-P 分别显著增加 30.1%、23.7%,Ca_8-P 分别显著增加 11.3%、16.7%;而 Al-P、Fe-P、O-P 和 $Ca_{10}-P$ 含量在 3 种灌溉方式下均有降低趋势。黑土 Ca_2-P 含量在再生水灌溉下显著增加 17.8%。

表 6-4　再生水灌溉不同类型土壤无机磷含量　　　　　　　单位:mg/kg

土壤类型	水处理	Ca_2-P	Ca_8-P	Al-P	Fe-P	O-P	$Ca_{10}-P$
红壤	清水	28.48b	35.90a	110.74a	245.05a	302.44a	71.12a
	1/2 再生水	30.08ab	33.56a	104.24bc	248.55a	300.84a	75.35a
	轮灌	29.22ab	36.74a	106.85ab	245.21a	310.25a	70.16a
	全再生水	32.36a	35.82a	102.63c	243.66a	306.09a	70.09a
潮土	清水	18.17b	65.80b	55.55a	44.87a	125.24a	323.85a
	1/2 再生水	20.52ab	69.05ab	52.36a	40.08a	123.63a	318.05a
	轮灌	21.42ab	68.74b	50.54a	42.81a	119.34a	328.44a
	全再生水	23.64a	73.22a	50.20a	39.21a	120.58a	315.82a

续表 6-4

土壤类型	水处理	Ca$_2$-P	Ca$_8$-P	Al-P	Fe-P	O-P	Ca$_{10}$-P
塿土	清水	29.15b	120.24b	82.54a	40.55a	145.76a	390.80a
	1/2 再生水	33.30a	131.49a	78.07a	36.31a	144.75a	379.64a
	轮灌	32.06ab	125.80b	78.54a	40.22a	140.36a	381.98a
	全再生水	36.05a	140.27a	76.02a	36.34a	140.60a	375.50a
黑土	清水	33.09b	40.64a	45.11a	55.57a	66.08a	98.57a
	1/2 再生水	35.58ab	44.12a	46.24a	51.84a	65.18a	92.78a
	轮灌	35.80ab	41.16a	45.30a	53.66a	63.96a	98.33a
	全再生水	38.97a	43.65a	45.88a	51.07a	62.40a	93.79a

6.3 结 论

（1）再生水灌溉显著增加红壤、潮土、塿土小白菜生物量,黑土也有增加趋势,但没有达到显著水平。再生水灌溉显著增加 4 类土壤小白菜地上部磷含量。再生水灌溉对小白菜生物量及地上部磷含量的影响在不同土壤类型间有显著的差异性。

（2）再生水灌溉均显著增加 4 类土壤速效磷含量,其中潮土和塿土增加比例较大,分别增加了 32.2%、34.4%。

（3）再生水灌溉能促进稳性较高的有机磷和无机磷组分向活性较高的磷组分转化,但不同类型土壤间存在显著的差异性。有机磷组分中,再生水灌溉能显著增加红壤、潮土、塿土活性有机磷组分,显著降低潮土、塿土中稳性有机磷含量,而黑土各形态有机磷含量无变化;在无机磷组分中,再生水灌溉能显著增加 4 类土壤活性较高的 Ca$_2$-P 组分,其中潮土、塿土的 Ca$_8$-P 含量也显著增加。

（4）再生水灌溉对提高土壤磷素利用率有促进作用,但其自身所带的磷素以及对土壤磷素的活化有可能引起磷素在土壤中向下垂直运移量的增加而引起地下水污染,该问题需要进一步深入研究。

第7章 再生水灌溉对4类土壤镉生物有效性的影响

城市再生水作为潜在的水资源,越来越多地用于农业灌溉。再生水的安全利用可在很大程度上缓解农业水资源紧缺状况。国外再生水灌溉技术已经相当成熟,其用于农田灌溉的面积逐步扩大(Asano and Tchobanoglus,1991;Rattan et al.,2005)。再生水中含有植物生长所需的多种有益元素和有机质,能很好地改善土壤保肥性、保水性、缓冲性和通气状况等,特别是对于肥力相对较低的土壤,再生水是其重要的养分来源(M. Kiziloglu et al.,2007)。但是再生水灌溉也有其不利的一面,尤其是其中含有的重金属会导致土壤环境恶化、农业生产力下降,影响生态环境和食品安全。再生水中的重金属可在土壤中残留(Kalavrouziotis et al.,2008),长期灌溉土壤重金属 Cu、Pb、Cd 和 Cr 的含量明显增加(Al-Lahham et al.,2007;Gwenzi and Munondo,2008;Klay et al.,2010)。但也有研究表明再生水灌溉并没有造成土壤重金属的显著积累(Smith et al.,1996;Surdyk et al.,2010;李波 等,2007;赵庆良 等,2007),由于植物的吸收,再生水灌溉下土壤重金属甚至有降低的趋势。一些研究表明再生水灌溉可显著增加灌溉植物地上部的重金属含量(Batarseh et al.,2011;Kalavrouziotis et al.,2008;M. Kiziloglu et al.,2007),也有研究表明植物体内重金属含量没有显著积累(徐应明 等,2008)。在农业生产过程中,除污灌造成严重的农田土壤重金属污染外,肥料尤其是磷肥和有机肥的施用也会导致重金属在农田土壤中逐渐累积,形成轻度重金属污染,这种现象在我国农耕地区多种土壤类型中都有体现(高焕梅,2008;刘景 等,2009;刘树堂 等,2005)。再生水灌溉下植物对重金属的吸收以及土壤重金属的残留量受到多种因素的影响,包括再生水水质、植物种类、土壤类型、灌溉方式等。再生水灌溉下不同再生水水质、植物品种和灌溉方式对重金属的迁移规律多有研究(Batarseh et al.,2011;Klay et al.,2010;Smith et al.,1996;齐学斌 等,2008;徐应明 等,2008),而土壤类型间的差异还未见报道。本章试验旨在研究再生水灌溉对不同类型土壤镉生物有效性的影响及其差异性(李中阳 等,2013)。

7.1 再生水灌溉试验布置

7.1.1 供试土壤和再生水

供试土壤和再生水见第6章。所用土壤总镉含量等于或接近国家土壤环境质量二级标准。供试土壤风干后过 5 mm 筛,混匀,然后根据国家土壤环境质量标准,人工添加 $Cd(NO_3)_2 \cdot 4H_2O$,培育成重金属镉含量为二级水平的土壤。由于红壤 pH<6.5,其镉含量保持原来含量(0.30 mg/kg);而潮土、塿土、黑土 pH>7.5,其镉含量均培育为 0.60 mg/kg。

Cd(NO₃)₂·4H₂O 溶解于蒸馏水后,喷施于土壤中,拌匀,灌蒸馏水后保持 60% 田间持水量,土壤在黑暗中稳定 2 个月后进行盆栽试验。

7.1.2 试验设计

见第 6 章。

7.1.3 测定项目与方法

小白菜收获见第 6 章。烘干后的小白菜叶用不锈钢的研磨机磨碎过 100 目筛,用于测定小白菜中镉含量。收样后的土壤混匀,取一部分新鲜土样于 4 ℃冰箱保存,用于土壤微生物测定;同时取一定数量的土样室内风干并磨细至 0.15 mm,用于测定土壤有效镉含量。

小白菜重金属镉含量测定:称取植物样或土样 0.3~0.5 mg 置于消煮管,用微波消解仪(Mars CEM 240/50)进行消解,消解液为 7 mL HNO₃+1 mL H₂O₂。消煮完全后用原子吸收分光光度计(火焰+石墨炉)测量镉含量。

土壤有效镉含量的测定:称取风干土样 0.3~0.5 mg,红壤有效镉用 0.1 mol/L HCl 溶液浸提,潮土、塿土和黑土用 0.1 mol/L DTPA 溶液浸提(水土比均为 5∶1);测定方法同植物样品。以中国地质科学院地球物理地球化学勘查研究所提供的生物成分分析标准物质 GSB-7 茶叶(CRM Tea from IGGE, GBW10016)和瑞士生产的 Cd 标准品(Fluka, Switzerland)进行测量质量控制,以保证测量的精确度。

细菌、真菌和放线菌总数采用稀释平板培养法测定(Woolfrey et al., 1987)。土壤 pH 用 pH 计测定,水土比为 2.5∶1。

7.1.4 数据处理

采用统计分析软件 SPSS 16.0(SPSS Inc., Chicago, IL, Version 16.0)对试验数据进行方差分析($p<0.05$),并采用 Duncan 多重检验法对各个处理进行差异显著性检验。

7.2 灌溉对土壤镉生物有效性的影响

7.2.1 再生水灌溉对小白菜重金属镉含量的影响

清水灌溉小白菜镉含量差异明显(见表 7-1)。红壤种植小白菜镉含量为 0.29 mg/kg;潮土、塿土和黑土种植小白菜镉含量均在 0.30 mg/kg 以上,其中又以塿土小白菜镉含量最高,达到 0.39 mg/kg。红壤种植时,完全使用再生水灌溉的小白菜镉含量为 0.22 mg/kg,显著低于清水灌溉(0.29 mg/kg);1/2 再生水、轮灌处理小白菜镉含量与清水处理相比也有降低趋势,但差异不显著。黑土小白菜镉含量在 3 种再生水灌溉处理下都显著增加,最高增加了 18.75%。再生水灌溉对潮土、塿土小白菜镉含量影响不大。

表 7-1 再生水灌溉不同类型土壤小白菜镉含量   单位:mg/kg

处理	红壤	潮土	壤土	黑土
清水	0.29±0.02aB	0.36±0.03aA	0.39±0.06aA	0.32±0.02bAB
1/2 再生水	0.25±0.03abB	0.34±0.02aA	0.37±0.04aA	0.36±0.02aA
轮灌	0.28±0.02aB	0.35±0.01aA	0.36±0.02aA	0.36±0.01aA
全再生水	0.22±0.01bB	0.34±0.03aA	0.38±0.01aA	0.38±0.03aA

注:同列数据后不同小写字母表示处理间差异达 5%显著水平,同行数据后不同大写字母表示不同土壤类型间差异达 5%显著水平。

7.2.2 再生水灌溉对土壤有效镉含量的影响

红壤总镉含量为 0.30 mg/kg,其有效镉含量约为 200 μg/kg(见表 7-2);潮土、壤土和黑土总镉含量为 600 μg/kg,其有效镉含量都在 400 μg/kg 以上,其中又以潮土含量最高,黑土含量最低。3 种再生水灌溉处理,红壤有效镉含量变化不大。潮土、壤土和黑土有效镉含量受再生水灌溉影响较大,3 种再生水灌溉处理都显著增加了潮土有效镉含量,以全再生水灌溉处理增加比例最大;壤土只有全再生水灌溉处理显著增加土壤有效镉含量;黑土 1/2 再生水处理和全再生水处理显著增加了土壤有效镉含量,而轮灌处理则和清水处理差异不显著。

表 7-2 再生水灌溉不同类型土壤中有效镉含量   单位:μg/kg

处理	红壤	潮土	壤土	黑土
清水	204.5±8.4a	455.4±7.1c	454.6±9.4b	410.4±7.3c
1/2 再生水	202.2±4.0a	470.3±5.4b	455.4±6.3b	425.9±5.5b
轮灌	205.4±7.5a	471.5±10.5b	457.3±7.7b	415.7±5.1bc
全再生水	200.1±10.2a	484.5±4.4a	474.7±5.4a	436.2±6.6a

注:同列数据后不同小写字母表示处理间差异达 5%显著水平。

7.2.3 再生水灌溉对土壤 pH 和微生物数量的影响

再生水灌溉不同类型土壤 pH 变化。红壤 pH 在 4 种灌溉处理下差异不显著,再生水灌溉则显著降低了潮土和黑土的 pH,其中全再生水灌溉降低幅度最大,潮土 pH 由对照的 7.52 降低到 7.28,黑土由 7.57 降低到 7.43。和清水灌溉处理相比,1/2 再生水灌溉壤土 pH 有降低趋势,但未达到显著水平,轮灌和全再生水灌溉显著降低了壤土的 pH。

表 7-3 再生水灌溉不同类型土壤 pH 变化

处理	红壤	潮土	壤土	黑土
清水	5.88±0.04a	7.52±0.02a	7.70±0.04a	7.57±0.04a
1/2 再生水	5.84±0.01a	7.30±0.04b	7.63±0.03ab	7.48±0.01b
轮灌	5.85±0.05a	7.33±0.05b	7.57±0.03b	7.47±0.02b
全再生水	5.83±0.07a	7.28±0.04b	7.56±0.04b	7.43±0.02c

注:同列数据后不同小写字母表示处理间差异达 5%显著水平。

4 种类型土壤微生物数量相比,黑土中细菌、真菌、放线菌的数量均为最多,红壤次之,潮土最少(见表7-4)。和对照相比,3 种再生水灌溉方式几乎都显著增加了 4 种类型土壤中细菌、真菌、放线菌的数量,而 1/2 再生水灌溉和轮灌处理之间的差异并不显著。其中以全再生水灌溉处理增加比例最大,细菌、真菌、放线菌数量的增加比例分别为:红壤:13.39%、27.24%、15.81%;潮土:12.67%、39.50%、13.29%;墣土:12.22%、38.50%、15.43%;黑土:18.79%、20.16%、13.05%。

表 7-4 再生水灌溉不同类型土壤微生物群落变化

土壤类型	处理	细菌/(10^3 cfu/g)	真菌/(10^2 cfu/g)	放线菌/(10^4 cfu/g)
红壤	清水	288.7±10.3c	29.4±0.4c	52.5±0.9c
	1/2 再生水	318.7±7.1b	33.8±1.8b	57.4±0.8b
	轮灌	315.9±8.0b	34.1±1.1b	55.2±0.6b
	全再生水	327.3±2.5a	37.4±1.0a	60.8±0.4a
潮土	清水	226.3±7.5c	14.1±1.2b	41.6±1.7c
	1/2 再生水	243.0±4.6b	17.9±1.0a	46.4±1.1b
	轮灌	230.0±5.3b	17.7±1.3a	45.6±1.0b
	全再生水	255.0±5.6a	19.7±1.4a	47.1±0.5a
墣土	清水	270.0±4.7c	21.3±1.4c	49.3±1.3c
	1/2 再生水	287.0±7.6b	26.8±1.4b	54.5±1.0b
	轮灌	276.0±5.9bc	24.3±0.9b	55.0±0.8ab
	全再生水	303.0±4.9a	29.5±0.7a	56.9±1.0a
黑土	清水	298.0±7.6c	29.3±0.8c	53.4±1.3c
	1/2 再生水	329.0±4.0b	32.4±0.7b	57.4± 0.9b
	轮灌	330.0±6.0b	30.1±1.1bc	56.6±1.2b
	全再生水	354.0±4.9a	35.2±1.0a	60.4±1.2a

注:同列同一土壤类型不同小写字母表示在 $p < 0.05$ 水平下差异显著。

7.3 讨论与结论

大多研究发现再生水灌溉显著增加植物重金属含量(Batarseh et al., 2011; Kalavrouziotis et al., 2008; Kiziloglu et al., 2008);但也有研究发现植物体内并没有重金属的积累(李波 等,2007)。本章研究发现红壤小白菜镉含量在全再生水灌溉处理下显著降低;黑土小白菜镉含量在 3 种再生水灌溉处理下都显著增加;而再生水灌溉对潮土、墣土小白菜镉含量影响不大。其原因除再生水灌溉下不同类型土壤镉生物有效性有差异外,再生水灌溉不同类型土壤小白菜生物量的差异也会影响到小白菜镉含量。再生水灌溉可能使植物体内重金属含量和对照没有差异,或者稍微增加了植物地上部重金属含量,但再生水灌溉所增加的生物量会对重金属产生"稀释效应",从而使植物体内重金属的绝对含量不变或降低。本章研究中,小白菜镉含量在不同土壤类型之间的差异性可能与再生水灌溉下其生物量变化的差异性有关。

小白菜镉含量除受小白菜本身从土壤中吸收镉能力的影响外,还受土壤中有效镉含量的影响。本章研究发现再生水灌溉对红壤有效镉含量影响不大,但都显著增加了潮土、塿土和黑土有效镉含量。再生水灌溉影响土壤有效镉含量的报道不多,Smith 等(1996)发现再生水灌溉没有增加 EDTA 提取态重金属含量。

土壤 pH 和土壤微生物数量是影响土壤有效镉含量的重要因素。土壤重金属绝大多数都以难溶态存在,pH 改变会使土壤重金属存在形态发生变化,从而改变其活性和生物有效性。pH 降低将活化重金属,增强其毒性;反之,pH 增加,则会降低重金属迁移能力,减弱其毒性。有研究发现再生水灌溉导致土壤 pH 降低(Kiziloglu et al.,2008;Xu et al.,2010)。再生水灌溉下土壤 pH 的变化往往取决于再生水的酸度(Qishlaqi et al.,2008)。本章研究发现再生水灌溉显著降低了潮土、塿土和黑土的 pH,但对红壤 pH 影响不大,其原因可能是试验所用再生水 pH 为 6.60,而潮土、塿土和黑土 pH 在 7.50 以上,大于再生水 pH,而红壤 pH 较小。再生水灌溉下,土壤 pH 降低可能是由于有机质矿化过程中交换态阳离子的释放所造成(Woomer et al.,1994)。Rosabal 等(2007)认为土壤中加入弱有机酸、土壤阳离子的交换或者土壤原有阳离子的淋洗都会导致土壤 pH 的变化。

本章研究发现再生水灌溉显著增加了 4 种类型土壤微生物数量,这与其他研究结果相似。Elifantz 等(2011)对柿子树进行再生水灌溉,发现在再生水灌溉期间,土壤微生物活性显著增加。焦志华等(2010)认为再生水灌溉使土壤细菌数量相对清水灌溉处理增加;二级再生水和三级再生水灌溉处理间的放线菌数量差异显著,且明显高于清水对照;再生水灌溉对真菌数量影响不大。苗战霞等(2008)的研究结果也发现再生水灌溉不同程度地促进了土壤微生物数量的增加。土壤微生物可通过多种作用方式影响土壤重金属毒性及重金属的迁移与释放,如微生物的代谢作用(杨晔 等,2001)、氧化-还原作用(周启星和宋玉芳,2004)及对重金属的溶解作用(Chanmugathas and Bollag,1987),改变重金属在土壤中的存在形态,有利于重金属的植物吸收(Souza et al.,1999;Wu et al.,2009)。

第8章 施磷水平对再生水灌溉小白菜镉质量分数和土壤镉活性的影响

再生水作为潜在的水资源,其农业安全利用可在很大程度上缓解农业水资源紧缺状况,对保障我国粮食安全、促进农业可持续发展具有重要意义。但如果利用不当,再生水中含有的一些危险物质尤其是重金属,不仅会导致土壤环境恶化、农业生产力下降,影响生态环境和食品安全,而且严重威胁人类的生存和生活。已有研究发现再生水灌溉能显著增加植物生物量(吴文勇 等,2010;徐应明 等,2008),以及植物地上部重金属含量(Batarseh et al.,2011;Kalavrouziotis et al.,2008;M. Kiziloglu et al.,2007)。

磷肥施入土壤后,经过一系列的化学反应,解离为 $H_2PO_4^-$;由于磷酸根与土壤的吸附位点有很高的亲和力,被土壤吸附后会改变土壤表面的性质,增加土壤表面净电荷,影响土壤对重金属的吸附,使重金属离子不断以静电吸附方式吸附在土壤颗粒周围;此外,磷肥还通过与重金属在土壤-植物系统中相互作用进而改变重金属的存在形态与分布,在一定程度上改变重金属的植物有效性或毒性(曹仁林 等,1993;罗厚庭 等,1992)。但有关磷肥对再生水灌溉下土壤重金属迁移转化的影响研究还未见报道。所以,利用盆栽试验方法,以小白菜为试验材料,以清水灌溉为对照,研究施磷水平对再生水灌溉下小白菜镉含量和土壤活性镉含量的影响(李中阳 等,2012a)。

8.1 再生水灌溉试验布置

试验于 2011 年 6~9 月在中国农业科学院新乡农业水土环境野外科学观测试验站温室大棚进行。试验土壤类型为砂壤土,取于中国农业科学院农田灌溉研究所作物需水量试验场,含有机质 9.68 g/kg、总氮 0.64 g/kg、总磷 0.77 g/kg、总钾 10.21 g/kg、总镉 0.42 mg/kg,pH 为 7.68,田间持水量为 24%。土样风干后过 5 mm 筛,混匀,装入直径 18 cm、高度 15 cm 的塑料花盆进行盆栽试验。每盆装土 2.5 kg,施加基肥 N 200 mg/kg、K 200 mg/kg,磷肥处理为 80 mg/kg(磷-80)、110 mg/kg(磷-110)、140 mg/kg(磷-140)。供试作物为小白菜,直接播种,待出芽后每盆按适当间距保留 3 棵,以自来水为对照,进行 1/2 再生水+1/2 清水、清水再生水轮灌、全再生水灌溉处理。试验用再生水同第 6 章。清水性质为:pH=7.11,总氮、总磷、总钾含量分别为 0.98 mg/L、0.07 mg/L、0.75 mg/L,镉含量未检出。各处理灌溉时间相同,每天上午灌溉,并保持 60% 田间持水量。

小白菜的收获和镉含量测定见第 7 章。

8.2 灌溉对植物和土壤镉含量的影响

8.2.1 施磷水平对再生水灌溉下小白菜生物量的影响

表 8-1 为施磷水平对再生水灌溉小白菜生物量、地上部镉含量和土壤有效镉含量的影响。由表 8-1 可知,在同一施磷水平下,与对照清水灌溉相比,再生水灌溉对小白菜生物量增加有促进作用,这种增产作用在施磷水平较低的土壤(磷-80)上更为明显。3 种再生水灌溉方式下,全再生水灌溉处理小白菜生物量增加比例最大,在施磷 80 mg/kg、110 mg/kg 水平上,小白菜生物量增加 10.16%、5.84%。随着磷肥施用量的增加,清水、1/2 再生水和轮灌处理下,小白菜生物量在施磷水平达到 140 mg/kg 时显著增加,其中以清水灌溉时增加比例最大,增加 11.72%;全再生水灌溉下,随着施磷水平的提高,小白菜生物量有增加趋势,但没有达到显著水平。

表 8-1 施磷水平对再生水灌溉小白菜生物量、地上部镉含量和土壤有效镉含量的影响

测试指标	施磷水平	清水(对照)	1/2 再生水	轮灌	全再生水
小白菜生物量/(g/pot)	磷-80	1.28Cc	1.34Bb	1.35Bb	1.41Ba
	磷-110	1.37Bc	1.39Abc	1.41Ab	1.45Aa
	磷-140	1.43Aa	1.43Aa	1.44Aa	1.47Aa
小白菜地上部镉含量/(μg/kg)	磷-80	141.4Ac	146.2Ac	165.8Ab	218.3Aa
	磷-110	120.3ABb	136.6Ab	130.1Bb	182.3Ba
	磷-140	109.7Bb	117.6Bb	124.4Bb	144.5Ca
土壤有效镉含量/(μg/kg)	磷-80	300.5Ac	315.4Abc	322.3Aab	339.3Aa
	磷-110	278.5BCb	290.7ABab	296.5ABab	307.8Ba
	磷-140	264.7Ca	272.7Ba	269.9Ba	288.1Ca

注:同一测试指标下同列不同大写字母、同行不同小写字母均表示在 $p < 0.05$ 水平下差异显著,下同。

8.2.2 施磷水平对再生水灌溉下小白菜地上部重金属镉含量的影响

和对照相比,在同一施磷水平下,小白菜地上部镉含量在 1/2 再生水和清水再生水轮灌 2 个处理下有增加趋势,但大多没有达到显著水平(见表 8-1);全再生水灌溉显著增加小白菜地上部镉含量,在 3 个磷处理下分别增加 54.4%、51.5%、31.7%。在磷-80 处理下,全再生水灌溉使小白菜地上部镉含量(218.3 μg/kg)超出了《食品安全国家标准 食品中污染物限量》(GB 2762—2005),磷-110、磷-140 显著降低了小白菜地上部镉含量,和磷-80 处理相比分别降低 16.5%、33.8%,且都在食品安全标准的范围以内。

8.2.3 施磷水平对再生水灌溉下土壤活性镉含量的影响

由表 8-1 可知,与对照相比,1/2 再生水和清水再生水轮灌 2 个处理下土壤有效镉含

量变化不大,尤其是在磷-140处理下;但全再生水灌溉在3个施磷水平下都显著增加土壤有效镉含量。在4种灌溉处理下,随着施磷水平的提高,土壤有效镉含量降低,磷-140处理下降低最为显著,和磷-80相比,分别降低11.9%、13.5%、16.3%、15.1%。

8.3 结 论

再生水灌溉、提高施磷水平都能显著增加小白菜生物量,再生水灌溉对小白菜生物量提高的促进作用在施磷水平较低处理下更加显著。再生水灌溉显著增加小白菜地上部镉含量,且超出食品安全标准;高量施磷显著降低小白菜地上部镉含量,使其达到安全标准范围以内。增施磷肥显著降低再生水灌溉下土壤有效镉含量。

磷肥的高量投入能减少再生水灌溉下重金属镉进入小白菜的概率,保证食品安全;但同时会造成土壤重金属残留以及磷流失形成面源污染,这一问题仍需要深入研究。

第9章 再生水灌溉对小白菜水分利用效率及品质的影响

目前,中国年缺水量约为 400 亿 m^3,水资源短缺已成为限制我国农业发展的主要因素之一。解决中国农业水资源短缺的关键,一方面是加大节水灌溉,另一方面则应开辟非常规水源,加大对污水的再生利用。再生水安全利用是转变经济发展方式和建设资源节约型、环境友好型社会的迫切需要。目前有关作物水分利用效率的研究主要针对小麦(李富翠 等,2012;刘青林 等,2011)、玉米(梁继华 等,2006;张岁岐 等,2009)、豆类(沈姣姣 等,2013)、蔬菜(李霞 等,2009)等,但都是常规水源灌溉,而关于再生水水分利用效率的研究报道较少。吴文勇等(2010)、徐应明等(2008)开展了再生水灌溉对不同种类蔬菜品质的影响,但中国土壤类型复杂,对不同土壤类型之间再生水水分利用效率和蔬菜品质差异性问题研究较少。因此,本研究以小白菜为试验材料,采用盆栽试验方法,研究再生水灌溉对不同类型土壤小白菜水分利用效率和品质的影响,旨在为再生水农业合理利用提供科学依据(朱伟 等,2015)。

9.1 再生水灌溉试验布置

9.1.1 供试土壤和再生水

试验地点在中国农业科学院新乡农业水土环境野外科学观测试验站温室大棚,试验于 2011 年 6 月开始。所用 4 种土壤和试验用再生水见第 6 章。

9.1.2 试验设计

试验设计见第 6 章。

9.1.3 测定项目与方法

小白菜成熟期时开始收样。整株收获,用自来水冲洗 3 遍,采用常规方法(李合生,2000)测定小白菜品质:2,6-二氯靛酚滴定法测定 VC 含量,蒽酮比色法测定可溶性糖含量,考马斯亮蓝 G-250 染色法测定蛋白质含量。用于测定小白菜品质后剩下的样品在烘箱 75℃下烘 72 h 至恒重,称取干重。盆栽地上部水分利用效率为干物质总质量与耗水量之比,单位为 kg/m^3。

9.1.4 数据处理

采用统计分析软件 SPSS 16.0 对试验数据进行方差分析($p<0.05$),并采用 Duncan 多重检验法对各个处理进行差异显著性检验。

9.2 灌溉对小白菜水分利用效率及品质的影响

9.2.1 再生水灌溉对小白菜水分利用效率的影响

在清水灌溉下,4种土壤类型的小白菜水分利用效率具有一定的差异性(见表9-1),黑土显著高于其他3类土壤,达到1.28 kg/m³,依次是潮土、塿土和红壤。在3种再生水处理下,仍然是黑土小白菜水分利用效率最高。与对照清水灌溉相比,1/2再生水和清水再生水轮灌两个处理下,小白菜水分利用效率在4类土壤上都有增加趋势,但均没有达到显著水平;全再生水灌溉显著增加了红壤和塿土小白菜水分利用效率,分别增加了6.3%和9.6%,而潮土和黑土小白菜水分利用效率在全再生水处理下增加不显著。

表9-1 再生水灌溉不同类型土壤小白菜水分利用效率   单位:kg/m³

处理	红壤	潮土	塿土	黑土
清水	1.12bB	1.16aB	1.15bB	1.28aA
1/2再生水	1.15bB	1.17aB	1.15bB	1.30aA
轮灌	1.14bC	1.21aB	1.17bBC	1.28aA
全再生水	1.19aC	1.23aBC	1.26aAB	1.32aA

注:同列数据后不同小写字母表示处理间差异达5%显著水平,同行数据后不同大写字母表示不同土壤类型间差异达5%显著水平。

9.2.2 再生水灌溉对小白菜VC、可溶性糖、可溶性蛋白质含量的影响

表9-2为再生水灌溉对不同类型土壤小白菜品质的影响。由表9-2可知,小白菜3个品质指标在不同土壤类型间有较大差异,在清水灌溉下,红壤、潮土、塿土、黑土种植的小白菜VC含量分别为125.4 mg/kg、118.7 mg/kg、120.2 mg/kg、138.5 mg/kg,可溶性糖含量分别为145.5 g/kg、130.5 g/kg、141.8 g/kg、174.0 g/kg,可溶性蛋白质含量分别为13.5 mg/g、12.7 mg/g、11.8 mg/g、14.2 mg/g。其中,黑土种植小白菜VC、可溶性糖、可溶性蛋白质含量最高。再生水灌溉对4类土壤小白菜VC、可溶性糖、可溶性蛋白质含量影响不大。

表9-2 再生水灌溉对不同类型土壤小白菜品质的影响

土壤类型	处理	VC/(mg/kg)	可溶性糖/(g/kg)	可溶性蛋白质/(mg/g)
红壤	清水	125.4a	145.5a	13.5a
	1/2再生水	123.5a	141.2a	12.8a
	轮灌	126.4a	144.0a	13.1a
	全再生水	125.0a	146.3a	13.6a

土壤类型	处理	VC/(mg/kg)	可溶性糖/(g/kg)	可溶性蛋白质/(mg/g)
潮土	清水	118.7a	130.5a	12.7a
	1/2 再生水	105.4a	122.0a	12.7a
	轮灌	111.5a	131.8a	12.4a
	全再生水	114.5a	130.4a	11.9a
塿土	清水	120.2a	141.8a	11.8a
	1/2 再生水	115.4a	134.6a	11.6a
	轮灌	122.5a	144.3a	11.9a
	全再生水	120.0a	140.5a	11.5a
黑土	清水	138.5a	174.0a	14.2a
	1/2 再生水	133.6a	169.1a	13.8a
	轮灌	135.9a	171.2a	14.0a
	全再生水	131.5a	175.6a	14.7a

注:同一土壤类型、同列不同小写字母表示表示在 $p < 0.05$ 水平下差异显著。

9.3 结 论

全再生水灌溉显著增加红壤和塿土小白菜水分利用效率,对潮土和黑土影响不大。再生水灌溉对蔬菜品质的影响上,吴文勇等(2010)研究表明,再生水灌溉对果实含水率、粗蛋白、氨基酸含量、可溶性糖、VC 等品质或营养指标无显著影响。徐应明等(2008)通过田间小区试验手段研究结果也证明了再生水灌溉对小白菜 VC 含量、粗蛋白含量、可溶性糖含量无显著影响。本章研究还发现,再生水灌溉对小白菜 VC、可溶性糖和可溶性蛋白含量影响不大,但小白菜 4 个品质指标在不同土壤类型间有较大差异。

再生水中含有的危险物质如病原微生物、重金属等会影响到食品安全和生态环境,其在土壤类型间的差异有待于进一步深入研究。

第10章　再生水灌溉对施用不同磷肥的茄子生长及品质的影响

城市再生水作为潜在的水资源,越来越多地用于农业灌溉。再生水中含有植物生长所需的多种有益元素,能很好地改善土壤保肥性、保水性、缓冲性和通气状况等,特别是对于肥力相对较低的土壤,再生水是其重要的养分来源。有研究发现,再生水灌溉促进了作物的生长并显著增加了植物对养分尤其是磷素的吸收,但由于施用不同种类磷肥对植物生长的影响具有一定的差异性(陈青云 等,2013;王庆仁 等,2000),再生水灌溉对施用不同种类磷肥下作物生长、品质尤其是卫生保健品质的影响及其差异性还少见报道。所以利用温室田间微区试验方法,以茄子为试验材料,以清水灌溉为对照,研究施用不同种类磷肥情况下,再生水灌溉对茄子生长、产量以及茄果品质的影响(李中阳 等,2014b)。

10.1　再生水灌溉试验布置

田间试验于 2013 年 3 月至 7 月在中国农科院新乡农业水土环境野外科学观测试验站进行($35°19″N$、$113°53″E$)。供试土壤为潮土,pH 为 8.50,有机质含量为 18.56 g/kg,总氮、总磷、总钾、速效磷、速效钾含量分别为 698.38 mg/kg、661.31 mg/kg、13.56 mg/kg、19.82 mg/kg、228.33 mg/kg。小区面积为 20 m^2(2.5 m×8 m),共进行 3 种磷肥(磷酸二铵、过磷酸钙、钙镁磷肥)处理、2 个水处理(清水、再生水)设计以及 3 个重复,随机区组排列。小区采用常规施肥水平:N,165 kg/hm^2;P,82.5 kg/hm^2;K,82.5 kg/hm^2。施用氮肥为尿素(N,46%),钾肥为硫酸钾(K_2O,51%);磷肥处理分别为:磷酸二铵(N,17%;P_2O_5,45%)、过磷酸钙(P_2O_5,16%)、钙镁磷肥(P_2O_5,15%),磷酸二铵处理施肥中减去磷酸二铵带入的氮素,保持 N、P 施肥量一致。种植茄子,品种为青杂茄王(河南省新乡市华盛种业有限公司提供),行距 60 cm,株距 50 cm。茄子采用室内育苗,3 叶期时移栽并进行清水与再生水灌溉处理。试验用再生水取自试验站附近的河南省新乡市骆驼湾污水处理厂,定期取水样并用常规分析方法测定其水质指标(齐学斌 等,2009),计算平均值。水质如下:pH 为 7.46,总氮、总磷、总钾含量分别为 48.60 mg/L、4.14 mg/L、30.54 mg/L,COD<20 mg/L。

盛果期从每个处理的 3 个重复小区随机采取茄果用游标卡尺测定茄果的果长、果宽,称重法测定茄子单果重和产量,茄果含水率采用烘干法测定。用鲜样测定品质指标中的可溶性蛋白(考马斯亮蓝 G-250 染色法)、VC(2,6-二氯酚靛酚滴定法)、可溶性糖(蒽酮比色法)、硝酸盐(紫外分光光度法)、黄酮(紫外分光光度法)、芦丁(硝酸铝显色分光光度法)含量。烘干后的茄果用不锈钢研磨机磨碎过 0.15 mm 筛,用于测定营养元素含量,其中 N 含量采用元素分析仪(Vario EL Ⅲ)测定;植物样品用微波消解(Mars CEM 240/50)后,P、K 分别采用紫外分光光度计(Jena S600)和火焰光度计(FP 6410,上海欣益仪器仪表有限公司)测定,其中 P 采用钼锑抗比色法测定,Ca、Mg 采用原子吸收分光光度计(Zeenit 700,Analytikjenan,Germany)测定。

10.2 施用不同磷肥时再生水灌溉茄子生长及品质

10.2.1 再生水灌溉对茄子生长及产量的影响

3 种磷肥对茄子生长及产量的影响如表 10-1 所示。在水源相同条件下,茄子果长、果宽、单果质量、产量和含水率均是钙镁磷肥处理达到最大,其中在再生水灌溉条件下,分别达到 22.23 cm、8.45 cm、216.44 g、5.67 kg/m² 和 93.7%。与清水灌溉相比,茄子果宽在再生水灌溉处理下有增加趋势,但没有达到显著水平;再生水灌溉显著增加 3 个施肥处理条件下茄子果长和产量,钙镁磷肥处理增加比例最大,分别达到 19.5% 和 6.6%。磷酸二铵和钙镁磷肥处理下,再生水灌溉显著增加了茄果含水率;而过磷酸钙处理下,再生水灌溉对茄果含水率的影响不明显。

表 10-1　再生水灌溉对茄子生长及产量的影响

处理		果宽/cm	果长/cm	单果质量/g	产量/(kg/m²)	茄果含水率/%
磷酸二铵	清水	8.24ab	18.36d	188.25c	5.29d	92.2b
	再生水	8.34ab	21.35ab	193.60c	5.51ab	93.6a
钙镁磷肥	清水	8.41a	18.60cd	201.72b	5.32cd	92.8b
	再生水	8.45a	22.23a	216.44a	5.67a	93.7a
过磷酸钙	清水	8.20b	18.05d	188.26c	5.26d	93.0ab
	再生水	8.38ab	20.20bc	196.82bc	5.48bc	93.4a

注:同列相同字母表示在 $p = 0.05$ 水平下差异不显著。

10.2.2 再生水灌溉对茄子营养品质和矿质元素质量浓度的影响

在水源相同时,施用 3 种磷肥对茄子品质的影响相比较,钙镁磷肥处理下茄子的可溶性蛋白、VC、可溶性糖、N、P、K、Ca、Mg 质量浓度最高,施用钙镁磷肥对提高茄子品质有一定的效果(见表 10-2)。与清水灌溉相比,再生水灌溉使施用磷酸二铵和过磷酸钙 2 种磷肥处理下的茄子中可溶性蛋白、VC、可溶性糖质量浓度有降低趋势,而 N、P、K、Ca、Mg 质量浓度有增加趋势,其中磷酸二铵施肥下茄子 N、Ca 质量浓度显著增加,分别增加了 9.0% 和 6.0%。钙镁磷肥处理下,再生水灌溉对 VC、可溶性糖、K 质量浓度影响不明显,但显著降低可溶性蛋白质量浓度并增加了 N、P、Ca、Mg 质量浓度,分别降低和增加 4.2%、7.7%、9.2%、6.9%、8.5%。

表 10-2　再生水灌溉对茄子营养品质和矿质元素质量浓度的影响

处理		可溶性蛋白/(mg/g)	VC/(mg/kg)	可溶性糖/(g/kg)	N/(g/kg)	P/(g/kg)	K/(g/kg)	Ca/(g/kg)	Mg/(g/kg)
磷酸二铵	清水	3.24b	45.51ab	22.20a	21.05c	2.94b	13.52a	2.50c	1.33b
	再生水	3.21b	45.30ab	22.09a	22.94b	3.05b	13.86a	2.65ab	1.39b
钙镁磷肥	清水	3.36a	48.65a	24.31a	23.40b	2.94b	14.11a	2.62b	1.42b
	再生水	3.22b	45.35ab	24.08a	25.21a	3.21a	14.50a	2.80a	1.54a
过磷酸钙	清水	3.18b	46.08a	22.64a	21.08c	2.90b	13.46a	2.62b	1.40b
	再生水	3.18b	43.60b	22.14a	22.44bc	2.96b	13.79a	2.72ab	1.45ab

10.2.3　再生水灌溉对茄子卫生和保健品质的影响

人体摄入较多硝酸盐可能诱发消化系统疾病,而人体硝酸盐的主要吸收途径来源于蔬菜。黄酮具有抗癌、防癌、护肝功效,芦丁是茄子黄酮类物质中特有的一种营养物质,具有改善血液循环的作用。

表 10-3 为再生水灌溉对茄子卫生和保健品质的影响。从表 10-3 可知,在清水或再生水灌溉条件下,施用 3 种磷肥相比,钙镁磷肥处理下茄果硝酸盐质量浓度最低;在对黄酮质量浓度的影响上,3 种磷肥处理的大小顺序为钙镁磷肥>磷酸二铵>过磷酸钙;而对芦丁质量浓度的影响上则是钙镁磷肥>过磷酸钙>磷酸二铵。3 种施肥方式下,再生水灌溉茄果硝酸盐质量浓度均有增加趋势,而黄酮、芦丁质量浓度均有降低趋势,但都没有达到显著水平,其中硝酸盐质量浓度均没有超出国家限量标准(GB 18406.1—2001)600 mg/kg。

表 10-3　再生水灌溉对茄子卫生和保健品质的影响

处理		硝酸盐/(mg/kg)	黄酮/(mg/g)	芦丁/(mg/kg)
磷酸二铵	清水	288.8a	8.46ab	6.25b
	再生水	295.3a	8.40b	6.28b
钙镁磷肥	清水	278.5b	9.88a	6.86a
	再生水	279.2b	9.78a	6.89a
过磷酸钙	清水	288.0a	9.22b	6.56b
	再生水	294.6a	9.14b	6.43ab

10.3　结　论

在同一水质灌溉处理下,和磷酸二铵、过磷酸钙相比,施用钙镁磷肥的小区茄子果长、果宽、单果重、产量和茄果含水率最大,茄果营养品质指标中的可溶性蛋白、VC、可溶性糖、N、P、K、Ca、Mg 质量浓度最高,而且卫生和保健品质指标中的硝酸盐含量最低,而黄酮、芦丁质量浓度最高,钙镁磷肥对提高茄子产量和品质效果较为明显。再生水灌溉显著增加 3 个施肥处理条件下茄子果长和产量,钙镁磷肥处理增加比例最大,分别增加 19.5% 和 6.6%,不同磷肥处理间产量大小顺序为钙镁磷肥>磷酸二铵>过磷酸钙。再生水灌溉使施用磷酸二铵和过磷酸钙两种磷肥处理下的茄子中可溶性蛋白、VC、可溶性糖质量浓度有降低趋势,而 N、P、K、Ca、Mg 质量浓度有增加趋势。钙镁磷肥处理下,再生水灌溉显著降低可溶性蛋白质量浓度,降低了 4.2%并增加了 N、P、Ca、Mg 质量浓度,分别增加了 7.7%、9.2%、6.9%、8.5%。再生水灌溉对 3 种施肥方式下茄子的 3 种卫生和保健品质指标硝酸盐、黄酮、芦丁质量浓度影响均不明显。施用钙镁磷肥能提高茄子产量和品质,再生水灌溉能增加茄子产量,茄果中矿物元素的质量浓度也有增加趋势或显著增加,但可溶性蛋白、VC、可溶性糖质量浓度有所降低,而硝酸盐、黄酮、芦丁质量浓度变化不明显。

第11章 再生水灌溉对黑麦草生长及土壤磷素转化的影响

水资源短缺已成为限制我国农业发展的主要因素之一。解决该问题的关键,一方面是加大节水灌溉,另一方面则应开辟非常规水源,加大对污水的再生利用。再生水是指对污水处理厂出水、工业排水、生活污水等非传统水源进行回收,经适当处理后达到一定水质标准,并在一定范围内重复利用的水资源,是水量稳定、供给可靠的一种潜在水资源。再生水中含有大量盐分、痕量有机污染物和重金属等不利于作物生长和导致土壤质量恶化的污染物,但又含有高量的有机质、P、S 和 Fe 等,能很好地改善土壤理化性质,提高土壤肥力(Rattan et al., 2005)。尤其是对于肥力较低的土壤,再生水是其重要的肥料来源(M. Kiziloglu et al., 2007)。

由于再生水中含有植物生长所需的多种元素,再生水灌溉往往能增加植物的生物量。再生水灌溉下其含有的有害、有益成分共同影响植物的生长。有研究表明再生水灌溉对黄瓜种子萌发有一定的抑制作用,但对黄瓜幼苗生长影响不大(郭道宇 等, 2006)。黄占斌等(2007)、苗战霞等(2007)的研究发现再生水苗期灌溉对玉米的生长也有一定的抑制作用。也有人报道再生水灌溉对小白菜后期生长有明显促进作用,可显著提高小白菜产量(徐应明 等, 2008)。其原因可能是再生水中有害成分对种子萌发、幼苗生长有一定的抑制作用,但在植物生长后期其含有的有益成分在对植物的影响中占了主导作用,促进了植物的生长,增加了生物量。

磷素在土壤中移动性差,施入土壤的磷肥至少有 70%~90% 以不同的磷形态积累在土壤中,难以被当季作物吸收利用(刘建玲和张福锁, 2000)。累积于土壤中的磷的有效利用或其有效性,在很大程度上取决于磷的形态,有关土壤磷形态及其转化始终是土壤化学的研究热点(李中阳 等, 2010;赵吴琼 等, 2007)。不同的施肥、耕作、灌溉等农艺措施都会影响到土壤磷的有效性及其形态转化(Kumar and Dey., 2011;韩艳丽和康绍忠, 2001)。再生水灌溉条件下,除再生水本身所带入的磷素影响磷在植物-土壤系统中的迁移与转化外,其对土壤理化性质的改变也会影响到土壤磷的有效性及其形态转化。再生水灌溉增加植物与土壤磷含量的报道较多(Kalavrouziotis et al., 2008;Kiziloglu et al., 2008;Rattan et al., 2005),但其对土壤中磷形态变化的影响尚少见报道。鉴于此,本章研究在温室条件下,采用盆栽试验种植黑麦草,研究了再生水灌溉对黑麦草生长和土壤磷素有效性及其形态转化的影响,旨在为再生水的合理利用提供科学依据(李中阳 等, 2012c)。

11.1 再生水灌溉试验布置

11.1.1 试验设计

试验于 2011 年 6～9 月在中国农业科学院新乡农业水土环境野外科学观测试验站温室大棚进行,所用土壤取自该试验站内试验地耕层土壤(0～20 cm),其基本性质为:总氮592.9 mg/kg、总磷 634.4 mg/kg、总钾 11.44 mg/kg、pH 为 7.80、有机质 7.73 g/kg。土样风干后过 5 mm 筛,混匀,施基肥 N 200 mg/kg、P 100 mg/kg、K 200 mg/kg。采用直径 18 cm、高度 15 cm 的塑料花盆进行盆栽试验,每盆装土 2.5 kg,灌蒸馏水后保持 60%田间持水量,并在黑暗中放置 1 个月。

试验材料选用购买于市场的黑麦草种子,品种为"泰德"。称取 1.0 g 的黑麦草种子,均匀撒施于土壤表面,然后覆一层薄土。种子发芽出苗后开始进行试验处理,以自来水(clean water,CW)灌溉为对照,分别进行全再生水(reclaimed municipal wastewater,RW)和混合再生水(自来水+再生水,CW+RW,1:1)灌溉处理,每个处理重复 6 次,随机排列。试验所用再生水取于新乡市骆驼湾污水处理厂,其 pH 为 6.60,HCO_3^-、SO_4^{2-}、总氮、总磷、总钾含量分别为 320.8 mg/L、290.4 mg/L、40.0 mg/L、0.824 mg/L、24.42 mg/L,COD<20 mg/L。试验期间每隔 2 d 从污水处理厂取 1 次再生水,每天每盆灌溉清水、再生水水量为100 mL,缓慢加入到塑料花盆底部托盘,让土壤主动将水吸入土壤中。

11.1.2 测定项目与方法

黑麦草生物量测定:黑麦草分为地上部和根系两部分,在生长 55 d 达到成熟收割期时开始采样。先后用自来水和蒸馏水对地上部和根系分别冲洗 3 遍,之后在烘箱 75 ℃下烘 72 h 至恒重,称取干重。

黑麦草 P 含量测定:地上部样品经 H_2SO_4-H_2O_2 消煮,用钼锑抗比色法测总磷含量(鲁如坤,2000)。

土壤 P 组分及有机质、pH 等指标的测定:黑麦草成熟收割时取样,把黑麦草根部抖落的土壤和盆中土壤充分混匀,取少量土样在室内风干。土壤有机磷和无机磷分级测定方法见第 6 章。土壤总磷、速效磷(Olsen 法)、有机质、pH 等指标的测定采用土壤农业化学常规方法(鲁如坤,2000),其中 pH 测定采用的水土比为 2.5:1。

11.1.3 统计分析

采用 SPSS 16.0(SPSS Inc.,Chicago,IL,Version 16.0)对数据进行方差分析,并采用Duncan 多重检验法对各个处理进行差异显著性检验。

11.2 灌溉对黑麦草生长及土壤磷素转化的影响

11.2.1 再生水灌溉对黑麦草生物量的影响

试验结果表明(见表 11-1),相比于对照(CW)处理,混合再生水灌溉(CW+RW)和全再生水灌溉处理(RW)都能显著增加黑麦草地上部和根系的生物量,CW+RW 处理下黑麦草地上部、根系和总生物量在播种 55 d 后分别增加 18.92%、6.42%、17.47%;RW 处理下黑麦草地上部、根系和总生物量增加比例大于 CW+RW 处理,与 CW 相比分别增加 26.79%、10.55%、24.91%。

表 11-1　再生水灌溉对黑麦草生物量的影响　　　　　单位:g/pot

处理	地上部	根系	总生物量
自来水 (CW)	16.65±0.26c	2.18±0.02b	18.83±0.28c
混合再生水 (CW+RW)	19.80±0.62b	2.32±0.05a	22.12±0.65b
全再生水 (RW)	21.11±0.06a	2.41±0.03a	23.52±0.07a

注:同列不同字母表示在 $p<0.05$ 水平下差异显著,下同。

11.2.2 再生水灌溉对黑麦草地上部磷含量及土壤总磷、速效磷含量的影响

相比于对照 CW 处理,CW+RW 和 RW 处理显著增加了黑麦草地上部磷含量(见表 11-2),增幅分别为 8.48% 和 10.93%。黑麦草地上部磷含量在 CW+RW 和 RW 处理间差异不显著。由于黑麦草地上部生物量和磷含量的增加,从土壤中吸收了较多的磷素,CW+RW 和 RW 处理土壤总磷含量有降低趋势,但没有达到显著水平。两个处理都显著增加了土壤速效磷的含量,增幅分别为 29.15%、43.80%。

表 11-2　再生水灌溉对黑麦草地上部磷含量、土壤总磷及速效磷含量的影响

处理	地上部磷/(g/kg)	土壤总磷/(mg/kg)	土壤速效磷/(mg/kg)
自来水 (CW)	6.13±0.21b	679.42±11.80a	15.23±0.43c
混合再生水 (CW+RW)	6.65±0.06a	668.18±9.33a	19.67±1.45b
再生水 (RW)	6.80±0.17a	670.17±10.32a	21.90±0.51a

11.2.3 再生水灌溉对土壤有机磷、无机磷形态的影响

土壤磷组分之间存在一种互相转化的动态平衡,活性较低的磷素能通过这种动态平衡转化为能被作物吸收利用的有效磷。再生水灌溉对土壤总磷及速效磷的影响将会通过对各形态土壤有机磷和无机磷的变化表现出来。表 11-3 为再生水灌溉对土壤有机磷形态的影响。从表 11-3 可知,与对照处理相比,CW+RW 和 RW 处理显著增加了土壤活性有机磷和中活性有机磷,其活性有机磷分别增加到 12.64 mg/kg 和 15.27 mg/kg,增幅分别为 50.30%、81.57%;中活性有机磷分别增加了 7.66% 和 13.68%;中稳性有机磷在两

个处理下分别显著降低 14.06%、17.88%。再生水灌溉对土壤高稳性有机磷含量影响不大。

表 11-3　再生水灌溉对土壤有机磷形态的影响　　　　单位:mg/kg

处理	活性有机磷	中活性有机磷	中稳性有机磷	高稳性有机磷
自来水（CW）	8.41±0.71c	125.73±4.22b	54.33±3.23a	48.25±4.53a
混合再生水（CW+RW）	12.64±1.04b	135.36±4.57a	46.35±4.28b	44.43±4.11a
全再生水（RW）	15.27±0.42a	142.93±2.58a	44.29±4.16b	44.45±4.59a

表 11-4 为再生水灌溉对土壤无机磷形态的影响,分析可知,与对照 CW 处理相比,CW+RW 和 RW 处理显著增加了土壤 Ca_2-P 和 Ca_8-P 的含量,Ca_2-P 含量由对照的 12.90 mg/kg 分别增加到 16.42 mg/kg、15.49 mg/kg,增幅分别为 27.29%、19.38%;Ca_8-P 增幅分别为 19.94%、16.03%。土壤 Ca_2-P 和 Ca_8-P 含量在 CW+RW 和 RW 处理间差异不显著。再生水灌溉对土壤 Al-P 含量影响不大,RW 处理显著降低土壤中 Fe-P 的含量,降幅为 20.96%。

表 11-4　再生水灌溉对土壤无机磷形态的影响　　　　单位:mg/kg

处理	无机磷					
	Ca_2-P	Ca_8-P	Al-P	Fe-P	O-P	$Ca_{10}-P$
自来水（CW）	12.90±1.48b	46.28±4.21b	26.41±1.33a	24.54±2.27b	67.33±4.55a	265.77±11.82a
混合再生水（CW+RW）	16.42±1.15a	55.51±4.33a	24.83±0.78a	20.45±1.81ab	60.07±3.37a	252.43±8.61a
全再生水（RW）	15.49±1.12a	53.62±4.44a	24.47±0.66a	19.22±2.08b	61.42±3.58a	250.67±11.12a

结合表 11-2~表 11-4 可知,再生水灌溉增加了有机磷在全磷中所占的比例,由对照 CW 处理的 33.38% 增加到 CW+RW 处理的 35.68% 以及 RW 处理的 37.99%。

11.2.4　再生水灌溉对土壤有机质及 pH 的影响

再生水灌溉会对土壤有机质含量和 pH 产生较大的影响,而二者是影响土壤磷素有效性的关键因素之一。CW+RW 和 RW 处理显著降低了土壤 pH(见表 11-5),分别由对照 CW 处理的 7.69 降低到 7.37 和 7.13;RW 处理下土壤 pH 显著低于 CW+RW 处理。CW+RW 和 RW 处理能显著增加土壤有机质含量(见表 11-5),分别由对照 CW 处理的 7.32 g/kg 增加到 7.81 g/kg 和 8.04 g/kg,但土壤有机质含量在 CW+RW 和 RW 处理间差异不显著。

表 11-5 再生水灌溉对土壤有机质含量及 pH 的影响

处理	pH	土壤有机质含量/(g/kg)
自来水(CW)	7.69±0.05a	7.32±0.27b
混合水(CW+RW)	7.37±0.03b	7.81±0.10a
再生水(RW)	7.13±0.07c	8.04±0.16a

11.3 讨论与结论

由于再生水在缓解水资源紧缺和提高土壤肥力两方面的积极作用,研究者除研究其含有的有毒有害物质对土壤生态环境造成的影响外,还重点研究了其对植物生长和土壤肥力的影响。一般情况下,再生水灌溉由于含有丰富的养分会增加植物的产量。本章试验结果表明,与自来水灌溉(CW)相比,再生水混合灌溉(CW+RW)和全再生水灌溉(RW)都能显著增加黑麦草地上部和根部的生物量,RW 处理下黑麦草生物量又显著高于 CW+RW 处理。这与很多人的研究结果一致,如徐应明(2008)等发现再生水灌溉对小白菜后期生长有促进作用,可显著提高小白菜产量。李晓娜等(2009)研究发现,与井水灌溉相比,再生水灌溉能增加禾本科牧草产量。再生水灌溉还可显著增加果菜类产量,其中,西红柿、黄瓜分别增产 15.1%、23.6%;茄子、豆角分别增产 60.7%、7.4%(吴文勇 等,2010)。

Al-Nakshabandi 等(1997)对茄子进行再生水灌溉发现,其产量是传统施肥方式下清水灌溉产量的 2 倍。

城市污水中由于地表水水体富营养化,其中含有高量的磷(Kalavrouziotis et al.,2005)。本章试验所用再生水为经污水处理厂处理后的城市污水,其磷含量相对较高,CW+RW 和 RW 处理都显著增加了黑麦草地上部和土壤速效磷含量,但土壤总磷含量变化不大,且有降低趋势。其他研究结果也发现,再生水灌溉能显著增加植物体内的营养元素如 N、P、K、Ca、Mg、Mn 等的含量(Kiziloglu et al.,2008)。Kalavrouziotis 等(2008)发现再生水灌溉能显著增加土壤磷含量。植物从土壤中吸收的磷主要是速效磷,土壤速效磷含量的高低取决于土壤各组分磷之间的比例和转化方向,任何形态土壤磷的变化都会或多或少地引起速效磷含量的波动,而土壤速效磷含量主要取决于土壤中有效性较高的磷组分比例。本章研究发现再生水灌溉显著增加了土壤有机磷组分中活性较高的活性有机磷、中活性有机磷以及无机磷组分中活性较高的 Ca_2-P 和 Ca_8-P,而对活性较低的磷组分影响不大。

土壤有机质含量和 pH 会影响到磷肥的肥效。有机质与土壤无机颗粒通过 Fe、Al 和 Ca 桥键复合,相应地降低了土壤中铁离子、铝离子和钙离子的浓度,减少了这些离子对 P 的固定(熊毅,1979)。Guo 等(2008)也发现,土壤有机质含量增加、pH 降低会显著增加土壤速效磷含量。再生水灌溉能提高土壤肥力,显著增加土壤有机质含量(Kiziloglu et al.,2008;M. Kiziloglu et al.,2007)。再生水灌溉下土壤 pH 的变化往往取决于再生水的酸度(Qishlaqi et al. , 2008)。如 Kiziloglu 等(2008)对花椰菜和红球橄榄灌溉再生水发现了土壤 pH 的降低。Xu 等(2010)的研究结果表明,20 年的长期灌溉导致土壤 pH 显著降低。Rosabal 等(2007)指出土壤 pH 的变化往往是由土壤中阳离子交换或者加入了弱性有机酸造成的,也可能是土壤中原有阳离子的淋洗。本章试验所用再生水 pH 低于土壤,结果发现,再生水混合灌溉(RW+CW)和全再生水灌溉(RW)显著增加了土壤有机质含量,而显著降低了土壤 pH,其中 RW 处理对两个指标影响最大。可见,再生水灌溉除自身所带磷能显著增加土壤供磷能力外,其对土壤环境的影响能显著提高土壤速效磷含量,从而增加植物对磷的吸收。

第 12 章 生物质炭和果胶对再生水灌溉下土壤养分和重金属迁移的影响

生物质炭是农业有机废弃物及其他废弃的生物质材料在厌氧条件下低温热解的产物(Sohi et al.，2010)，由于富含 K、Ca、Mg 和 P 等养分元素及丰富的孔隙结构,可用作土壤改良剂,提高土壤肥力、促进作物生长、修复土壤中重金属、有机污染物等(Novak et al.，2009；徐仁扣，2016)。果胶是一类天然高分子化合物,它主要存在于所有的高等植物中,是植物细胞间质的重要成分。果胶沉积于初生细胞壁和细胞间层,在初生细胞壁中与不同含量的纤维素、半纤维素、木质素的微纤丝以及某些伸展蛋白相互交联,使各种细胞组织结构坚硬,表现出固有的形态,为内部细胞的支撑物质。同时,果胶也是根系分泌物的重要成分(Wang et al.，2015),可以增加土壤有机质含量,对养分和重金属的迁移转化有着重要影响。果胶可为固氮菌提供碳源和能源,其降解产物和发酵产物影响固氮酶的活性,从而影响氮的固定(Khammas and Kaiser，1992)；果胶能与 Ca^{2+}、Mg^{2+} 等阳离子相互作用缓解质子对拟南芥根系的毒害作用(Koyama et al.，2001)。烟草细胞壁果胶提供了 Al 的累积位点,并与 Al 发生络合(Chang et al.，1999)。植物细胞壁的果胶含量可以与硼形成不溶的络合物,并决定了细胞壁对硼的需求量和移动(Hu et al.，1996)。果胶能增强可变电荷土壤(砖红壤和红壤)对 Cu 和 Cd 的吸附,特别是在低 pH 的条件下(Wang et al.，2016b)。果胶能与重金属 Cu 等发生静电吸附和络合作用等,从而影响其在土壤中的活性和移动性(Wang et al.，2015)。果胶主要是通过静电作用引起可变电荷土壤对 Cd 吸附的增加。随着添加量的增加,可变电荷土壤对 Cu 和 Cd 的吸附量明显增加,砖红壤的增加量比红壤的增加量更大。果胶增强了无定形铁铝氢氧化物对 Cu、Cd 的吸附,为果胶促进可变电荷土壤吸附重金属提供了直接证据(Wang et al.，2017a)。果胶使得铝水解产物的晶体结构更加无序,形成了结构中的缺陷,降低了铝水解产物的等电点和表面正电荷,增加了其对 Cu 的吸附,间接证明了果胶促进可变电荷土壤吸附重金属。果胶还会影响动物肠道形态学结构和养分运输(Sigleo et al.，1984)。

再生水灌溉作为一种经济可行的废水循环利用途径,可有效缓解我国北方干旱、半干旱地区农业水资源紧缺的压力。再生水中含有 N、P、K、有机物,但再生水也会向土壤中带入重金属和盐分并逐年累积,存在一定风险(赵全勇 等,2017)。从生物质炭和果胶两种物质的理化性质来看,二者均有可能对土壤养分和重金属的迁移转化起到调控作用。但目前关于生物质炭和果胶对再生水灌溉下土壤-植物系统养分和重金属迁移特征的影响及差异性的研究较少。因此,我们选取新乡市郊区农田土壤为供试土壤,种植玉米,采用根箱试验方法,探讨生物质炭和果胶对再生水灌溉下土壤-植物系统养分和重金属迁移特征的影响及其差异性(刘源 等,2017)。该研究可为再生水的农业安全利用提供理论参考。

12.1　再生水灌溉试验布置

12.1.1　材料

试验土壤和再生水见第5章。生物质炭是由河南省商丘三利新能源有限公司提供的小麦秸秆炭,总碳、总氮、总磷、总钾质量分数分别为625.84 g/kg、5.24 g/kg、0.89 g/kg、44.24 g/kg,阳离子交换量为33.6 mmol/kg,总铜、总锌、总铅分别为26.51 mg/kg、42.50 mg/kg、9.25 mg/kg。该生物质炭可以代表小麦秸秆炭和其他与小麦秸秆炭性质类似的生物质炭。果胶购买自阿拉丁试剂公司,半乳糖醛酸(干基计)量不低于74%。玉米种子为浚单20。试验所用再生水和养殖废水见第5章。

12.1.2　根箱试验

试验根箱、施肥、播种和灌水等见第5章。除了灌溉水源,还设置了添加物这个影响因素,添加物包括生物质炭、果胶、不添加。生物质炭或果胶均按1%的比例与土壤混匀,同时设置不加炭和果胶的处理。

12.1.3　指标测定

土壤和植物性质测定见第5章。

生物质炭和果胶的 zeta 电位采用电泳仪(Zetaplus 90, Brookhaven Instruments Corporation, Holtsville, NY, USA)进行测定,具体方法为:称取0.125 g过0.075 mm筛的生物质炭或果胶于1 000 mL的锥形瓶中,加入500 mL 1 mmol/L NaCl溶液作为支持电解质,超声分散1 h后测定悬液 pH,再把悬液分成5份,用稀 HCl 或者 NaOH 溶液将悬液体系的 pH 调节至4.0~8.0,然后在25 ℃下振荡2 h,根据需要再调节 pH,直至调至悬液体系的 pH,放置24 h后保持恒定时进行 zeta 电位的测定。根据悬液体系的 pH 和 zeta 电位值制作 zeta 电位-pH 曲线。

12.1.4　数据分析及处理方法

采用 SPSS 16.0(SPSS Inc., Chicago, IL, Version 16.0)对数据进行方差分析,并采用Duncan 多重检验法对各个处理进行差异显著性检验。转运系数=叶中元素含量/根中元素含量。

12.2　灌溉后土壤和植物中养分和重金属含量

12.2.1　果胶和小麦秸秆炭的带电特征

以1 mmol/L NaCl 溶液作为支持电解质的0.25 g/L的生物质炭和果胶悬液 pH分别为9.17和4.31,前者呈碱性,后者呈酸性。两者 zeta 电位测定结果如图12-1所示,果胶带负电荷量高于小麦秸秆炭。本章研究使用的土壤带负电荷量已经较高,所以带负电生物质炭和果胶的加入对土壤带负电量影响较小。生物质炭和果胶的性质差异决定了两者在对养分和重金属等在土壤-植物系统的迁移转化中的不同表现。果胶富含半乳糖醛酸和部分发生甲氧基化的半乳糖醛酸,其主要成分是部分甲酯化的 $\alpha-(1,4)-D-$聚半乳糖醛酸。本章供试土壤为恒电荷土壤,这类土壤对有机酸的吸附能力很弱,当有机酸与重金属离子形成络合物后,离子所带的正电荷减小,与土壤之间的吸附亲和力减弱,也就是说有机酸与重金属离子形成可溶性络合物抑制了土壤对重金属的吸附(Harter and Naidu,1995;周东美 等,2002)。生物质炭表面有丰富的羧基和酚羟基等含氧官能团,既可增加土壤表面的负电荷量,增加土壤对重金属的静电吸附量;又可与重金属发生络合反应,增加土壤对重金属的专性吸附量。生物质炭还可以强有力地吸附铵(Kizito et al.,2015)和磷(李楠 等,2013)。生物质炭对 Ca^{2+}、Al^{3+} 等阳离子的吸附作用也避免了这些阳离子与磷产生沉淀,增加了土壤中可提取态磷的量(Gundale and Deluca,2007)。

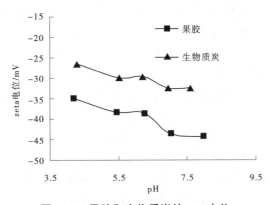

图 12-1 果胶和生物质炭的 zeta 电位

12.2.2 生物质炭和果胶对再生水灌溉植株生物量的影响

与蒸馏水灌溉相比,再生水灌溉抑制了玉米根系的生长(见图 12-2)。再生水灌溉时,对照、生物质炭和果胶处理的根系生物量分别比蒸馏水灌溉时降低了 25.58%、34.19% 和 52.47%。添加生物质炭对根系的生长无显著影响,而在蒸馏水灌溉时添加果胶促使根系比对照显著增加了 53.94%。再生水灌溉也在一定程度上抑制了玉米地上部的生长,对照、生物质炭和果胶处理的根系生物量分别比蒸馏水灌溉时降低了 54.13%、61.87% 和 21.73%。也就是说,再生水灌溉时,添加果胶也促进了地上部的生长,比对照增加了 59.32%;但生物质炭处理的地上部生长与对照相比稍有降低,但无显著差异。总的来说,再生水灌溉条件下,相较于生物质炭,果胶可以促进植株的生长。

12.2.3 生物质炭和果胶对再生水灌溉土壤和植株养分含量的影响

再生水处理各养分含量和蒸馏水处理基本无显著差异(见表 12-1)。再生水灌溉下,与对照相比,生物质炭增加了根际土壤大量元素总氮、总磷、总钾的含量,但无显著差异;果胶也增加了根际土壤总氮、总磷的含量,但无显著差异。两者对土壤中量元素总钙含量

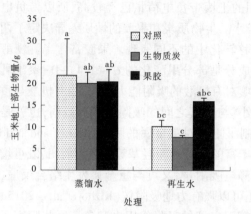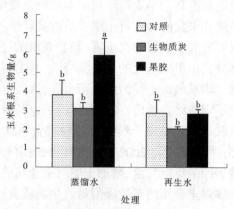

注:图中直方柱上方英文字母不同表示处理间差异显著($p<0.05$)。

图 12-2　生物质炭和果胶对再生水灌溉植株生物量的影响

无显著影响,增加了根际土壤总镁含量,蒸馏水灌溉时生物质炭和果胶处理分别比对照增加了 1.34% 和 5.92%,再生水灌溉时分别增加了 3.90% 和 7.33%($p<0.05$)。对于微量元素有效铁、有效锰来说,生物质炭处理根际土壤两者含量低于对照,蒸馏水处理两者分别比对照降低了 2.84% 和 3.92%,再生水处理分别降低了 5.39% 和 18.41%;果胶增加了两者在根际土壤的含量,蒸馏水处理两者分别比对照增加了 71.31%($p<0.05$)和 89.56%($p<0.05$),再生水处理分别增加了 30.88%($p<0.05$)和 9.44%。生物质炭和果胶的添加对土壤有效阳离子交换量无显著影响。与对照相比,生物质炭对土壤中碱解氮、速效磷含量无显著影响,而果胶增加了两者的含量,且果胶的作用更强。以根际土壤为例,果胶处理土壤碱解氮含量在蒸馏水和再生水灌溉时比对照分别增加了 24.58% 和 12.24%,速效磷含量显著增加($p<0.05$),增加幅度分别达到了 205.21% 和 208.13%。尽管如此,相比于果胶,生物质炭显著提高了土壤速效钾的含量($p<0.05$),蒸馏水和再生水灌溉时根际比对照分别增加了 19.19% 和 42.86%,非根际土壤分别增加了 38.99% 和 42.51%。生物质炭和果胶均增加了土壤有机质含量,且在根际差异显著。生物质炭处理土壤有机质含量在蒸馏水和再生水灌溉时比对照分别增加了 12.82% 和 3.69%,果胶处理分别增加了 16.48% 和 6.69%。

表 12-1　生物质炭和果胶对再生水灌溉土壤养分含量的影响

指标	土壤分区	对照		生物质炭		果胶	
		蒸馏水	再生水	蒸馏水	再生水	蒸馏水	再生水
总氮/ (g/kg)	根际	1.31±0.07a	1.31±0.07a	1.39±0.05a	1.38±0.04a	1.38±0.05a	1.38±0.03a
	非根际	1.20±0.02b	1.30±0.01a	1.32±0.03a	1.30±0.01a	1.28±0.03a	1.26±0.02ab
总磷/ (g/kg)	根际	1.25±0.01a	1.31±0.06a	1.47±0.15a	1.47±0.12a	1.54±0.02a	1.53±0.02a
	非根际	1.37±0.04a	1.43±0.12a	1.40±0.05a	1.37±0.03a	1.48±0.06a	1.48±0.08a
总钾/ (g/kg)	根际	17.96±0.28c	18.59±0.20b	19.13±0.04a	18.87±0.14ab	17.87±0.05c	17.52±0.17c
	非根际	17.92±0.21a	17.81±0.14ab	18.16±0.13a	18.12±0.02a	18.15±0.11a	17.43±0.15b

指标	土壤分区	对照		生物质炭		果胶	
		蒸馏水	再生水	蒸馏水	再生水	蒸馏水	再生水
总钙/(g/kg)	根际	34.69±0.40a	33.49±0.24a	34.56±0.55a	36.31±1.12a	34.84±0.80a	34.49±0.82a
	非根际	34.96±0.64a	35.11±1.63a	35.06±1.14a	36.89±2.02a	33.23±0.53a	36.57±0.40a
总镁/(g/kg)	根际	9.66±0.12bc	9.62±0.10c	9.79±0.13abc	9.99±0.17abc	10.23±0.20ab	10.32±0.15a
	非根际	10.53±0.12a	10.49±0.27a	9.70±0.19ab	10.28±0.47a	8.73±0.32b	8.97±0.31b
有效铁/(mg/kg)	根际	3.43±0.07c	3.48±0.16c	3.33±0.09c	3.30±0.13c	5.87±0.03a	4.56±0.26b
	非根际	2.56±0.08c	2.09±0.30c	2.60±0.09c	2.30±0.00c	5.04±0.07a	4.16±0.44b
有效锰/(mg/kg)	根际	15.80±0.50b	12.56±1.77bc	15.18±1.15bc	10.25±0.20c	29.96±2.82a	13.74±0.56bc
	非根际	7.02±0.93c	7.36±0.26ab	8.01±0.43ab	9.26±0.58a	7.73±0.74ab	9.47±0.60a
ECEC/[cmol(+)/kg]	根际	41.01±0.56ab	39.99±1.60ab	41.63±0.89a	38.31±1.08b	41.25±0.70ab	39.85±0.44ab
	非根际	37.87±8.36a	39.40±1.87a	39.30±1.08a	37.54±1.10a	33.68±0.54a	36.46±0.49a
碱解氮/(mg/kg)	根际	92.81±1.41a	92.81±7.07a	97.03±3.81a	99.94±7.77a	115.62±16.63a	104.16±0.69a
	非根际	79.14±3.77c	86.68±3.77bc	92.75±3.29abc	96.99±1.00ab	109.92±1.66a	103.64±9.30ab
速效磷/(mg/kg)	根际	43.20±2.95b	41.87±0.10b	42.79±1.22b	43.17±1.37b	131.86±3.69a	129.02±6.55a
	非根际	46.96±1.66b	47.57±1.81b	50.33±1.43b	49.70±1.93b	130.21±8.90a	126.73±14.39a
速效钾/(mg/kg)	根际	165.00±5.00cd	175.00±5.00c	196.67±3.33b	250.00±8.66a	153.33±3.33d	156.67±4.41cd
	非根际	265.00±0.00b	272.50±2.50b	368.33±6.01a	388.33±8.82a	231.67±6.67c	268.33±8.33b
有机质/(g/kg)	根际	7.71±0.24b	8.46±0.50b	8.70±0.06a	8.77±0.08a	8.99±0.28a	9.02±0.25a
	非根际	6.87±0.25c	7.27±0.13bc	8.79±0.61ab	8.97±0.72a	8.03±0.06abc	8.08±0.31abc

添加生物质炭和果胶对再生水灌溉植株养分含量的影响如表 12-2 所示。再生水处理植株养分含量和蒸馏水相比基本无显著差异。植株地上部 N、P、K 含量均高于根系。与对照相比,生物质炭处理对植株根、茎和叶中 N 含量无显著影响,果胶处理除再生水灌溉时叶中 N 含量下降不显著外,根、茎、叶中 N 含量在两种水灌溉下均显著下降($p<0.05$)。除蒸馏水灌溉时果胶处理茎中 P 含量显著降低外,生物质炭和果胶的添加对植株 P 含量无显著影响。虽然果胶处理 N、P 含量较低,但再生水灌溉时 N、P 转运系数最高,分别为 1.78 和 2.82;再生水灌溉时生物质炭处理 N、P 转运系数分别为 1.63 和 1.96,对照分别为 1.04 和 1.45。生物质炭和果胶均增加了植株地上部 K 含量;生物质炭处理茎中 K 含量在蒸馏水和再生水灌溉时分别比对照增加了 156.14% 和 138.76%,叶中分别增加了 7.09% 和 53.21%;果胶处理茎中 K 含量在蒸馏水和再生水灌溉时分别比对照增加了 57.61% 和 19.96%,叶中分别增加了 23.34% 和 5.12%。同 N、P 一样,再生水灌溉时果胶处理的 K 转运系数依然最高为 6.14,生物质炭处理和对照的分别为 1.62 和 3.29。Ca 在根中含量最高,而 Mg 在叶片中含量最高。除蒸馏水灌溉时,叶中 Ca 含量显著低于对照外,生物质炭对植株 Ca 含量无显

著影响;而果胶的添加显著降低了植株的 Ca 含量。除蒸馏水灌溉时,叶中 Mg 含量显著低于对照外,生物质炭对植株 Mg 含量无显著影响;果胶对植株 Mg 含量也无显著影响。Fe 和 Mn 主要积累在植株根中。果胶处理植株茎和叶中 Fe、Mn 含量与生物质炭处理的对照无显著差异,但根中 Fe、Mn 含量高于生物质炭处理和对照。在蒸馏水灌溉时,果胶处理根中 Fe 含量分别比生物质炭处理和对照高了 165.29%($p<0.05$)和 91.76%,Mn 含量分别高了 113.01%和 9.91%;再生水灌溉时,根中 Fe 含量分别比生物质炭和对照高了 32.34%和 35.04%,Mn 含量分别高了 54.01%和 17.40%。

表 12-2　生物质炭和果胶对再生水灌溉植株养分含量的影响

处理		N/(g/kg)			P/(g/kg)		
		根	茎	叶	根	茎	叶
对照	蒸馏水	10.52±1.59ab	14.81±0.19a	17.10±0.58a	0.76±0.03a	1.26±0.21a	1.53±0.13a
	再生水	12.32±0.23a	15.10±0.48a	13.15±0.76abc	0.82±0.05a	1.10±0.04a	1.38±0.18a
生物质炭	蒸馏水	12.96±0.37a	13.48±1.12a	14.14±0.83abc	0.93±0.10a	1.05±0.16ab	1.18±0.10a
	再生水	12.68±0.61a	16.59±2.32a	16.08±1.96ab	0.83±0.05a	1.44±0.06a	1.48±0.20a
果胶	蒸馏水	5.69±0.73c	6.40±1.24b	10.36±0.95c	0.68±0.03a	0.67±0.10c	1.39±0.07a
	再生水	8.49±1.54bc	6.98±1.69b	12.68±1.12bc	0.71±0.09a	1.12±0.12a	1.61±0.18a

处理		K/(g/kg)			Ca/(g/kg)		
		根	茎	叶	根	茎	叶
对照	蒸馏水	1.68±0.06bc	3.60±0.53b	7.33±0.55b	18.58±0.50a	11.19±0.19a	12.91±0.00a
	再生水	2.13±0.05abc	5.42±0.65b	7.16±1.60b	18.81±0.11a	11.24±0.46a	12.09±0.91a
生物质炭	蒸馏水	2.48±0.19ab	9.23±4.04ab	7.85±1.35ab	18.55±1.52a	11.35±0.71a	9.20±0.40b
	再生水	2.01±0.29abc	12.95±0.82a	10.97±1.12a	18.85±0.87a	12.82±0.03a	11.58±0.48a
果胶	蒸馏水	2.66±0.36a	5.68±0.94ab	9.04±0.81ab	15.51±0.24b	5.96±0.45c	8.30±0.51bc
	再生水	1.35±0.12c	6.51±1.32ab	7.53±0.29ab	15.48±0.41b	7.81±0.48b	7.16±0.59c

处理		Mg/(g/kg)			Fe/(mg/kg)		
		根	茎	叶	根	茎	叶
对照	蒸馏水	2.73±0.22a	2.89±0.13a	3.55±0.05ab	4 362.82±1 531.08ab	79.62±7.62a	223.14±2.14a
	再生水	3.03±0.11a	2.93±0.08a	3.40±0.06abc	3 254.68±448.19b	74.21±5.89a	236.63±13.08a
生物质炭	蒸馏水	3.07±0.15a	2.91±0.05a	3.10±0.15c	3 153.58±699.26b	98.58±11.14a	182.26±43.24a
	再生水	3.06±0.19a	2.95±0.09a	3.71±0.12a	3 321.04±119.95b	101.84±19.67a	182.26±24.51a

处理		Mg/(g/kg)			Fe/(mg/kg)		
		根	茎	叶	根	茎	叶
果胶	蒸馏水	2.80±0.24a	2.50±0.09a	3.22±0.05bc	8 365.99±970.38a	80.74±11.38a	190.58±3.54a
	再生水	2.88±0.26a	2.92±0.27a	3.44±0.15abc	4 395.09±2 267.18ab	97.70±11.60a	193.65±1.97a

处理		Mn/(mg/kg)		
		根	茎	叶
对照	蒸馏水	170.45±64.34ab	34.55±9.40a	53.25±9.42a
	再生水	131.22±31.11b	24.48±0.37a	46.37±4.09abc
生物质炭	蒸馏水	123.24±23.65b	30.93±1.61a	38.67±3.88bc
	再生水	140.15±8.21ab	25.11±1.23a	39.14±4.73abc
果胶	蒸馏水	262.52±30.19a	23.05±3.00a	50.84±1.63ab
	再生水	154.05±53.73ab	22.34±4.83a	34.70±0.33c

12.2.4 生物质炭和果胶对再生水灌溉土壤和植株重金属含量的影响

再生水中重金属含量较低,所以再生水灌溉条件下根际、非根际土壤重金属含量跟蒸馏水相比基本无明显变化(见表 12-3)。与对照相比,生物质炭降低了有效铜在根际和非根际($p<0.05$)土壤的含量以及根际土壤($p<0.05$)有效镍含量,对土壤有效锌、铅、镉的含量无显著影响。与生物质炭不同的是,果胶显著增加了根际、非根际土壤有效铜、有效铅、有效镍的含量($p<0.05$),以根际土壤为例,土壤有效铜含量在蒸馏水和再生水灌溉时分别比对照增加了 23.15% 和 3.18%,有效铅分别增加了 25.70% 和 22.53%,有效镍分别增加了 35.16% 和 2.72%。

Cu、Zn、Pb、Ni 主要积累在植物根部,Cd 主要积累在叶片中(见表 12-4),这与王兵等(2011)和王宁等(2012)对油菜的研究结果一致。与土壤中有效重金属含量大小相呼应,再生水灌溉与蒸馏水灌溉下植株重金属含量基本无显著差异,果胶处理植物根中几种重金属含量基本最高。以蒸馏水灌溉为例说明,果胶处理根 Cu 含量分别比对照和生物质炭处理增加了 1.56% 和 21.16%,Zn 含量分别增加了 29.32% 和 92.74%($p<0.05$),Pb 含量分别增加了 58.82%($p<0.05$)和 14.61%,Cd 含量分别增加了 34.82% 和 26.86%,Ni 含量分别增加了 75.75%($p<0.05$)和 53.43%($p<0.05$)。与对照相比,生

表 12-3　生物质炭和果胶对再生水灌溉土壤有效重金属含量的影响　单位:mg/kg

处理		Cu/(mg/kg)		Zn/(mg/kg)		Pb/(mg/kg)	
		根际	非根际	根际	非根际	根际	非根际
对照	蒸馏水	2.13±0.01b	2.23±0.03b	1.00±0.03b	0.83±0.04b	1.86±0.04a	1.71±0.04a
	再生水	2.15±0.01b	2.30±0.03b	0.99±0.01b	0.91±0.00b	1.82±0.05a	1.55±0.07a
生物质炭	蒸馏水	2.11±0.04b	2.16±0.04c	1.01±0.14a	0.90±0.01b	1.78±0.07b	1.73±0.05b
	再生水	2.13±0.07b	2.19±0.01bc	0.98±0.02a	0.97±0.01a	1.83±0.05b	1.63±0.00b
果胶	蒸馏水	2.63±0.07a	2.51±0.00a	0.97±0.03a	0.85±0.01cd	2.34±0.01a	2.23±0.02a
	再生水	2.22±0.02b	2.47±0.07a	0.94±0.02a	0.89±0.01bc	2.23±0.08a	2.12±0.13a

处理		Cd/(mg/kg)		Ni/(mg/kg)	
		根际	非根际	根际	非根际
对照	蒸馏水	0.20±0.01bc	0.19±0.01b	0.38±0.00b	0.24±0.00c
	再生水	0.22±0.01a	0.19±0.01b	0.39±0.03b	0.24±0.03c
生物质炭	蒸馏水	0.20±0.00bc	0.18±0.00b	0.32±0.01c	0.24±0.01c
	再生水	0.21±0.00ab	0.21±0.00a	0.28±0.01c	0.26±0.01bc
果胶	蒸馏水	0.20±0.00bc	0.18±0.00b	0.52±0.03a	0.31±0.01ab
	再生水	0.19±0.00c	0.20±0.01a	0.40±0.01b	0.34±0.02a

物质炭处理降低了植株根 Cu、Zn 含量,且在蒸馏水灌溉时 Zn 含量显著差异。虽然果胶处理根中重金属含量高,但是运输到地上尤其是叶子中的重金属含量并不高。再生水灌溉时,对照植株 Cu、Zn、Pb、Cd、Ni 的转运系数分别为 0.72、0.89、1.37、3.29、0.25,生物质炭处理分别为 0.57、0.96、0.70、3.12、0.18,果胶处理分别为 0.60、0.58、0.57、2.07、0.13。

表 12-4 生物质炭和果胶对再生水灌溉植株重金属含量的影响　　单位:mg/kg

处理		Cu			Zn		
		根	茎	叶	根	茎	叶
对照	蒸馏水	15.93±2.68a	5.89±0.31b	11.50±1.50ab	25.87±4.06ab	16.56±0.47a	23.61±1.69a
	再生水	17.40±0.10a	5.96±0.16b	12.50±2.07a	22.75±3.22bc	14.30±0.96a	20.32±2.88ab
生物质炭	蒸馏水	13.35±2.37a	7.70±0.51a	9.80±0.51ab	17.36±1.58c	15.82±1.78a	19.68±0.44ab
	再生水	15.13±0.73a	7.40±0.43a	8.67±0.66b	19.92±0.11bc	16.25±1.02a	19.08±1.38b
果胶	蒸馏水	16.17±1.11a	4.55±0.49b	8.11±1.05b	33.45±3.49a	8.67±0.56b	12.27±0.59c
	再生水	16.87±2.12a	8.59±0.27a	9.87±0.65ab	31.95±0.73a	10.26±0.30b	18.37±0.44b

处理		Pb			Cd		
		根	茎	叶	根	茎	叶
对照	蒸馏水	7.93±2.27c	1.88±0.01c	6.42±0.21ab	0.39±0.02b	0.27±0.05d	1.30±0.17a
	再生水	7.38±3.31bc	1.86±0.02c	8.08±0.06ab	0.41±0.09b	0.22±0.00d	1.32±0.15a
生物质炭	蒸馏水	10.99±1.07abc	2.98±0.06b	6.05±0.92b	0.42±0.10b	0.48±0.01bc	1.19±0.04a
	再生水	12.12±0.85abc	2.78±0.17b	8.35±0.19a	0.47±0.04b	0.55±0.03ab	1.48±0.15a
果胶	蒸馏水	12.59±0.23ab	2.82±0.24b	6.92±0.66ab	0.53±0.04ab	0.40±0.05c	1.39±0.05a
	再生水	13.62±1.50a	4.08±0.14a	7.64±0.42ab	0.73±0.06a	0.65±0.05a	1.49±0.12a

处理		Ni					
		根	茎	叶			
对照	蒸馏水	5.48±0.02b	1.24±0.41a	1.52±0.02a			
	再生水	5.68±0.08b	1.22±0.07a	1.41±0.04a			
生物质炭	蒸馏水	6.28±1.05b	1.01±0.07a	1.09±0.15a			
	再生水	6.07±0.38b	1.06±0.25a	1.05±0.21a			
果胶	蒸馏水	9.63±0.28a	0.89±0.17a	1.17±0.15a			
	再生水	9.93±1.03a	1.46±0.09a	1.35±0.39a			

12.3 讨 论

与蒸馏水灌溉相比,再生水灌溉未对土壤和植株养分及重金属含量有显著影响,这与前人研究结果一致(杨林林 等,2006)。但再生水灌溉增加了土壤 pH 和 EC,这可能是导致玉米生长不良的主要原因。不管是蒸馏水灌溉还是再生水灌溉,果胶处理的玉米生长情况优于生物质炭。生物质炭和果胶性质的差异决定了两者对土壤化学性质和植株养分及重金属影响的差异性。生物质炭和果胶自身作为有机物质,可以增加土壤中养分元素和有机质含量,在这点上,两者是基本一致的;但是果胶对土壤有效养分的增加效果优于生物质炭,果胶对养分的转运能力也优于生物质炭,在增加了土壤有效养分的同时,又提高了养分的利用效率,并生产出了更大的生物量。虽然生物质炭呈碱性,果胶呈酸性,但两者的添加并未引起土壤 pH 的显著变化,可能是由于土壤中碳酸盐的缓冲作用。生物质炭和果胶的添加对土壤电导率均无显著影响,均不会增加土壤发生次生盐碱化的风险。生物质炭富含羧基、酚羟基等含氧官能团,果胶也富含羧基、醛基、羟基等含氧官能团,两者都会和重金属发生静电吸附和络合作用。已有研究表明生物质炭可以有效降低碱性土壤中有效重金属含量(李中阳 等, 2016),这与本章研究结果一致。而已有的关于果胶的研究集中在南方酸性土壤,研究表明,在较低的 pH 条件下,果胶可以增加土壤的负电荷量,增加 $Cu(II)$ 的静电吸附,同时和 $Cu(II)$ 形成络合物并吸附到土壤颗粒表面(Wang et al. , 2015)。但在北方的碱性土壤,果胶很难被土壤颗粒吸附,并与重金属形成络合物增加了土壤中有效重金属的含量,同时也使果胶处理的植物根系积累了较多的重金属。但值得庆幸的是,果胶处理对重金属的转运系数较低,避免了重金属在地上部的积累。果胶趋利避害的优良表现值得进一步研究。但是对于食用根系的作物来说,在北方碱性土壤中添加果胶增加了农产品的安全风险。同时,对于重金属修复植物来说,果胶可能会提高修复效率。根系分泌果胶的能力与其吸收养分和重金属能力之间的关联性有待于我们进一步研究。养分和重金属总量平衡分析对于了解生物质炭和果胶添加对再生水灌溉下养分和重金属迁移特征、摸清养分和重金属的地球化学循环规律具有重要意义,同样有待于我们进一步研究。

12.4 结 论

再生水可作为替代水源缓解农业水资源的紧缺压力。在本章试验条件下,再生水灌溉提高了土壤 pH,增加了土壤盐分,对土壤-植物系统养分和重金属的迁移无显著影响。生物质炭可以增加土壤和植株养分含量,降低土壤有效重金属和植株重金属含量。相比于生物质炭,果胶增加了土壤有效养分的含量,提高了养分的利用效率,增加了土壤有效重金属的含量,降低了重金属从植株根系向地上部的转运,促进了植物的生长。该研究可为再生水、生物质炭和果胶的农业安全利用提供参考。

第13章 生物质炭和果胶对养殖废水灌溉下土壤养分和重金属迁移的影响

生物质炭是有机物质在厌氧环境中经过热解形成的一种不完全燃烧产物,由于其高稳定性、含养分、呈碱性、带负电、高孔隙结构、高吸附容量和含氧官能团(袁金华和徐仁扣,2011),施入土壤后,不仅可以改善土壤的物理、化学性质(Lehmann,2007),增加土壤有机质含量,改变土壤微生态环境(Tong and Xu,2015),促进土壤中有害物的降解及失活(Uones et al,2011;章明奎 等,2016),同时还减少了土壤和蔬菜中的抗生素抗性基因(Ye et al.,2016b)。生物质炭作为一种具有高度稳定性的富碳物质,能将生物质中的碳素锁定,从而避免经微生物分解等途径进入大气,进而起到增汇减排、减少温室气体排放的积极作用(Lehmann,2007)。生物质炭对环境污染物具有强烈的吸附作用,因此在环境领域有着广泛的应用前景。生物质炭可以用来去除废水和污染土壤中的农药、有机溶剂(Jia et al.,2013)和重金属离子(蒋田雨 等,2013)等。生物质炭对 NH_3、CO、SO_2、H_2S 等也具有强大的吸附能力,还能对烟气中的气态 Hg 等也有较强的吸附作用(Klasson et al.,2014)。将生物质炭与肥料复合制备成生物炭基肥料,能减缓肥料养分释放速度,提高农作物对肥料利用率,改善土壤生态,减少农业生产对环境的污染(刘玉学 等,2009)。

如第12章所述,果胶是一种重要的细胞壁多糖,促进细胞壁延长和植物生长,是植物根尖分泌黏液中的一种成分。果胶对土壤养分和重金属的迁移转化也有着重要影响。果胶可为固氮菌提供碳源和能源,其降解产物和发酵产物影响固氮酶的活性,从而影响氮的固定。植物根系分泌的黏液存在于根际土壤中,黏液可与土壤相互作用,从而影响金属、养分等在土壤-植物系统的迁移转化,影响微生物的生长。

我国是农业大国,集约化畜禽养殖业发展迅速,畜禽养殖位居世界第一,养殖场废水数量大,分布广,处理利用率低,而且含有高浓度的 N、P,已成为我国农村面源污染的主要来源之一(黄翔峰 等,2016)。用养殖废水进行灌溉,可以利用其中富含的 N、P 养分,在一定程度上缓解农业水资源紧缺状况。但其中的重金属也会随着灌溉进入农田生态系统和食物链,影响人体健康。因此,本章研究对利用生物质炭和果胶调控灌溉养殖废水中的重金属进行了初步探讨,为养殖废水的农业安全利用提供理论参考(刘源 等,2018a)。

13.1 养殖废水灌溉试验布置

试验土壤和养殖废水同第5章。材料、根箱试验和指标测定见第12章。

13.2 灌溉后土壤和植物中养分和重金属含量

13.2.1 植株生物量

与蒸馏水灌溉相比,养殖废水灌溉抑制了玉米根系的生长(见图 13-1)。养殖废水灌溉时,对照、生物质炭和果胶处理的根系生物量分别比对应的蒸馏水灌溉降低了 38%、23% 和 50%,其中果胶处理达到了显著水平($p<0.05$)。生物质炭处理对根系的生长无显著影响,果胶处理在蒸馏水和养殖废水灌溉时分别比对照增加了 54% 和 25%,且在蒸馏水灌溉时达到了显著水平($p<0.05$)。

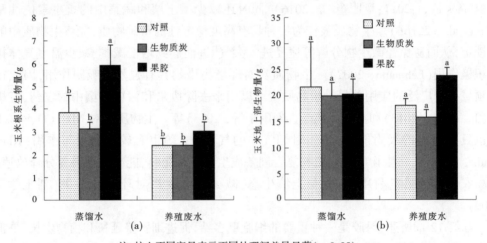

注:柱上不同字母表示不同处理间差异显著($p<0.05$)。

图 13-1 添加生物质炭和果胶对养殖废水灌溉下植株生物量的影响

养殖废水灌溉时,果胶处理地上部生物量比对照增加了 31%,生物质炭处理的地上部与对照相比有所降低。养殖废水灌溉时,生物质炭处理根际土壤电导率增加,而果胶处理降低,这可能是果胶相比于生物质炭能促进植物生长的原因之一。

13.2.2 土壤和植株养分含量

添加生物质炭和果胶对养殖废水灌溉下土壤养分含量的影响如表 13-1 所示。与蒸馏水灌溉相比,养殖废水灌溉均增加了土壤总氮、速效磷、速效钾和有机质含量。以根际土壤为例,在 CK、生物质炭和果胶处理的根际土壤总氮分别比相对应的蒸馏水处理增加了 4.8%、4.8% 和 4.6%,速效磷分别增加了 29%、37%、5.0%,速效钾分别增加了 14%、28% 和 1.1%,有机质分别增加了 22%、1.6% 和 1.1%。相同灌溉下,生物质炭和果胶处理间土壤总氮、ECEC 无显著差异。果胶处理根际土壤的总磷、碱解氮、速效磷、速效铁、有效锰均显著高于生物质炭处理,速效磷、有效铁比生物质炭处理显著高了 136% 和 70%($p<0.05$)。生物质炭处理根际和非根际土壤的总钾和速效钾均高于果胶处理,速效钾含量分别高出 62% 和 35%($p<0.05$)。

表 13-1　添加生物质炭和果胶对养殖废水灌溉下土壤养分含量的影响

处理	总氮/（g/kg）		总磷/（g/kg）		总钾/（g/kg）		速效铁/（mg/kg）		速效锰/（mg/kg）		ECEC/（cmol(+)/kg）		碱解氮/（mg/kg）		速效磷/（mg/kg）		速效钾/（mg/kg）		有机质/（g/kg）	
	R	B	R	B	R	B	R	B	R	B	R	B	R	B	R	B	R	B	R	B
DCK	1.31a	1.20b	1.25b	1.37ab	17.96c	17.92a	3.43a	2.56b	15.80b	7.02b	41.01a	37.87b	92.81a	79.14b	43.20c	46.96c	165.00c	265.00de	7.71a	6.87c
DBio	1.39a	1.32a	1.47ab	1.40ab	19.13ab	18.16a	3.33b	2.60b	15.18b	8.01ab	41.63a	39.30a	97.03a	92.75b	42.79c	50.33b	196.67b	368.33b	8.70a	8.79ab
DPec	1.38a	1.28ab	1.54a	1.48ab	17.87c	18.15a	5.87a	5.04a	29.96a	7.73b	41.25a	33.68a	115.62a	109.92a	131.86a	130.21a	153.33c	231.67e	8.99a	8.03b
WCK	1.37a	1.33a	1.36a	1.50a	18.73ab	17.93a	4.08b	2.51b	17.22b	7.19b	39.78a	39.47a	96.10a	94.07b	55.90bc	60.97b	188.33b	291.67cd	9.38a	8.07b
WBio	1.45a	1.37a	1.33ab	1.31b	18.43b	17.95a	3.59b	2.30b	11.72b	9.62a	39.30a	36.13a	94.85a	89.82bc	58.76b	63.89b	251.67a	411.67a	8.84a	9.40a
WPec	1.45a	1.38a	1.52a	1.45ab	17.52b	17.71a	6.11a	4.77a	16.86b	9.60a	34.98b	37.16a	107.72a	101.76ab	138.51a	131.86a	155.00c	305.00c	9.08a	8.13b

注：R—根际；B—非根际；DCK—蒸馏水灌对照；DBio—蒸馏水灌生物质炭处理；DPec—蒸馏水灌果胶处理；WCK—养殖废水灌溉对照；WBio—养殖废水灌溉生物质炭处理；WPec—养殖废水灌溉果胶处理。同列数据后不同字母表示不同处理间差异显著（$p<0.05$），下同。

表 13-2　添加生物质炭和果胶对养殖废水灌溉下植株养分含量的影响

处理	N/（g/kg）			P/（g/kg）			K/（g/kg）			Ca/（g/kg）			Mg/（g/kg）			Fe/（mg/kg）			Mn/（mg/kg）		
	根	茎	叶	根	茎	叶	根	茎	叶	根	茎	叶	根	茎	叶	根	茎	叶	根	茎	叶
DCK	10.52b	14.81b	17.10a	0.76a	1.26ab	1.53a	1.68bc	7.33b	12.91a	18.58ab	11.19b		2.73a	2.89b	3.55a	4 363b	79.62ab	170.5b	223.1a	34.55a	53.25a
DBio	12.96ab	13.48b	14.14a	0.93a	1.05bc	1.18b	2.48ab	7.85b	9.20b	18.55ab	11.35b		3.07a	2.91ab	3.10a	3 154ab	98.58a	123.2b	182.3a	30.93a	38.67bc
DPec	5.69c	6.40c	10.36b	0.68a	0.67c	1.39ab	2.66a	9.04b	8.30b	15.51b	5.96d		2.80a	2.50c	3.22a	8 366a	80.74ab	262.5a	190.6a	23.05a	50.84ab
WCK	15.76a	15.51b	17.07a	0.94a	1.04bc	1.60a	1.93abc	6.42b	12.47a	19.34a	11.82b		2.96a	2.73bc	3.16a	1 924b	52.25b	98.7b	173.6a	21.52a	37.34cd
WBio	15.84a	20.00a	17.09a	0.90a	1.50a	1.34ab	2.00abc	12.42a	12.18a	18.78ab	16.82a		2.94a	3.23a	3.16a	1 858b	73.47ab	115.7b	168.6a	30.16a	34.33cd
WPec	12.32b	12.53b	15.02a	0.67a	1.11ab	1.44ab	1.44c	7.52b	7.20b	18.01ab	8.06c		2.84a	2.40c	3.02a	2 296ab	94.57a	117.7b	194.9a	20.34a	25.17d

相比于蒸馏水灌溉,养殖废水灌溉增加了植株根茎中 N 含量和 Ca 含量,植株 Mg 含量、植株 Fe 含量、根叶中 P 含量、茎中 K 含量和茎中 Mn 含量无显著差异(见表 13-2)。植株钾素含量整体偏低,可能与本章试验选用的玉米品种有关。养殖废水灌溉的对照植株根、茎中 N 含量分别比蒸馏水灌溉处理增加了 50% 和 4.8%,生物质炭处理分别增加了 22% 和 48%,果胶处理分别增加了 117% 和 96%。与对照相比,生物质炭处理植株 N 含量最高,果胶处理最低,可能是由于果胶不含 N,微生物在利用果胶时需要 N,就与根系产生了竞争作用。除了 N,生物质炭处理的植株根茎 P 含量、茎 K 含量、根茎叶 Ca 含量、根茎 Mg 含量高于加果胶处理。但是养殖废水灌溉时果胶处理叶片中 N、P、Mg 含量并未显著降低,生物质炭处理 N、P、Mg 的转运系数分别为 1.09、1.50 和 1.08,果胶处理分别为 1.23、2.43 和 1.07;蒸馏水灌溉时,生物质炭处理 N、P、Mg 的转运系数分别为 1.09、1.34 和 1.01,果胶处理分别为 1.90、2.03、1.17。根系 Fe 的含量较高,是因为根表形成了 Fe 膜。果胶处理根系的 Fe、Mn 含量高于生物质炭处理,但转运系数低于生物质炭处理。在蒸馏水灌溉和养殖废水灌溉时,果胶处理植株 Fe 的转运系数为 0.02 和 0.09,Mn 的转运系数为 0.20 和 0.23;炭处理植株 Fe 的转运系数为 0.07 和 0.10,Mn 的转运系数为 0.34 和 0.30。

13.2.3　对土壤和植株重金属含量的影响

与蒸馏水灌溉相比,养殖废水灌溉增加了根际和非根际土壤中有效铜和有效锌,尤其是有效锌的含量,对土壤有效铅、有效镉、有效镍无显著影响(见表 13-3)。由于养殖废水中锌含量较高,养殖废水灌溉的土壤有效锌含量也较高,养殖废水灌溉时对照、生物质炭处理和果胶处理根际土壤中有效铜含量分别比蒸馏水灌溉时增加了 24%($p<0.05$)、24%($p<0.05$)和 8.5%,有效锌含量分别增加了 293%($p<0.05$)、295%($p<0.05$)和 281%($p<0.05$)。在蒸馏水灌溉条件下,果胶处理的根际土壤有效铜含量显著高于生物质炭处理和对照($p<0.05$)处理,生物质炭处理的根际土壤有效铜含量低于对照,可能是由于在碱性土壤中果胶与铜形成络合物增加了土壤中有效铜的含量,而生物质炭吸附铜对铜起了固定作用;同样,养殖废水灌溉时,果胶处理根际土壤有效铜含量最高,生物质炭处理最低。在蒸馏水和养殖废水灌溉的非根际土壤中,果胶处理土壤的有效铜含量均显著高于生物质炭处理和对照处理($p<0.05$),生物质炭处理的土壤有效铜含量低于对照处理。果胶和生物质炭的加入对根际和非根际土壤有效锌的含量无显著影响,可能由于锌的吸附能力较弱。从土壤速效磷含量的结果不难发现,果胶处理根际和非根际土壤速效磷含量均高于相应的生物质炭处理和对照处理,说明果胶对土壤磷起到了较好的络合作用。生物质炭和果胶对根际和非根际土壤有效镉的含量无明显影响。在根际土壤中,生物质炭和果胶对土壤中有效镍的影响与铜相似,生物质炭显著降低了土壤有效镍含量($p<0.05$),果胶显著增加了土壤有效镍含量($p<0.05$)。生物质炭和果胶对土壤中不同重金属的影响规律不同,主要受两种物质自身性质(pH、带电量、官能团种类及含量)、重金属与两种物质的络合稳定常数和作用方式等因素影响。以络合能力为例,研究表明酸性土壤中有机质与铜的络合能力大于磷、镉、锌等重金属(Wang et al. , 2015)。

表 13-3　添加生物质炭和果胶对养殖废水灌溉下土壤有效重金属含量的影响　单位:mg/kg

处理	Cu		Zn		Pb	
	R	B	R	B	R	B
DCK	2.13±0.01b	2.23±0.03b	1.00±0.03b	0.83±0.04b	1.86±0.04bc	1.71±0.04b
DBio	2.11±0.04b	2.16±0.04d	1.01±0.04b	0.90±0.01b	1.78±0.07c	1.73±0.05b
DPec	2.65±0.07a	2.88±0.05b	3.94±0.11a	4.13±0.03a	1.99±0.07b	1.64±0.05b
WCK	2.65±0.07a	2.88±0.05b	3.94±0.11a	4.13±0.03a	1.99±0.07b	1.64±0.05b
WBio	2.62±0.06a	2.72±0.06bc	3.99±0.15a	4.01±0.24a	1.81±0.05bc	1.65±0.05b
WPec	2.85±0.19a	3.17±0.16a	3.70±0.72a	4.8±0.03a	2.40±0.09a	2.09±0.14a

处理	Cd		Ni	
	R	B	R	B
DCK	0.20±0.01b	0.19±0.01b	0.38±0.00b	0.24±0.00c
DBio	0.20±0.00b	0.18±0.00b	0.32±0.01c	0.24±0.01c
DPec	0.20±0.00b	0.18±0.00b	0.49±0.02a	0.31±0.01ab
WCK	0.22±0.01a	0.18±0.01b	0.39±0.02b	0.26±0.01bc
WBio	0.19±0.00bc	0.20±0.01a	0.31±0.01c	0.29±0.00bc
WPec	0.18±0.00c	0.19±0.00b	0.47±0.03a	0.36±0.03a

与土壤中有效重金属含量高低基本相呼应,养殖废水灌溉的植株根茎叶中 Cu、Zn、Pb 含量均高于蒸馏水灌溉处理,而对植株 Cd、Ni 含量基本无影响(见表 13-4)。植株 Zn 含量增加最明显,对照处理、生物质炭处理和果胶处理根中 Zn 含量在养殖废水灌溉时分别比蒸馏水灌溉时显著增加了 102%、176% 和 67%($p<0.05$),茎中 Zn 含量分别显著增加了 244%、277% 和 498%($p<0.05$),叶中分别显著增加了 68%、125% 和 293%($p<0.05$)。与对照相比,不管是蒸馏水还是养殖废水灌溉,生物质炭降低了根中 Cu 含量,果胶增加了根中 Cu 含量,根中 Zn 含量也有同样的趋势。对于 Pb、Cd、Ni,在灌溉水源相同时,果胶处理根系重金属含量依然最高,但生物质炭处理和对照相比无显著变化。虽然,生物质炭和果胶造成了植株根系重金属高低不同,转移到植株茎中也各有差异,但是最终转移到叶片中的重金属基本无显著差异,也就是说,果胶促进了重金属在根系的累积,但又有效降低了其向地上部的转运。养殖废水灌溉时,生物质炭处理 Zn、Pb、Cd、Ni 的转运系数分别为 0.94、0.62、2.72、0.23,果胶处理分别为 0.86、0.57、1.94 和 0.14。在土壤中重金属含量差别较小的情况下,生物质炭和果胶对玉米吸收不同重金属的影响规律不同,主要受植株生长情况、根系对不同重金属的吸收转运能力影响。本章研究所选用的玉米品种对植物必需重金属元素 Zn 的吸收和转运能力最强。玉米对重金属有较强的忍耐力,在 Pb、Cd、Ni 这 3 种元素中,对 Pb 的吸收能力最强。

表 13-4 添加生物质炭和果胶对养殖废水灌溉下植株重金属含量的影响 单位:mg/kg

处理	Cu			Zn			Pb		
	根	茎	叶	根	茎	叶	根	茎	叶
DCK	15.93±2.68ab	5.89±0.31bc	11.50±1.50ab	25.87±4.06bc	16.56±0.47b	23.61±1.69b	7.93±2.27b	1.88±0.01c	6.42±0.21a
DBio	13.35±2.37b	7.70±0.51ab	9.80±0.51b	17.36±1.58c	15.82±1.78b	19.68±0.44b	10.99±1.07ab	2.98±0.06b	6.05±0.92a
DPec	16.17±1.11ab	4.55±0.49c	8.11±1.05b	33.45±3.49b	8.67±0.56b	12.27±0.59b	12.59±0.23a	2.82±0.24b	6.92±0.66a
WCK	17.09±0.51ab	6.44±0.34abc	12.21±0.38ab	52.35±2.66a	57.05±1.40a	39.62±7.18a	11.20±1.93ab	2.20±0.18bc	8.34±0.07a
WBio	16.40±1.44ab	8.19±1.39ab	11.61±1.72ab	47.89±6.46a	59.65±8.72a	44.34±4.72a	12.20±1.12ab	3.87±0.48a	7.56±0.55a
WPec	20.50±3.06a	8.89±0.83a	17.54±3.37a	55.99±4.79a	51.80±5.41a	48.19±4.90a	13.96±0.64a	3.93±0.24a	7.95±0.84a

处理	Cd			Ni		
	根	茎	叶	根	茎	叶
DCK	0.39±0.02b	0.27±0.05c	1.30±0.17a	5.48±0.02b	1.24±0.41a	1.52±0.02a
DBio	0.42±0.10b	0.48±0.01a	1.19±0.04a	6.28±1.05b	1.01±0.07a	1.09±0.15a
DPec	0.53±0.04ab	0.40±0.05ab	1.39±0.05a	9.63±0.28a	0.89±0.17a	1.17±0.15a
WCK	0.36±0.09b	0.31±0.05bc	1.16±0.12a	5.49±0.22b	1.23±0.02a	1.56±0.02a
WBio	0.51±0.06ab	0.47±0.03a	1.36±0.04a	5.93±1.03b	1.38±0.46a	1.39±0.27a
WPec	0.73±0.06a	0.50±0.00a	1.39±0.04a	9.11±0.89a	1.40±0.62a	1.16±0.24a

13.3 讨 论

目前,关于养殖废水灌溉条件下养分和重金属在土壤-植物系统迁移转化的研究已有很多（Cheng et al.，2004；Doblinski et al.，2010；戴婷和章明奎，2010；杜会英 等，2016；刘红恩 等，2016；刘艳萍 等，2017a；王卫平 等，2010；武立叶 等，2014），但关于添加生物质炭和果胶对该过程影响的研究较少。与蒸馏水灌溉相比，养殖废水灌溉对植株地上部的生长无显著影响。生物质炭对植株的生长无显著影响，而果胶促进了植株的生长。养殖废水灌溉向土壤中引入了重金属 Cu 和 Zn，这与前人研究结果一致（李晓光，2009）。生物质炭不仅在南方酸性土壤的肥力增加、酸度改良、重金属修复、固碳等方面有优异的表现，也在北方碱性土壤的肥力增加、重金属等污染物修复中表现突出。而关于果胶对土壤中养分和重金属迁移转化的研究不多。有机酸影响土壤和矿物对重金属的吸附量，其影响的方向决定于土壤、矿物和有机酸的性质及反应条件（徐仁扣，2006）。研究表明，果胶可以使砖红壤和红壤表面正电荷降低，负电荷增加，增加其对 Cu 和 Cd 的静电吸附，同时与 Cu 形成表面络合物并被土壤吸附，从而降低了土壤中 Cu 和 Cd 的活性和移动性（Wang et al.，2015；Wang et al.，2016b）。可变电荷土壤和矿物中的情况与恒电荷土壤中的有所不同，一般在酸性条件下，有机酸增强了土壤和矿物对重金属离子的吸附能力，因为这时土壤和矿物对有机酸有很高的吸附容量，有机酸和重金属的协同吸附增加了土壤和矿物对重金属离子的吸附量。但在北方恒电荷土壤中，有机酸的存在反而降低了矿物和土壤对重金属离子的吸附量（周东美 等，2002），因为高 pH 下土壤和矿物对有机酸的吸附量减小，加入体系中的大部分有机酸留在溶液中，这部分有机酸通过与金属离子的络合降低了土壤对其的吸附量。果胶主要与重金属形成可溶性络合物（Chang et al.，1999；Hu et al.，1996；Khammas and Kaiser，1992；Koyama et al.，2001；Wang et al.，2015；Wang et al.，2016b），且果胶具有一定的水溶性，同时很难被恒电荷土壤吸附，因此重金属在土壤中的活性和移动性因果胶的添加而变大。对于养分元素来说，果胶起到了汇的作用，提高了养分的利用率；对于重金属来说，果胶起到了屏障的作用。Zhang 等（2013）研究表明，果胶阻挡了植物病原菌入侵植物体，但又为病原菌提供了养分来源，和本章研究结果有相似之处。有研究表明，果胶的甲基化程度影响植物耐铝毒能力（Eticha et al.，2005），还可以改善肠道功能，促进养分吸收（Sigleo et al.，1984）。所以，果胶对养分和重金属的影响值得我们深入研究。本章研究只使用了 1%的添加量，不同添加量的影响有待进一步研究。同时，果胶存在于大多数原细胞壁中，在陆地植物的非木质部分特别丰富，来源广泛，应用前景广阔。在实际应用中，应综合考虑土壤 pH、电导率、土壤和植株的养分和重金属含量以及植株生物量等因素，在灌溉养殖废水时合理地添加生物质炭或果胶。该研究不仅为养殖废水的农业安全利用提供理论依据，同时为我国北方温带地区以及世界上其他类似地区拟定植物根际污染物阻控和生态环境保护措施提供科学依据，提高我们对养分和重金属离子与果胶、生物质炭之间的相互作用机制的认识，将丰富土壤表面化学和环境化学的理论。

13.4　结　论

在本章试验条件下，养殖废水灌溉植株的生长状况与蒸馏水灌溉无显著差异，但养殖废水灌溉降低了土壤 pH，增加了土壤总氮、速效磷、速效钾和有机质含量，增加了土壤中有效铜和有效锌,尤其是锌的含量。生物质炭可以增加土壤和植株养分含量,降低土壤有效重金属和植株重金属含量。相比于生物质炭,添加果胶降低了土壤电导率,增加了土壤有效养分含量,促进了养分在植物体内的转运,导致土壤有效重金属的含量升高,促进了植株根系对重金属的累积,但降低了重金属从植株根系向地上部的转运,促进了植物的生长。

第 14 章　再生水和养殖废水灌溉下生物质炭和果胶对土壤盐碱化的影响

　　再生水、养殖废水灌溉作为一种经济可行的废水循环利用途径,可有效缓解我国北方干旱半干旱地区农业水资源紧缺的压力(杜会英 等,2016;李中阳 等,2012b)。再生水中含有N、P、K 和有机物,但再生水也会向土壤中带入重金属和盐分并逐年累积,存在一定风险(高军 等,2012)。我国是农业大国,集约化畜禽养殖业发展迅速,畜禽养殖位居世界第一,养殖场废水数量大、分布广、处理利用率低,养殖废水还田可以把其中高浓度的 N、P 加以利用,可在一定程度上缓解农业水资源紧缺状况(石亚楠 等,2015)。废水中的高盐分会随着灌溉进入土壤,导致土壤表层盐分积聚(Kiziloglu et al.,2008)。废水可持续利用的两个限制因素是过量的硝酸根淋溶进入地下水以及引起土壤的盐碱化(Bond,1998)。

　　生物质炭是生物质通过厌氧热解产生的富碳材料,对土壤体积质量、保水能力及微生物多样性、酸度改良、修复重金属和有机物污染等产生有利影响,其用作土壤改良剂以提高作物产量的效果已被广泛证实(袁金华和徐仁扣,2011),但其对北方碱性土壤盐碱化的影响报道较少。果胶是一种重要的细胞壁多糖,促进细胞壁延长和植物生长,是植物根尖黏液中的一种成分,参与土壤中许多重要的反应(Wang et al.,2016b)。植物通过根系吸收土壤溶液中的养分和有效金属,植物根系分泌的黏液存在于根际土壤中,黏液可与土壤相互作用,从而影响金属[Al(Chang et al.,1999)、Cd(Wang et al.,2016b)、Cu(Wang et al.,2015)]、养分[N(Khammas and Kaiser,1992、Ca(Koyama et al.,2001)、B(Hu et al.,1996)]等在土壤–植物系统的迁移转化,影响微生物的生长(Prickett and Miller,1939),但其对土壤盐碱化的影响报道也相对较少。生物质炭和果胶的添加可能会通过影响土壤的盐基离子从而影响土壤的盐碱化,而迄今关于生物质炭和果胶对再生水和养殖废水灌溉下土壤盐碱化影响的研究较少。因此,选取新乡市郊区农田土壤为供试土壤,种植玉米,采用根箱试验方法,探讨生物质炭和果胶对再生水和养殖废水灌溉下土壤盐碱化的影响及其差异性,以期为再生水和养殖废水的农业合理灌溉以及生物质炭和果胶的农业安全利用提供一些科学依据(刘源 等,2018b)。

14.1　再生水和养殖废水灌溉试验布置

　　试验土壤和所用再生水和养殖废水见第 5 章。材料、根箱试验见第 12 章。

　　根据《土壤农业化学分析方法》(鲁如坤,2000),制备 1∶5 土水比浸提液,采用原子吸收分光光度法(HITACHI,Z-5000)测定 Ca^{2+}、Mg^{2+},用火焰光度法(上海傲谱,HP1401)测定 K^+、Na^+,用离子色谱法(THERMO Scientific,DioNEX ICS-900)测定 Cl^-、NO_3^-、SO_4^{2-},用双指示剂中和滴定法测定 HCO_3^-、CO_3^{2-},采用气量法测定碳酸盐。土壤盐分采用离子总和法计算,由于灌溉后土壤 NO_3^- 量相对较高,会造成电解质浓度较高,因此计算的总盐分为

八大离子与 NO_3^- 之和。土壤的碱化度(ESP)为土壤胶体上吸附的交换态 Na^+ 占阳离子交换量的比例,钠吸附比(SAR)为土壤溶液中的 Na^+ 与 Ca^{2+}、Mg^{2+} 之和平方根的比值。

采用 SPSS 16.0(SPSS Inc.,Chicago,IL,Version 16.0)对数据进行方差分析,并采用 Duncan 多重检验法对各个处理进行差异显著性检验。

14.2 灌溉对土壤盐碱化的影响

14.2.1 土壤 pH

再生水和养殖废水灌溉下生物质炭和果胶添加后土壤 pH、电导率和碳酸盐量如表 14-1 所示。从表 14-1 可看出,不同的灌溉水源对土壤 pH 有极显著影响($p<0.01$),而生物质炭或果胶的添加对土壤 pH 无影响。不添加和添加果胶条件下,再生水灌溉的根际土壤 pH 是显著高于蒸馏水灌溉的,可能由于再生水带入的有机氮发生矿化作用引起了 pH 的升高。除添加果胶的再生水灌溉根际土壤 pH 和养殖废水灌溉根际土壤 pH 无显著差异外,再生水灌溉根际和非根际土壤 pH 均显著高于相应的养殖废水灌溉的,增加了 0.12~0.32。养殖废水中铵态氮量很高,在本章试验土壤 pH 条件下,铵态氮很容易进行硝化反应,而硝化反应释放质子会导致土壤 pH 下降(佟德利和徐仁扣,2012),且硝化作用抵消了矿化作用导致的 pH 升高,综合表现为土壤 pH 下降。养殖废水灌溉时,果胶处理根际土壤 pH 显著高于添加生物质炭的,可能原因是养殖废水带入了较多的有机质,生物质炭的 C/N 是 119,而果胶含 C 不含 N,C/N 过大不利于微生物的分解,生物质炭相比于果胶会有利于微生物的分解活动,生物质炭处理在有机氮发生矿化作用后硝化作用也相对活跃。

表 14-1　土壤 pH、电导率和碳酸盐量

灌溉水源	添加物	pH		电导率/(μS/cm)		碳酸盐量/(g/kg)	
		根际	非根际	根际	非根际	根际	非根际
蒸馏水	不添加	8.19±0.01bcd	8.14±0.04a	563±22abc	486±55cd	103.64±0.04a	107.27±4.27a
	生物质炭	8.22±0.01abc	8.15±0.01a	531±37abc	456±22d	110.40±7.40a	103.87±3.42a
	果胶	8.14±0.02d	8.20±0.04a	530±16abc	404±13d	93.47±8.44a	95.91±2.01a
再生水	不添加	8.27±0.02a	8.16±0.02a	653±46ab	772±57a	90.15±22.94a	98.91±0.62a
	生物质炭	8.24±0.02ab	8.12±0.04a	700±72a	814±37a	101.03±5.07a	107.33±1.00a
	果胶	8.23±0.01ab	8.23±0.05a	688±20a	695±46ab	100.14±5.25a	102.68±2.56a
养殖废水	不添加	8.15±0.04cd	8.00±0.04b	502±64bc	588±43bc	104.12±4.33a	98.81±15.22a
	生物质炭	8.07±0.03e	7.89±0.03c	651±95ab	793±39a	116.52±12.73a	102.48±0.63a
	果胶	8.24±0.04ab	7.91±0.02bc	426±23bc	606±29b	99.86±2.47a	87.11±8.59a

续表 14-1

灌溉水源	添加物	pH		EC/(μS/cm)		碳酸盐量/(g/kg)	
		根际	非根际	根际	非根际	根际	非根际
ANOVA results	添加物	0.329	0.127	0.198	0.003	0.224	0.224
	灌溉水源	0.001	0	0.006	0	0.420	0.390
	互作	0.002	0.147	0.215	0.073	0.769	0.759

注:同一指标下同列数据不同字母表示处理间差异显著($p<0.05$),下同。

14.2.2 土壤电导率和碳酸盐

土壤电导率与土壤含盐量有较高的相关性(薛彦东 等,2012),土壤电导率是反映土壤盐渍化的重要指标。土壤碳酸盐主要成分是碳酸钙,对土壤酸碱度、养分状况、土壤胶体性状等有着明显的影响,是土壤分类和用土改土的重要依据之一(鲁如坤,2000)。再生水和养殖废水灌溉下添加生物质炭和果胶后土壤电导率和碳酸盐量如表 14-1 所示。从表 14-1 可看出,再生水和养殖废水灌溉对土壤碳酸盐量无显著影响,生物质炭和果胶的添加对土壤碳酸盐含量也无显著影响。灌溉水源对根际和非根际土壤电导率均有极显著影响($p<0.01$),添加物对非根际土壤电导率有极显著影响($p<0.01$)。与蒸馏水灌溉相比,再生水灌溉增加了根际和非根际土壤电导率,养殖废水灌溉增加了非根际土壤电导率。再生水灌溉的土壤电导率均高于养殖废水灌溉的,这是因为再生水的电导率大于养殖废水的。不加生物质炭和果胶时,再生水灌溉条件下的根际和非根际土壤电导率分别比蒸馏水灌溉条件下的增加了 16.0% 和 58.8%($p<0.05$),养殖废水灌溉条件下的非根际土壤电导率比蒸馏水灌溉条件下的增加了 20.9%。在蒸馏水灌溉时,添加生物质炭或果胶后根际和非根际土壤的电导率均低于不添加的,但无显著性差异。在再生水和养殖废水灌溉时,添加生物质炭后根际和非根际土壤的电导率均高于不添加物质和添加果胶的,这主要是由于生物质炭的添加增加了土壤可溶性 K^+ 和 NO_3^- 的量(见表 14-2)。在养殖废水灌溉条件下,添加生物质炭后非根际土壤电导率显著高于不添加物质的和添加果胶的($p<0.05$),分别高了 34.9% 和 30.9%。在蒸馏水和再生水灌溉条件下,生物质炭和果胶的添加对土壤电导率无显著影响。灌溉水源相同时,添加生物质炭土壤电导率普遍高于添加果胶的,而添加果胶的土壤电导率与不添加物质的无显著性差异。

再生水和养殖废水灌溉条件下添加生物质炭或果胶后土壤盐分离子和总盐分量如表 14-2 所示。从方差分析结果可以看出,再生水和养殖废水灌溉对土壤盐分有显著影响($p<0.05$),且在非根际区达到极显著性水平($p<0.01$);对根际和非根际土壤总盐分、K^+、Na^+、SO_4^{2-}、NO_3^-,以及非根际土壤 Ca^{2+}、Mg^{2+}、Cl^- 有极显著影响($p<0.01$),对根际 Cl^-、HCO_3^- 有显著影响($p<0.05$)。与蒸馏水灌溉相比,再生水灌溉增加了根际和非根际土壤的 Na^+、Mg^{2+}、Cl^-、SO_4^{2-}、NO_3^- 的量,进而增加了土壤总盐分量。以不加添加物为例,再生水灌溉根际和非根际土壤的 Na^+ 的量分别比蒸馏水灌溉土壤高了 267.1%($p<0.05$)和 504.7%($p<0.05$),Mg^{2+} 的量分别高了 2.8% 和 44.1%($p<0.05$),Cl^- 的量分别高了 128.3%

表 14-2　土壤各盐分离子量和总盐分量

灌溉水源	添加物	K⁺/(mg/kg)		Na⁺/(mg/kg)		Ca²⁺/(mg/kg)	
		根际	非根际	根际	非根际	根际	非根际
蒸馏水	不添加	12.25±1.75bcd	41.75±6.75c	51.75±1.25d	32.25±0.25d	381.01±17.40a	296.53±2.43bcd
	生物质炭	15.67±0.83b	55.50±3.01b	55.50±4.25d	33.83±0.93d	323.85±20.69abc	250.25±6.12bcd
	果胶	10.00±0.29cd	22.83±1.20e	174.17±2.20b	125.00±2.89c	241.56±14.90cd	183.38±2.10d
再生水	不添加	14.50±1.00bc	36.50±0.50cd	190.00±17.50b	195.00±12.50b	333.54±13.17ab	316.52±31.02bc
	生物质炭	25.33±2.35a	60.17±3.37b	179.17±15.90b	203.33±4.64b	310.97±37.21abc	315.50±31.83bc
	果胶	8.50±0.58d	31.33±2.13de	246.67±14.81a	264.17±11.67a	273.98±26.70bcd	235.42±43.75cd
养殖废水	不添加	13.33±0.60bcd	40.50±1.53cd	59.17±3.32d	39.67±2.62d	301.14±25.03abcd	358.92±60.71b
	生物质炭	25.67±2.67a	69.50±2.75a	56.67±7.36d	49.50±2.08d	351.39±38.69ab	475.14±45.38a
	果胶	11.00±0.58bcd	38.83±3.94cd	130.83±9.61c	119.17±4.64c	214.72±12.69d	247.50±13.90bcd
ANOVA results	添加物	0	0	0	0	0.001	0.001
	灌溉水源	0.009	0.003	0	0	0.484	0.003
	互作	0.007	0.091	0.039	0.135	0.202	0.122

续表 14-2

灌溉水源	添加物	Mg²⁺/(mg/kg)		Cl⁻/(mg/kg)		SO₄²⁻/(mg/kg)	
		根际	非根际	根际	非根际	根际	非根际
蒸馏水	不添加	50.35±0.05ab	37.47±1.04de	81.32±4.07ab	70.47±6.05d	742.61±19.04ab	393.80±42.41b
	生物质炭	45.47±2.16abc	34.19±1.40de	92.70±19.09ab	67.60±7.74d	581.39±9.16bc	385.63±26.39b
	果胶	35.60±2.15cd	30.04±1.06e	116.11±3.54ab	79.26±2.54d	591.16±22.52bc	434.00±36.61b
再生水	不添加	51.75±0.63ab	54.00±0.98ab	185.67±67.39a	243.00±62.17ab	860.16±48.41a	836.90±20.96a
	生物质炭	47.94±4.59ab	52.13±6.79abc	166.01±44.69a	303.22±51.82a	826.58±108.07a	725.97±49.74a
	果胶	41.06±2.44bcd	40.13±3.80cde	163.25±16.78a	281.64±34.78a	945.34±79.28a	786.23±58.24a
养殖废水	不添加	42.18±4.14abc	46.02±4.06bcd	44.20±8.61b	54.76±18.11d	469.07±96.66c	381.10±43.17b
	生物质炭	52.86±4.91a	59.31±5.46a	132.13±37.73ab	181.05±25.57bc	464.75±74.16c	456.65±47.40b
	果胶	31.24±0.93d	45.25±1.53bcd	166.41±51.50a	102.58±17.43cd	399.95±55.53c	326.30±26.12b
ANOVA results	添加物	0	0.014	0.315	0.080	0.549	0.835
	灌溉水源	0.224	0	0.044	0	0	0
	互作	0.101	0.204	0.335	0.326	0.477	0.123

续表 14-2

灌溉水源	添加物	HCO₃⁻/(mg/kg)		NO₃⁻/(mg/kg)		总盐分/(g/kg)	
		根际	非根际	根际	非根际	根际	非根际
蒸馏水	不添加	347±10a	193±4bc	47.44±34.05b	245.28±56.17cd	1.71±0.03abc	1.31±0.11de
	生物质炭	290±5ab	186±6bc	89.09±13.08b	182.02±22.27cd	1.49±0.06abc	1.20±0.05de
	果胶	212±26c	207±4b	2.65±1.65b	18.23±0.30d	1.38±0.04c	1.10±0.05e
再生水	不添加	285±27ab	189±25bc	108.20±71.10b	283.40±78.68cd	2.03±0.10a	2.15±0.18ab
	生物质炭	245±5bc	174±8bc	177.22±36.67ab	360.40±57.92bc	1.98±0.24ab	2.19±0.18ab
	果胶	198±10c	209±25b	23.94±4.04b	61.82±17.59cd	1.90±0.14abc	1.91±0.17abc
养殖废水	不添加	291±37ab	170±4bc	226.47±113.32ab	624.34±129.24b	1.45±0.18abc	1.71±0.23bcd
	生物质炭	189±9c	144±5c	452.76±127.94a	966.61±125.90a	1.73±0.26abc	2.40±0.25a
	果胶	207±27c	275±29a	247.28±149.78ab	316.22±139.46cd	1.41±0.18bc	1.47±0.13cde
ANOVA results	添加物	0.000	0.000	0.108	0.000	0.399	0.016
	灌溉水源	0.019	0.898	0.004	0.000	0.010	0.000
	互作	0.211	0.011	0.829	0.094	0.692	0.102

和 244.8%($p<0.05$),SO_4^{2-} 的量分别高了 15.8% 和 112.5%($p<0.05$),NO_3^- 的量分别高了 127.4% 和 15.5%,总盐分分别增加了 0.32 g/kg 和 0.84 g/kg($p<0.05$),土壤由轻度盐渍化转为中度盐渍化。而养殖废水灌溉相比于蒸馏水灌溉,非根际土壤的 Ca^{2+}、Mg^{2+}、总盐分有所增加,根际和非根际的 NO_3^- 量均增加,其中 NO_3^- 量增加最明显。在不加生物质炭和果胶处理,养殖废水灌溉根际和非根际土壤的 NO_3^- 分别比蒸馏水灌溉处理高了 377.4% 和 154.5%($p<0.05$)。

生物质炭和果胶的添加对根际和非根际土壤的 K^+、Na^+、Ca^{2+}、HCO_3^- 以及根际土壤 Mg^{2+}、非根际土壤 NO_3^- 有极显著影响($p<0.01$),对非根际土壤 Mg^{2+} 和非根际土壤总盐分有显著影响($p<0.05$)。与不添加物质处理相比,生物质炭增加了土壤的 K^+ 和 NO_3^- 的量。再生水灌溉时,添加生物质炭后根际土壤 K^+ 和 NO_3^- 分别比不添加处理提高了 74.7%($p<0.05$)和 63.4%,非根际土壤分别提高了 64.8%($p<0.05$)和 27.2%。养殖废水灌溉时,添加生物质炭后根际土壤 K^+ 和 NO_3^- 量分别比不添加处理提高了 92.6%($p<0.05$)和 99.9%,非根际土壤分别高了 71.6%($p<0.05$)和 54.8%($p<0.05$)。同时,养殖废水灌溉时,添加生物质炭后非根际土壤的 Ca^{2+}、Mg^{2+}、Cl^-、NO_3^- 量比不添加处理分别显著高了 32.4%、28.9%($p<0.05$)、230.65%($p<0.05$)和 54.8%($p<0.05$)。添加果胶处理与不添加处理相比,增加了根际和非根际土壤 Na^+ 的量,却降低了根际和非根际土壤 K^+、Ca^{2+} 和 Mg^{2+} 的量以及根际土壤 HCO_3^- 的量。以养殖废水灌溉根际土壤为例,添加果胶后根际土壤的 Na^+ 的量比不添加处理的显著增加了 121.1%($p<0.05$),K^+、Ca^{2+}、Mg^{2+} 和 HCO_3^- 的量分别降低了 17.5%、28.7%($p<0.05$)、25.9%($p<0.05$)和 28.9%($p<0.05$)。综合生物质炭和果胶对盐基离子的影响,添加果胶后土壤总盐分量均低于不添加处理,而添加生物质炭后在养殖废水灌溉时非根际土壤总盐分比不添加处理显著高了 40.4%($p<0.05$),其他条件下与不添加处理无显著差异。

14.2.3 土壤钠吸附比和碱化度

土壤的钠吸附比(SAR)和碱化度(ESP)都可以反映土壤的碱化程度,本章试验结果如图 14-1(图中直方柱上方不同英文字母表示处理间差异显著($p<0.05$))所示。

从 ANOVA results(未列出)得知,灌溉水源对 SAR 和碱化度 ESP 有极显著影响($p<0.01$)。与蒸馏水灌溉相比,再生水灌溉显著增加了所有处理根际和非根际土壤的 SAR 和 ESP($p<0.05$),养殖废水灌溉显著降低了果胶处理根际和非根际土壤的 SAR 以及生物质炭和果胶处理非根际土壤的 ESP($p<0.05$),这与土壤水溶性 Na^+ 的变化趋势一致(见表 14-2)。在再生水灌溉条件下,果胶处理根际土壤以及所有处理的非根际土壤 SAR 均超过了 10,土壤已呈碱化状态。虽然再生水灌溉导致土壤 ESP 也显著增加,但未超过 15 这个土壤碱化的临界值。也就是说再生水灌溉相比于养殖废水灌溉有引起土壤碱化的风险。

灌溉水源相同时,果胶的添加显著增加了根际和非根际土壤的 SAR 和 ESP($p<0.05$),而生物质炭的添加对此无显著影响,因为果胶增加了土壤 Na^+ 的量(见表 14-2)。以再生水灌溉根际土壤为例,添加果胶后土壤 SAR 和 ESP 分别比不添加处理显著增加了 43.87% 和 35.11%。果胶的添加使蒸馏水和再生水灌溉的根际土壤 SAR 均超过了 10,土壤呈现碱化。

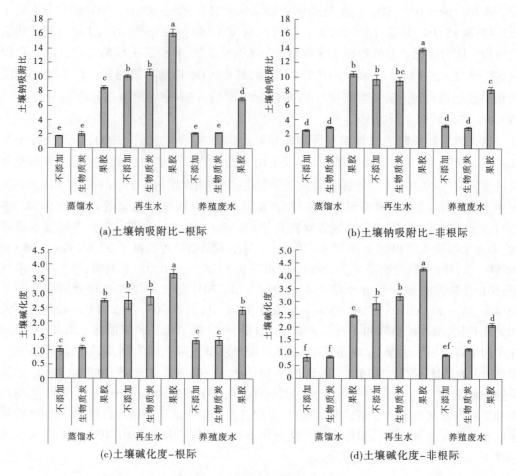

(a)土壤钠吸附比–根际

(b)土壤钠吸附比–非根际

(c)土壤碱化度–根际

(d)土壤碱化度–非根际

图 14-1　土壤钠吸附比和碱化度

14.3　讨　论

　　再生水和养殖废水是农业生产的补充水源,不仅能减少污水的排放量,还能减少对优质水的需求量,是高效利用有限水资源的关键所在(杨林林 等,2006)。然而污水中通常具有较高的含盐量,即使通过处理,其中的盐分仍高于常规水源(侯贤贵 等,2009)。因此,利用再生水和养殖废水进行长期灌溉,尤其在蒸发量较大、降雨较少的地区,有可能导致土壤盐分的累积,进而导致土壤次生盐碱化(Muyen et al. ,2011)。根据估算,每年灌溉 500 mg/L 低含盐量的水 1 000 mm,盐分增加 5 t/(hm² · a)(Bond,1998)。

　　已有研究中生物质炭的加入对土壤盐分的影响主要表现在:①生物质炭具有较强的吸附 Na⁺的能力,从而减少了土壤中可溶性 Na⁺的量(Thomas et al. ,2013);②生物质炭孔隙丰富,比表面积较大,具有较强的保水能力,对土壤盐分有稀释效应,降低了渗透压(Akhtar et al. ,2015a);③生物质炭向土壤中释放 K⁺、Ca²⁺、Mg²⁺,进而降低了 Na⁺的比例,保持了土壤溶液中的养分平衡(Akhtar et al. ,2015b);④生物质炭改善了土壤的孔隙结构、团聚体,降低了土壤体积质量,促进了土壤中盐分的淋洗(Lashari et al.,2013)。本章研究采用根箱,灌溉未起到淋洗作用。蒸馏水灌溉时,添加生物质炭降低土壤电导率和盐分的主要原因是生物质炭降低了土壤中可溶性 Ca^{2+}、Mg^{2+}、SO_4^{2-} 和 HCO_3^- 的量;在再生水灌溉时,生物质炭的添加在降低了土壤中可溶性 Ca^{2+}、Mg^{2+}、SO_4^{2-} 和 HCO_3^- 量的同时,增加了土壤可溶性 K^+ 和 NO_3^- 的量,综合表现为对土壤电导率和盐分基本无显著影响;但在养殖废水灌溉时,土壤电导率和盐分均有所增加,主要原因是土壤中可溶性 K^+、Mg^{2+}、Cl^- 和 NO_3^- 有所增加,尤其是土壤可溶性 NO_3^- 的大幅度增加。再生水和养殖废水灌溉时,生物质炭的添加都增加了土壤可溶性 K^+ 和 NO_3^- 的量,但养殖废水的氮和钾含量高于再生水的,导致养殖废水引入土壤中的氮和钾较多。因此,生物质炭的作用在养殖废水灌溉时效果更明显。生物质炭对土壤盐分表聚的影响效果还与生物质炭添加量密切相关(许健,2016),当添加量较低时(不超过5%),抑制土壤蒸发,降低土壤表层返盐量,当生物质炭量较大时(不小于10%),增强土壤蒸发能力,加剧表层土壤盐碱化的程度;生物质炭对不同可溶性离子积累过程的影响有差异,在本章试验中,生物质炭主要促进了土壤中 K^+ 和 NO_3^- 的积累。

果胶的水溶性低,添加的果胶主要在固相部分,其通过官能团与 K^+、Ca^{2+} 和 Mg^{2+} 结合,从而降低了土壤中水溶态 K^+、Ca^{2+}、Mg^{2+} 的量。而果胶处理土壤水溶性 Na^+ 量显著增加的原因可能是果胶呈酸性,对土壤中的碳酸钙有溶出作用,溶出的 Ca^{2+} 与土壤胶体上的其他阳离子发生交换作用,但 Na^+ 的吸附能力最弱,最终被交换下来。

试验采用根箱试验方法,试验持续时间短,只使用了一种生物质炭,用量只选用了1%,与大田实际情况有差异。因此,要更全面地了解生物质炭和果胶对再生水和养殖废水灌溉下土壤盐碱化的影响及原因,并为生产实践服务,还需进一步研究。

14.4 结　论

与养殖废水灌溉相比,再生水灌溉增加了土壤 pH、EC、盐分、钠吸附比和碱化度,有引起土壤发生次生盐渍化和碱化的风险。添加生物质炭和果胶对土壤 pH 基本无显著影响。与不添加处理相比,添加生物质炭后土壤电导率和盐分在蒸馏水和再生水灌溉时无显著变化,但在养殖废水灌溉时显著增加。灌溉水源相同时,添加果胶后土壤电导率和盐分与不添加处理无显著差异。添加果胶后土壤的钠吸附比和碱化度高于添加生物质炭的和不添加生物质炭的。生物质炭的添加增加了养殖废水灌溉下土壤发生次生盐渍化的风险,而果胶的添加增加了再生水和养殖废水灌溉下土壤发生碱化的风险。

参考文献

Abd El-Halim A, 2013. Impact of alternate furrow irrigation with different irrigation intervals on yield, water use efficiency, and economic return of corn[J]. Chilean Journal of Agricultural Research, 73(2): 175-180.

Akhtar SS, Andersen MN, Liu F, 2015a. Residual effects of biochar on improving growth, physiology and yield of wheat under salt stress[J]. Agricultural Water Management, 158: 61-68.

Akhtar SS, Andersen MN, Naveed M, et al. 2015b. Interactive effect of biochar and plant growth-promoting bacterial endophytes on ameliorating salinity stress in maize[J]. Functional Plant Biology, 42(8): 770-781.

Al-Jassim N, Ansari MI, Harb M, et al. 2015. Removal of bacterial contaminants and antibiotic resistance genes by conventional wastewater treatment processes in Saudi Arabia: Is the treated wastewater safe to reuse for agricultural irrigation? [J]. Water Research, 73: 277-290.

Al-Lahham O, El Assi NM, Fayyad M, 2007. Translocation of heavy metals to tomato (*Solanum lycopersicom* L.) fruit irrigated with treated wastewater[J]. Scientia Horticulturae, 113: 250-254.

Al-Nakshabandi GA, Saqqar MM, Shatanawi MR, et al. 1997. Some environmental problems associated with the use of treated wastewater for irrigation in Jordan[J]. Agricultural Water Management, 34: 81-94.

Aminov RI, Garrigues-Jeanjean N, Mackie RI, 2001. Molecular ecology of tetracycline resistance: Development and validation of primers for detection of tetracycline resistance genes encoding ribosomal protection proteins[J]. Applied and Environmental Microbiology, 67(1): 22-32.

Anderson MJ, Walsh DCI, 2013. PERMANOVA, ANOSIM, and the Mantel test in the face of heterogeneous dispersions: What null hypothesis are you testing? [J] Ecological Monographs, 83(4): 557-574.

Arp DJ, Stein LY, 2003. Metabolism of inorganic N compounds by ammonia-oxidizing bacteria[J]. Critical Reviews in Biochemistry and Molecular Biology, 38(6): 471-495.

Asano T, Tchobanoglous G, 1991. The role of wastewater reclamation and reuse in the USA[J]. Water Science and Technology, 23: 2049-2059.

Aujla MS, Thind HS, Buttar GS, 2007. Fruit yield and water use efficiency of eggplant (*Solanum melongema* L.) as influenced by different quantities of nitrogen and water applied through drip and furrow irrigation[J]. Scientia Horticulturae, 112: 142-148.

Avisar D, Lester Y, Ronen D, 2009. Sulfamethoxazole contamination of a deep phreatic aquifer[J]. The Science of the Total Environment, 407(14): 4278-4282.

Azziz G, Monza J, Etchebehere C, et al. 2017. *nirS*- and *nirK*-type denitrifier communities are differentially affected by soil type, rice cultivar and water management[J]. European Journal of Soil Biology, 78: 20-28.

Bais HP, Weir TL, Perry LG, et al. 2006. The role of root exudates in rhizosphere interactions with plants and other organisms[J]. Annual Review of Plant Biology, 57: 233-266.

Baker-Austin C, Wright MS, Stepanauskas R, et al. 2006. Co-selection of antibiotic and metal resistance[J]. Trends in Microbiology, 14: 176-182.

Bastida F, Torres IF, Romero-Trigueros C, et al. 2017. Combined effects of reduced irrigation and water quality on the soil microbial community of a citrus orchard under semi-arid conditions[J]. Soil Biology and

Biochemistry , 104: 226-237.

Batarseh MI, Rawajfeh A, Ioannis KK, et al. 2011. Treated municipal wastewater irrigation impact on olive trees (*Olea Europaea* L.) at Al-Tafilah, Jordan[J]. Water, Air, and Soil Pollution ,217(1-4): 185-196.

Berger S, Jang I, Seo J, et al. 2013. A record of N_2O and CH_4 emissions and underlying soil processes of Korean rice paddies as affected by different water management practices[J]. Biogeochemistry , 115(1-3): 317-332.

Binh CTT, Heuer H, Kaupenjohann M, et al. 2008. Piggery manure used for soil fertilization is a reservoir for transferable antibiotic resistance plasmids[J]. FEMS Microbiology Ecology , 66: 25-37.

Bogale A, Spreer W, Gebeyehu S, et al. 2016. Alternate furrow irrigation of four fresh-market tomato cultivars under semi-arid condition of Ethiopia-Part I : Effect on fruit yield and quality[J]. Journal of Agriculture and Rural Development in the Tropics and Subtropics , 117(2): 255-268.

Bond WJ, 1998. Effluent irrigation - an environmental challenge for soil science[J]. Australian Journal of Soil Research , 36: 543-555.

Boonsaner M, Hawker DW, 2012. Investigation of the mechanism of uptake and accumulation of zwitterionic tetracyclines by rice (*Oryza sativa* L.)[J]. Ecotoxicology and Environmental Safety ,78: 142-147.

Bowen H, Maul JE, Poffenbarger H, et al. 2018. Spatial patterns of microbial denitrification genes change in response to poultry litter placement and cover crop species in an agricultural soil[J]. Biology and Fertility of Soils ,54: 769-781.

Bowman RA, Cole CV, 1978. An exploratory method for fractionation of organic phosphorus from grassland soils[J]. Soil Science , 125: 95-101.

Bruns MA, Stephen JR, Kowalchuk GA, et al. 1999. Comparative diversity of ammonia oxidizer 16S rRNA gene sequences in native, tilled, and successional soils[J]. Applied and Environmental Microbiology , 65: 2994-3000.

Cai T, Park SY, Li Y, 2013. Nutrient recovery from wastewater streams by microalgae: Status and prospects [J]. Renewable & Sustainable Energy Reviews , 19: 360-369.

Canica M, Manageiro V, Abriouel H, et al. 2019. Antibiotic resistance in foodborne bacteria[J]. Trends in Food Science & Technology , 84: 41-44.

Castellano-Hinojosa A, González-López J, Bedmar EJ, 2018. Distinct effect of nitrogen fertilisation and soil depth on nitrous oxide emissions and nitrifiers and denitrifiers abundance[J]. Biology and Fertility of Soils , 54: 829-840.

Chang YC, Yamamoto Y, Matsumoto H, 1999. Accumulation of aluminium in the cell wall pectin in cultured tobacco (*Nicotiana tabacum* L.) cells treated with a combination of aluminium and iron[J]. Plant Cell and Environment , 22: 1009-1017.

Chanmugathas P, Bollag JM, 1987. Microbial role in immobilization and subsequent mobilization of cadmium in soil suspensions[J]. Soil Science Society of America Journal , 51: 1184-1191.

Chen F, Ying GG, Kong LX, et al. 2011. Distribution and accumulation of endocrine-disrupting chemicals and pharmaceuticals in wastewater irrigated soils in Hebei, China[J]. Environmental Pollution ,159(16): 1490-1498.

Chen H, Mothapo NV, Shi W, 2015a. Soil moisture and pH control relative contributions of fungi and bacteria to N_2O production[J]. Microbial Ecology , 69(1): 180-191.

Chen WL, Yu SY, Liu SY,et al. 2023. Using HRMS fingerprinting to explore micropollutant contamination in soil and vegetables caused by swine wastewater irrigation[J]. Science of The Total Environment, 862: 160830.

Chen W, Lu S, Pan N,et al. 2013. Impacts of long-term reclaimed water irrigation on soil salinity accumulation in urban green land in Beijing[J]. Water Resources Research, 49: 7401-7410.

Chen W, Lu S, Pan N,et al. 2015b. Impact of reclaimed water irrigation on soil health in urban green areas [J]. Chemosphere, 119: 654-661.

Cheng J, Shearin T E, Peet M M, et al. 2004. Utilization of treated swine wastewater for greenhouse tomato production[J]. Water Science and Technology, 50: 77-82.

Cheng W, Li J, Wu Y, et al. 2016. Behavior of antibiotics and antibiotic resistance genes in eco-agricultural system: A case study[J]. Journal of Hazardous Materials, 304: 18-25.

Chi YB, Yang PL, Ren SM,et al. 2020. Finding the optimal fertilizer type and rate to balance yield and soil GHG emissions under reclaimed water irrigation[J]. Science of the Total Environment, 729(C): 138-154.

Christou A, Aguera A, Maria Bayona J, et al. 2017. The potential implications of reclaimed wastewater reuse for irrigation on the agricultural environment: The knowns and unknowns of the fate of antibiotics and antibiotic resistant bacteria and resistance genes - A review[J]. Water Research, 123: 448-467.

Christou A, Papadavid G, Dalias P, et al. 2019. Ranking of crop plants according to their potential to uptake and accumulate contaminants of emerging concern[J]. Environmental Research, 170: 422-432.

Cui BJ, Hu C, Fan XY, et al. 2020. Changes of endophytic bacterial community and pathogens in pepper (*Capsicum annuum* L.) as affected by reclaimed water irrigation[J]. Applied Soil Ecology, 156: 103-127.

Cui EP, Gao F, Liu Y, et al. 2018. Amendment soil with biochar to control antibiotic resistance genes under unconventional water resources irrigation: Proceed with caution[J]. Environmental Pollution, 240: 475-484.

Cui EP, Fan XY, Li ZY, et al. 2019. Variations in soil and plant-microbiome composition with different quality irrigation waters and biochar supplementation[J]. Applied Soil Ecology, 142: 99-109.

D'Costa VM, McGrann KM, Hughes DW,et al. 2006. Sampling the antibiotic resistome[J]. Science, 311: 374-377.

Dabach S, Shani U, Lazarovitch N,2016. The influence of water uptake on matric head variability in a drip-irrigated root zone[J]. Soil and Tillage Research, 155: 216-224.

De Boer W, Kowalchuk GA,2001. Nitrification in acid soils: micro-organisms and mechanisms[J]. Soil Biology and Biochemistry, 33: 853-866.

DeCrappeo NM, DeLorenze EJ, Giguere AT,et al. 2017. Fungal and bacterial contributions to nitrogen cycling in cheatgrass-invaded and uninvaded native sagebrush soils of the western USA[J]. Plant and Soil, 416: 271-281.

Deng S, Yan X, Zhu Q,et al. 2019. The utilization of reclaimed water: Possible risks arising from waterborne contaminants[J]. Environmental Pollution, 254: 113-120.

Dhariwal A, Chong J, Habib S, et al. 2017. MicrobiomeAnalyst: a web-based tool for comprehensive statistical, visual and meta-analysis of microbiome data[J]. Nucleic Acids Research, 45: 180-188.

Di HJ, Cameron KC, Shen JP, et al. 2010. Ammonia-oxidizing bacteria and archaea grow under contrasting soil nitrogen conditions[J]. FEMS Microbiology Ecology, 72: 386-394.

Doblinski AF, Sampaio SC, da Silva VR, et al. 2010. Nonpoint source pollution by swine farming wastewater in bean crop[J]. Revista Brasileira De Engenharia Agricola E Ambiental , 14: 87-93.

Dong L F, Smith C J, Papaspyrou S, et al. 2009. Changes in benthic denitrification, nitrate ammonification, and anammox process rates and nitrate and nitrite reductase gene abundances along an estuarine nutrient gradient (the Colne Estuary, United Kingdom)[J]. Applied and Environmental Microbiology , 75: 3171-3179.

Dong X, Reddy GB, 2012. Ammonia-oxidizing bacterial community and nitrification rates in constructed wetlands treating swine wastewater[J]. Ecological Engineering , 40: 189-197.

Du J, Ren H, Geng J, et al. 2014. Occurrence and abundance of tetracycline, sulfonamide resistance genes, and class 1 integron in five wastewater treatment plants[J]. Environmental Science and Pollution Research , 21: 7276-7284.

Du T S, Kang S Z, Yan B Y, et al. 2013. Alternate furrow irrigation: A practical way to improve grape quality and water Use efficiency in arid northwest China[J]. Journal of Integrative Agriculture , 12: 509-519.

Du Z, Chen X, Qi X, et al. 2016. The effects of biochar and hoggery biogas slurry on fluvo-aquic soil physical and hydraulic properties: a field study of four consecutive wheat-maize rotations[J]. Journal of Soils and Sediments , 16: 2050-2058.

Elgallal M, Fletcher L, Evans B ,2016. Assessment of potential risks associated with chemicals in wastewater used for irrigation in arid and semiarid zones: A review[J]. Agricultural Water Management ,177: 419-431.

Elifantz H, Kautsky L, Mor-Yosef M, et al. 2011. Microbial Activity and Organic Matter Dynamics During 4 Years of Irrigation with Treated Wastewater[J]. Microbial Ecology , 62: 973-981.

Erel R, Eppel A, Yermiyahu U, et al. 2019. Long-term irrigation with reclaimed wastewater: Implications on nutrient management, soil chemistry and olive (Olea europaea L.) performance[J]. Agricultural Water Management , 213: 324-335.

Eticha D, Stass A, Horst WJ, 2005. Cell-wall pectin and its degree of methylation in the maize root-apex: significance for genotypic differences in aluminium resistance[J]. Plant, Cell & Environment , 28: 1410-1420.

Fahrenfeld N, Ma Y, O'Brien M, et al. 2013. Reclaimed water as a reservoir of antibiotic resistance genes: distribution system and irrigation implications[J]. Frontiers in Microbiology , 4: 130.

Faldynova M, Pravcova M, Sisak F, et al. 2002. Evolution of Antibiotic Resistance in Salmonella enterica Serovar Typhimurium Strains Isolated in the Czech Republic between 1984 and 2002[J]. Antimicrobial Agents and Chemotherapy ,47: 2002-2005.

Fan J, Hill L, Crooks C, et al. 2009. Abscisic acid has a key role in modulating diverse plant-pathogen interactions[J]. Plant Physiology ,150: 1750-1761.

Ferro G, Guarino F, Cicatelli A, et al. 2017. β-lactams resistance gene quantification in an antibiotic resistant Escherichia coli water suspension treated by advanced oxidation with UV/H$_2$O$_2$[J]. Journal of Hazardous Materials , 323: 426-433.

Fierer N, Bradford MA, Jackson RB, 2007. Toward an ecological classification of soil bacteria[J]. Ecology , 88: 1354-1364.

Nations F, Mateo-Sagasta J, 2013. The state of the world's land and water resources for food and agriculture: managing systems at risk[M], New York: Taylor & Francis.

Francis CA, Roberts KJ, Beman JM, et al. 2005. Ubiquity and diversity of ammonia-oxidizing archaea in water columns and sediments of the ocean[J]. Proceedings of the National Academy of Sciences of the United States of America , 102: 14683-14688.

Gallego-Schmid A, Tarpani RRZ, 2019. Life cycle assessment of wastewater treatment in developing countries: A review[J]. Water Research ,153: 63-79.

Gao B, Huang T, Ju X, et al. 2018. Chinese cropping systems are a net source of greenhouse gases despite soil carbon sequestration[J]. Global Change Biology , 24: 5590-5606.

Geets J, de Cooman M, Wittebolle L, et al. 2007. Real-time PCR assay for the simultaneous quantification of nitrifying and denitrifying bacteria in activated sludge[J]. Applied Microbiology and Biotechnology , 75: 211-221.

Ghosh S, LaPara TM, 2007. The effects of subtherapeutic antibiotic use in farm animals on the proliferation and persistence of antibiotic resistance among soil bacteria[J]. The ISME Journal , 1: 191-203.

Gillings MR, Krishnan S, Worden PJ, et al. 2008. Recovery of diverse genes for class 1 integron-integrases from environmental DNA samples[J]. FEMS Microbiology Letters , 287: 56-62.

Gootz TD, Marra A, 2008. Acinetobacter baumannii: an emerging multidrug-resistant threat [J]. Expert Review of Anti Infective Therapy, 6: 309-25.

Graterol YE, Eisenhauer DE, Elmore RW, 1993. Alternate-furrow irrigation for soybean production[J]. Agricultural Water Management , 24: 133-145.

Gravuer K, Eskelinen A, 2017. Nutrient and rainfall additions shift phylogenetically estimated traits of soil microbial communities[J]. Frontiers in Microbiology , 8:1271-1286.

Grimes DW, Walhood VT, Dickens WL, 1968. Alternate-furrow irrigation for San Joa-quin Valley cotton[J]. California Agriculture , 22: 4-6.

Gu X, Xiao Y, Yin S, et al. 2019. Impact of long-term reclaimed water irrigation on the distribution of potentially toxic elements in soil: An in-situ experiment study in the North China plain[J]. International Journal of Environmental Research and Public Health, 16(4):649-660.

Gundale MJ, Deluca TH, 2007. Charcoal effects on soil solution chemistry and growth of Koeleria macrantha in the ponderosa pine/Douglas-fir ecosystem[J]. Biology and Fertility of Soils , 43: 303-311.

Guo SL, Dang TH, Hao MD,2008. Phosphorus changes and sorption characteristics in a calcareous soil under long-term fertilization[J]. Pedosphere , 18: 248-256.

Guo W, Qi X, Xiao Y, et al. 2018. Effects of reclaimed water irrigation on microbial diversity and composition of soil with reducing nitrogen fertilization[J]. Water,10(4):365-372.

Gwenzi W, Munondo R, 2008. Long-term impacts of pasture irrigation with treated sewage effluent on nutrient status of a sandy soil in Zimbabwe[J]. Nutrient Cycling in Agroecosystems , 82: 197-207.

Hamscher G, Pawelzick HT, Höper H, et al. 2005. Different behavior of tetracyclines and sulfonamides in sandy soils after repeated fertilization with liquid manure[J]. Environmental Toxicology and Chemistry,24: 861-868.

Han B, Ye X, Li W, et al. 2017. The effects of different irrigation regimes on nitrous oxide emissions and influencing factors in greenhouse tomato fields[J]. Journal of Soils and Sediments ,17: 2457-2468.

Han K, Zhou C, Wang L,et al. 2014. Effect of Alternating Furrow Irrigation and Nitrogen Fertilizer on Nitrous Oxide Emission in Corn Field[J]. Communications in Soil Science and Plant Analysis , 45: 592-608.

Hart SC, Stark JM, Davidson EA, et al. 1994. Mineralization, Immobilization, and Nitrification[J]. Methods of Soil Analysis, 985-1018.

Henry S, Bru D, Stres B, et al. 2006. Quantitative Detection of the *nosZ* Gene, Encoding Nitrous Oxide Reductase, and Comparison of the Abundances of 16S rRNA, *narG*, *nirK*, and *nosZ* Genes in Soils[J]. Applied and Environmental Microbiology, 72(8): 5181-5189.

Heuer H, Focks A, Lamshöft M, et al. 2008. Fate of sulfadiazine administered to pigs and its quantitative effect on the dynamics of bacterial resistance genes in manure and manured soil [J]. Soil Biology and Biochemistry, 40:1892-1900.

Heuer H, Schmitt H, Smalla K, 2011. Antibiotic resistance gene spread due to manure application on agricultural fields[J]. Current Opinion in Microbiology, 14: 236-243.

Heuer H, Smalla K, 2007. Manure and sulfadiazine synergistically increased bacterial antibiotic resistance in soil over at least two months[J]. Environmental Microbiology, 9: 657-666.

Hou H, Yang S, Wang F, et al. 2016. Controlled irrigation mitigates the annual integrative global warming potential of methane and nitrous oxide from the rice-winter wheat rotation systems in Southeast China[J]. Ecological Engineering, 86: 239-246.

Hsiao TC, Lin AYC, Lien WC, et al. 2020. Size distribution, biological characteristics and emerging contaminants of aerosols emitted from an urban wastewater treatment plant [J]. Journal of Hazardous Materials, 388: 1218-1226.

Hu HW, Chen D, He JZ, 2015. Microbial regulation of terrestrial nitrous oxide formation: understanding the biological pathways for prediction of emission rates[J]. FEMS Microbiology Reviews, 39: 729-749.

Hu HN, Brown PH, Labavitch JM, 1996. Species variability in boron requirement is correlated with cell wall pectin[J]. Journal of Experimental Botany, 47: 227-232.

Hu Y, Wu W, Xu D, et al. 2021. Occurrence, uptake, and health risk assessment of nonylphenol in soil-celery system simulating long-term reclaimed water irrigation[J]. Journal of Hazardous Materials, 406: 124-133.

Hu Y, Wu W, Xu D, et al. 2020. Variation of Polycyclic Aromatic Hydrocarbon (PAH) Contents in The Vadose Zone and Groundwater under Long-Term Irrigation Using Reclaimed Water [J]. Irrigation and Drainage, 69: 138-148.

Huang X, Liu C, Li K, et al. 2015. Performance of vertical up-flow constructed wetlands on swine wastewater containing tetracyclines and tet genes[J]. Water Research, 70: 109-117.

Huang XQ, Liu LL, Wen T, et al. 2016. Changes in the soil microbial community after reductive soil disinfestation and cucumber seedling cultivation[J]. Applied Microbiology and Biotechnology, 100: 5581-5593.

Hung HW, Daniel S G, Lin TF, et al. 2009. The organic contamination level based on the total soil mass is not a proper index of the soil contamination intensity[J]. Environmental Pollution, 157: 2928-2932.

Ji X, Shen Q, Liu F, et al. 2012. Antibiotic resistance gene abundances associated with antibiotics and heavy metals in animal manures and agricultural soils adjacent to feedlots in Shanghai; China [J]. Journal of Hazardous Materials, 235-236: 178-185.

Jia M, Wang F, Bian Y, et al. 2013. Effects of pH and metal ions on oxytetracycline sorption to maize-straw-derived biochar[J]. Bioresource Technology, 136: 87-93.

Jones DL, Edwards-Jones G, Murphy DV, 2011. Biochar mediated alterations in herbicide breakdown and leaching in soil[J]. Soil Biology and Biochemistry, 43: 804-813.

Joy SR, Bartelt-Hunt SL, Snow DD, et al. 2013. Fate and Transport of Antimicrobials and Antimicrobial Resistance Genes in Soil and Runoff Following Land Application of Swine Manure Slurry[J]. Environmental Science & Technology, 47: 12081-12088.

Kalavrouziotis IK, Kanatas PI, Papadopoulos AH, et al. 2005. Effects of municipal reclaimed wastewater on the macro and microelement status of soil and plants[J]. Fresenius Environmental Bulletin, 14: 1050-1057.

Kalavrouziotis IK, Robolas P, Koukoulakis PH, et al. 2008. Effects of municipal reclaimed wastewater on the macro- and micro-elements status of soil and of Brassica oleracea var. Italica, and B-oleracea var. Gemmifera [J]. Agricultural Water Management, 95: 419-426.

Kama R, Liu Y, Song J, et al. 2023. Treated livestock wastewater irrigation is safe for maize (*Zea mays*) and Soybean (*Glycine max*) intercropping system considering heavy metals migration in soil -Plant System[J]. International Journal of Environmental Research and Public Health, 20(4):3345-3354.

Kampouris ID, Agrawal S, Orschler L, et al. 2021. Antibiotic resistance gene load and irrigation intensity determine the impact of wastewater irrigation on antimicrobial resistance in the soil microbiome[J]. Water Research, 193:116-118.

Kang MS, Kim SM, Park SW, et al. 2007. Assessment of reclaimed wastewater irrigation impacts on water quality, soil, and rice cultivation in paddy fields[J]. Journal of Environmental Science and Health, Part A. Toxic/hazardous Substances & Environmental Engineering, 42(4): 439-445.

Kang S, Liang Z, Pan Y, et al. 2000a. Alternate furrow irrigation for maize production in an arid area[J]. Agricultural Water Management, 45: 267-274.

Kang S, Zhang J, 2004. Controlled alternate partial root-zone irrigation: its physiological consequences and impact on water use efficiency[J]. Journal of Experimental Botany, 55: 2437-2446.

Kang SZ, Shi P, Pan YH, et al. 2000b. Soil water distribution, uniformity and water-use efficiency under alternate furrow irrigation in arid areas[J]. Irrigation Science, 19: 181-190.

Kelley KR, Stevenson FJ, 1995. Forms and nature of organic N in soil[J]. Fertilizer Research, 42: 1-11.

Kelsic ED, Zhao J, Vetsigian K, et al. 2015. Counteraction of antibiotic production and degradation stabilizes microbial communities[J]. Nature, 521: 516-519.

Khammas KM, Kaiser P, 1992. Pectin decomposition and associated nitrogen fixation by mixed cultures of Azospirillum and Bacillus species[J]. Canadian Journal of Microbiology, 38: 794-797.

Kim HK, Jang TI, Kim SM, et al. 2015. Impact of domestic wastewater irrigation on heavy metal contamination in soil and vegetables[J]. Environmental Earth Sciences, 73: 2377-2383.

Kim SW, Fushinobu S, Zhou S, et al. 2010. The possible involvement of copper-containing nitrite reductase (*nirK*) and flavohemoglobin in denitrification by the fungus Cylindrocarpon tonkinense [J]. Bioscience, Biotechnology, and Biochemistry, 74: 1403-1407.

Kiziloglu FM, Turan M, Sahin U, et al. 2008. Effects of untreated and treated wastewater irrigation on some chemical properties of cauliflower (*Brassica olerecea* L. var. botrytis) and red cabbage (*Brassica olerecea* L. var. rubra) grown on calcareous soil in Turkey[J]. Agricultural Water Management, 95: 716-724.

Kizito S, Wu S, Kirui WK, et al. 2015. Evaluation of slow pyrolyzed wood and rice husks biochar for adsorption of ammonium nitrogen from piggery manure anaerobic digestate slurry[J]. Science of the Total Environment , 505:102-112.

Klasson KT, Boihem LL, Uchimiya M, et al. 2014. Influence of biochar pyrolysis temperature and post-treatment on the uptake of mercury from flue gas[J]. Fuel Processing Technology , 123: 27-33.

Klay S, Charef A, Ayed L, et al. 2010. Effect of irrigation with treated wastewater on geochemical properties (saltiness, C, N and heavy metals) of isohumic soils (Zaouit Sousse perimeter, Oriental Tunisia) [J]. Desalination ,253:180-187.

Klein EY, Van Boeckel TP, Martinez EM, et al. 2018. Global increase and geographic convergence in antibiotic consumption between 2000 and 2015[J]. Proceedings of the National Academy of Sciences of the United States of America , 115: 3463-3470.

Kobayashi M, Shoun H, 1995. The Copper-containing Dissimilatory Nitrite Reductase Involved in the Denitrifying System of the Fungus Fusarium oxysporum[J]. Journal of Biological Chemistry , 270: 4146-4151.

Könneke M, Bernhard AE, de la Torre JR, et al. 2005. Isolation of an autotrophic ammonia-oxidizing marine archaeon[J]. Nature ,437: 543-546.

Koyama H, Toda T, Hara T, 2001. Brief exposure to low-pH stress causes irreversible damage to the growing root in Arabidopsis thaliana: pectin-Ca interaction may play an important role in proton rhizotoxicity[J]. Journal of Experimental Botany , 52: 361-368.

Krauss M, Krause HM, Spangler S, et al. 2017. Tillage system affects fertilizer-induced nitrous oxide emissions [J]. Biology and Fertility of Soils , 53: 49-59.

Kuczynski J, Liu Z, Lozupone C, et al. 2010. Microbial community resemblance methods differ in their ability to detect biologically relevant patterns[J]. Nature Methods ,7: 813-819.

Kumar K, Gupta SC, Baidoo SK, et al. 2005. Antibiotic Uptake by Plants from Soil Fertilized with Animal Manure[J]. Journal of Environmental Quality ,34: 2082-2085.

Kumar S, Dey P, 2011. Effects of different mulches and irrigation methods on root growth, nutrient uptake, water-use efficiency and yield of strawberry[J]. Scientia Horticulturae , 127: 318-324.

Kumar U, Panneerselvam P, Govindasamy V, et al. 2017. Long-term aromatic rice cultivation effect on frequency and diversity of diazotrophs in its rhizosphere[J]. Ecological Engineering , 101: 227-236.

Lang E, Jagnow G, 1986. Fungi of a forest soil nitrifying at low pH values[J]. FEMS Microbiology Ecology , 2:257-265.

LaPara TM, Burch TR, McNamara PJ, tet al. 2011. Tertiary-Treated Municipal Wastewater is a Significant Point Source of Antibiotic Resistance Genes into Duluth-Superior Harbor[J]. Environmental Science & Technology ,45: 9543-9549.

Larson CA, Mirza B, Rodrigues JLM, et al. 2018. Iron limitation effects on nitrogen-fixing organisms with possible implications for cyanobacterial blooms[J]. FEMS Microbiology Ecology ,94(5):1093-1099.

Lashari MS, Liu Y, Li L, et al. 2013. Effects of amendment of biochar-manure compost in conjunction with pyroligneous solution on soil quality and wheat yield of a salt-stressed cropland from Central China Great Plain [J]. Field Crops Research ,144: 113-118.

Leaw SN, Chang HC, Sun HF, et al. 2006. Identification of medically important yeast species by sequence analysis of the internal transcribed spacer regions[J]. Journal of Clinical Microbiology , 44(3): 693-699.

Lehmann J, 2007. A handful of carbon[J]. Nature , 447: 143-144.

Li B, Cao Y, Guan X, et al. 2019. Microbial assessments of soil with a 40-year history of reclaimed wastewater irrigation[J]. Science of the Total Environment ,651: 696-705.

Li D, Zhang Q, Xiao K,et al. 2018a. Divergent responses of biological nitrogen fixation in soil, litter and moss to temperature and moisture in a karst forest, southwest China[J]. Soil Biology and Biochemistry , 118: 1-7.

Li M, Hong YG, Cao HL, et al. 2013. Community Structures and Distribution of Anaerobic Ammonium Oxidizing and nirS-Encoding Nitrite-Reducing Bacteria in Surface Sediments of the South China Sea[J]. Microbial Ecology , 66: 281-296.

Li WC, 2014. Occurrence, sources, and fate of pharmaceuticals in aquatic environment and soil [J]. Environmental Pollution , 187: 193-201.

Li X, Li X, Li Y, 2022. Research on reclaimed water from the past to the future: a review[J]. Environment, Development and Sustainability , 24: 112-137.

Li X, Zhang M, Liu F, et al. 2018b. Seasonality distribution of the abundance and activity of nitrification and denitrification microorganisms in sediments of surface flow constructed wetlands planted with Myriophyllum elatinoides during swine wastewater treatment[J]. Bioresource Technology , 248: 89-97.

Li Y, Huang G, Gu H, et al. 2018c. Assessing the risk of phthalate ester (PAE) contamination in soils and crops irrigated with treated sewage effluent[J]. Water , 10(8):999-1012.

Li Y, Huang G, Zhang L, et al. 2020. Phthalate esters (PAEs) in soil and vegetables in solar greenhouses irrigated with reclaimed water[J]. Environmental Science and Pollution Research , 27: 22658-22669.

Li Y, Liu H, Zhang L,et al. 2021. Phenols in soils and agricultural products irrigated with reclaimed water [J]. Environmental Pollution , 276: 6690-6694.

Liang P, Jingan X, Liying S, 2022. The effects of reclaimed water irrigation on the soil characteristics and microbial populations of plant rhizosphere[J]. Environmental Science and Pollution Research , 29: 17570-17579.

Lillenberg M, Litvin SV, Nei L,et al. 2010. Enrofloxacin and ciprofloxacin uptake by plants from soil[J]. Agronomy Research , 8: 807-814.

Lin H, Sun W, Zhang Z, et al. 2016. Effects of manure and mineral fertilization strategies on soil antibiotic resistance gene levels and microbial community in a paddy-upland rotation system [J]. Environmental Pollution , 211:332-337.

Lin X, Xu J, Keller AA, et al. 2020. Occurrence and risk assessment of emerging contaminants in a water reclamation and ecological reuse project[J]. Science of the Total Environment ,744:140977-141006.

Ling AL, Pace NR, Hernandez MT,et al. 2013. Tetracycline resistance and class 1 integron genes associated with indoor and outdoor aerosols[J]. Environmental Science & Technology , 47: 4046-4052.

Liu J, Hou H, Sheng R, et al. 2012. Denitrifying communities differentially respond to flooding drying cycles in paddy soils[J]. Applied Soil Ecology , 62: 155-162.

Liu L, Liu Yh, Liu Cx,et al. 2016. Accumulation of antibiotics and tet resistance genes from swine wastewater in wetland soils[J]. Environmental Engineering and Management Journal ,15: 2137-2145.

Liu L, Liu Yh, Liu Cx, et al. 2013. Potential effect and accumulation of veterinary antibiotics in Phragmites australis under hydroponic conditions[J]. Ecological Engineering ,53: 138-143.

Liu R, Hayden HL, Suter H, et al. 2017. The effect of temperature and moisture on the source of N_2O and contributions from ammonia oxidizers in an agricultural soil[J]. Biology and Fertility of Soils ,53: 141-152.

Liu X, Liang C, Liu X,et al. 2020a. Occurrence and human health risk assessment of pharmaceuticals and personal care products in real agricultural systems with long-term reclaimed wastewater irrigation in Beijing, China[J]. Ecotoxicology and Environmental Safety , 190: 1-11.

Liu X, Zhang G, Liu Y, et al. 2019a. Occurrence and fate of antibiotics and antibiotic resistance genes in typical urban water of Beijing, China[J]. Environmental Pollution , 246: 163-173.

Liu Y, Cui E, Neal AL, et al. 2019b. Reducing water use by alternate-furrow irrigation with livestock wastewater reduces antibiotic resistance gene abundance in the rhizosphere but not in the non-rhizosphere [J]. Science of The Total Environment , 648: 12-24.

Liu Y, Neal AL, Zhang X, et al. 2019c. Increasing livestock wastewater application in alternate-furrow irrigation reduces nitrification gene abundance but not nitrification rate in rhizosphere [J]. Biology and Fertility of Soils , 55:439-455.

Liu Y, Neal AL, Zhang X,et al. 2022. Cropping system exerts stronger influence on antibiotic resistance gene assemblages in greenhouse soils than reclaimed wastewater irrigation[J]. Journal of Hazardous Materials , 425:46-56.

Liu Y, Tao Z, Lu H,et al. 2023. Electrochemical properties of roots determine antibiotic adsorption on roots [J]. Frontiers in Plant Science , 14: 632-638.

Livak KJ, Schmittgen TD, 2001. Analysis of relative gene expression data using real-time quantitative PCR and the $2-\Delta\Delta CT$ method[J]. Methods , 25: 402-408.

Love MI, Huber W, Anders S, 2014. Moderated estimation of fold change and dispersion for RNA-seq data with DESeq2[J]. Genome Biology , 15: 550.

Lozupone C, Lladser ME, Knights D, et al. 2011. UniFrac: an effective distance metric for microbial community comparison[J]. The ISME Journal , 5: 169-172.

Lu S, Fenghua X, Zhang X,et al. 2020. Health evaluation on migration and distribution of heavy metal Cd after reclaimed water drip irrigation[J]. Environmental Geochemistry and Health , 42: 841-848.

Lu S, Zhang X, Liang P, 2016. Influence of drip irrigation by reclaimed water on the dynamic change of the nitrogen element in soil and tomato yield and quality[J]. Journal of Cleaner Production , 139: 561-566.

Lüneberg K, Prado B, Broszat M, et al. 2018. Water flow paths are hotspots for the dissemination of antibiotic resistance in soil[J]. Chemosphere , 193: 1198-1206.

Luo Y, Mao D, Rysz M,et al. 2010. Trends in Antibiotic Resistance Genes Occurrence in the Haihe River, China[J]. Environmental Science & Technology , 44: 7220-7225.

Lyu S, Chen W, Qian J,et al. 2019. Prioritizing environmental risks of pharmaceuticals and personal care products in reclaimed water on urban green space in Beijing[J]. Science of The Total Environment,697: 850-861.

Lyu S, Chen W, Zhang W, et al. 2016. Wastewater reclamation and reuse in China: Opportunities and challenges[J]. Journal of Environmental Sciences ,39: 86-96.

Lyu S, Wu L, Wen X,et al. 2022. Effects of reclaimed wastewater irrigation on soil-crop systems in China: A review[J]. Science of The Total Environment , 813: 531-542.

M. Kiziloglu F, Turan M, Sahin U, et al. 2007. Effects of wastewater irrigation on soil and cabbage-plant (*brassica olerecea* var. capitate cv. yalova-1) chemical properties[J]. Journal of Plant Nutrition and Soil Science ,170: 166-172.

Ma L, Liu Y, Zhang J,et al. 2018. Impacts of irrigation water sources and geochemical conditions on vertical distribution of pharmaceutical and personal care products (PPCPs) in the vadose zone soils[J]. Science of the Total Environment ,626: 1148-1156.

Ma WK, Bedard-Haughn A, Siciliano SD,et al. 2008. Relationship between nitrifier and denitrifier community composition and abundance in predicting nitrous oxide emissions from ephemeral wetland soils [J]. Soil Biology and Biochemistry , 40: 1114-1123.

Márquez D, Faúndez C, Aballay E,et al. 2017. Assesing the vertical movement of a nematicide in a sandy loam soil and its correspondence using a numerical model (HYDRUS 1D)[J]. Journal of soil science and plant nutrition , 17: 167-179.

Martens-Habbena W, Berube PM, Urakawa H, et al. 2009. Ammonia oxidation kinetics determine niche separation of nitrifying Archaea and Bacteria[J]. Nature , 461: 976-979.

Martínez JL, Rojo F, 2011. Metabolic regulation of antibiotic resistance[J]. FEMS Microbiology Reviews ,35: 768-789.

Masud MM, Guo D, Li J,et al. 2014. Hydroxyl release by maize (*Zea mays* L.) roots under acidic conditions due to nitrate absorption and its potential to ameliorate an acidic Ultisol[J]. Journal of Soils and Sediments , 14:845-853.

Mavrodi DV, Mavrodi OV, Elbourne LDH, et al. 2018. Long-term irrigation affects the dynamics and activity of the wheat rhizosphere microbiome[J]. Frontiers in Plant Science , 9:345-353.

Mendoza-Espinosa LG, Burgess JE, Daesslé L,et al. 2019. Reclaimed water for the irrigation of vineyards: Mexico and South Africa as case studies[J]. Sustainable Cities and Society , 51: 769-776.

Milbrandt A, Seiple T, Heimiller D,et al. 2018. Wet waste-to-energy resources in the United States [J]. Resources, Conservation and Recycling , 137: 32-47.

Molina AJ, Josa R, Mas MT, et al. 2016. The role of soil characteristics, soil tillage and drip irrigation in the timber production of a wild cherry orchard under Mediterranean conditions [J]. European Journal of Agronomy , 72:20-27.

Mosier A, Kroeze C, Nevison C,et al. 1998. Closing the global N_2O budget: nitrous oxide emissions through the agricultural nitrogen cycle[J]. Nutrient Cycling in Agroecosystems , 52: 225-248.

Mukhametov A, Kondrashev S, Zvyagin G,et al. 2022. Treated livestock wastewater influence on soil quality and possibilities of crop irrigation[J]. Saudi Journal of Biological Sciences , 29(4): 2766-2771.

Muyen Z, Moore GA, Wrigley RJ,2011. Soil salinity and sodicity effects of wastewater irrigation in South East Australia[J]. Agricultural Water Management ,99: 33-41.

Nakanishi Y, Zhou S, Kim SW, et al. 2010. A Eukaryotic Copper-Containing Nitrite Reductase Derived from a NirK Homolog Gene of Aspergillus oryzae[J]. Bioscience, Biotechnology, and Biochemistry, 74: 984-991.

Negreanu Y, Pasternak Z, Jurkevitch E, et al. 2012. Impact of treated wastewater irrigation on antibiotic resistance in agricultural soils[J]. Environmental Science & Technology , 46: 4800-4808.

Nicol GW, Leininger S, Schleper C,et al. 2008. The influence of soil pH on the diversity, abundance and transcriptional activity of ammonia oxidizing archaea and bacteria [J]. Environmental Microbiology , 10: 2966-2978.

Novak J, Busscher WJ, Laird DL, et al. 2009. Impact of biochar amendment on fertility of a southeastern coastal plain soil[J]. Soil Science ,174: 105-112.

Nugroho RA, Röling WFM, Laverman AM, et al. 2006. Net nitrification rate and presence of Nitrosospira cluster 2 in acid coniferous forest soils appear to be tree species specific[J]. Soil Biology and Biochemistry , 38: 1166-1171.

Ofori S, Puskacova A, Ruzickova I, et al. 2021. Treated wastewater reuse for irrigation: Pros and cons[J]. Science of the Total Environment , 760: 144026.

Onalenna O, Rahube TO,2022. Assessing bacterial diversity and antibiotic resistance dynamics in wastewater effluent-irrigated soil and vegetables in a microcosm setting[J]. Heliyon ,8(3): 9089-9096.

Owens J, Clough TJ, Laubach J, et al. 2016. Nitrous Oxide Fluxes, Soil Oxygen, and Denitrification Potential of Urine- and Non-Urine-Treated Soil under Different Irrigation Frequencies[J]. Journal of Environmental Quality,45: 1169-1177.

Palese AM, Pasquale V, Celano G, et al. 2009. Irrigation of olive groves in Southern Italy with treated municipal wastewater: Effects on microbiological quality of soil and fruits[J]. Agriculture Ecosystems & Environment ,129:43-51.

Palmer KL, Kos VN, Gilmore MS,2010. Horizontal gene transfer and the genomics of enterococcal antibiotic resistance[J]. Current Opinion in Microbiology ,13: 632-639.

Papaioannou D, Koukoulakis PH, Lambropoulou D, et al. 2019. The dynamics of the pharmaceutical and personal care product interactive capacity under the effect of artificial enrichment of soil with heavy metals and of wastewater reuse[J]. Science of the Total Environment , 662: 537-546.

Paranychianakis NV, Salgot M, Snyder SA, et al. 2015. Water Reuse in EU States: Necessity for Uniform Criteria to Mitigate Human and Environmental Risks[J]. Critical Reviews in Environmental Science and Technology ,45:1409-1468.

Parihar CM, Yadav MR, Jat SL, et al. 2016. Long term effect of conservation agriculture in maize rotations on total organic carbon, physical and biological properties of a sandy loam soil in north-western Indo-Gangetic Plains[J]. Soil and Tillage Research ,161: 116-128.

Pärnänen KMM, Narciso-da-Rocha C, Kneis D, et al. 2019. Antibiotic resistance in European wastewater treatment plants mirrors the pattern of clinical antibiotic resistance prevalence[J]. Science Advances ,5: eaau9124.

Parveen T, Hussain A, Rao MS, 2015. Growth and accumulation of heavy metals in turnip (*Brassica rapa*) irrigated with different concentrations of treated municipal wastewater[J]. Hydrology Research , 46: 60-71.

Pedrero F, Kalavrouziotis I, Jose Alarcon J, et al. 2010. Use of treated municipal wastewater in irrigated agriculture-Review of some practices in Spain and Greece[J]. Agricultural Water Management , 97: 1233-1241.

Peña A, Delgado-Moreno L, Rodríguez-Liébana JA, 2020. A review of the impact of wastewater on the fate of pesticides in soils: Effect of some soil and solution properties[J]. Science of The Total Environment , 718: 1-6.

Peng S, Feng Y, Wang Y, et al. 2017. Prevalence of antibiotic resistance genes in soils after continually applied with different manure for 30 years[J]. Journal of Hazardous Materials ,340: 16-25.

Pereira EIP, Suddick EC, Mansour I, et al. 2015. Biochar alters nitrogen transformations but has minimal effects on nitrous oxide emissions in an organically managed lettuce mesocosm[J]. Biology and Fertility of Soils , 51:573-582.

Perulli GD, Gaggia F, Sorrenti G, et al. 2021. Treated wastewater as irrigation source: a microbiological and chemical evaluation in apple and nectarine trees[J]. Agricultural Water Management , 244.

Poly F, Ranjard L, Nazaret S,et al. 2001. Comparison of *nifH* gene pools in soils and soil microenvironments with contrasting properties[J]. Applied and Environmental Microbiology , 67: 2255-2262.

Poustie A, Yang Y, Verburg P,et al. 2020. Reclaimed wastewater as a viable water source for agricultural irrigation: A review of food crop growth inhibition and promotion in the context of environmental change[J]. Science of The Total Environment , 739: 756-761.

Pruden A, Pei R, Storteboom H,et al. 2006. Antibiotic resistance genes as emerging contaminants: Studies in northern Colorado[J]. Environmental Science & Technology , 40: 7445-7450.

Qadir M, Drechsel P, Jiménez Cisneros B, et al. 2020. Global and regional potential of wastewater as a water, nutrient and energy source[J]. Natural Resources Forum ,44: 40-51.

Qiao M, Ying GG, Singer AC,et al. 2018. Review of antibiotic resistance in China and its environment[J]. Environment International , 110: 160-172.

Qin Q, Chen XJ, Zhuang J, 2015. The fate and impact of pharmaceuticals and personal care products inagricultural soils irrigated with reclaimed water [J]. Critical Reviews in Environmental Science and Technology , 45: 1379-1408.

Qin S, Ding K, Clough TJ,et al. 2017. Temporal in situ dynamics of N_2O reductase activity as affected by nitrogen fertilization and implications for the $N_2O/(N_2O+N_2)$ product ratio and N_2O mitigation[J]. Biology and Fertility of Soils , 53: 723-727.

Qishlaqi A, Moore F, Forghani G, 2008. Impact of untreated wastewater irrigation on soils and crops in Shiraz suburban area, SW Iran[J]. Environmental Monitoring and Assessment ,141: 257-273.

Rahube TO, Marti R, Scott A, et al. 2014. Impact of fertilizing with raw or anaerobically digested sewage sludge on the abundance of antibiotic-resistant coliforms, antibiotic resistance genes, and pathogenic bacteria in sSoil and on vegetables at harvest[J]. Applied and Environmental Microbiology , 80(22): 6898-6907.

Ramalan AA, Nwokeocha CU, 2000. Effects of furrow irrigation methods, mulching and soil water suction on the growth, yield and water use efficiency of tomato in the Nigerian Savanna [J]. Agricultural Water Management,45: 317-330.

Rattan RK, Datta SP, Chhonkar PK,et al. 2005. Long-term impact of irrigation with sewage effluents on heavy metal content in soils, crops and groundwater—a case study[J]. Agriculture Ecosystems & Environment , 109:310-322.

Ravishankara AR, Daniel JS, Portmann RW, 2009. Nitrous Oxide (N_2O): The Dominant Ozone-Depleting Substance Emitted in the 21st Century[J]. Science , 326: 123-125.

Reed D W, Smith J M, Francis C A,et al. 2010. Responses of Ammonia-Oxidizing Bacterial and Archaeal Populations to Organic Nitrogen Amendments in Low-Nutrient Groundwater[J]. Applied and Environmental Microbiology , 76: 2517-2523.

Rees E, Siddiqui RA, Köster F,et al. 1997. Structural gene (*nirS*) for the cytochrome cd_1 nitrite reductase of Alcaligenes eutrophus H16[J]. Applied and Environmental Microbiology , 63: 800-802.

Romeiko XX, 2019. Comprehensive water footprint assessment of conventional and four alternative resource recovery based wastewater service options[J]. Resources, Conservation and Recycling , 151: 458-467.

Rosabal A, Morillo E, Undabeytia T, et al. 2007. Long-term impacts of wastewater irrigation on cuban soils [J]. Soil Science Society of America Journal ,71: 1292-1298.

Rösch C, Bothe H, 2005. Improved assessment of denitrifying, N_2-fixing, and total-community bacteria by terminal restriction fragment length polymorphism analysis using multiple restriction enzymes[J]. Applied and Environmental Microbiology , 71(4): 2026-2035.

Rotthauwe JH, Witzel KP, Liesack W, 1997. The ammonia monooxygenase structural gene amoA as a functional marker: molecular fine-scale analysis of natural ammonia-oxidizing populations[J]. Applied and Environmental Microbiology ,63: 4704-4712.

Rubin BER, Gibbons SM, Kennedy S, et al. 2013. Investigating the impact of storage conditions on microbial community composition in soil samples[J]. Plos One , 8(7):460-471.

Rutkowski T, Raschid-Sally L, Buechler S, 2007. Wastewater irrigation in the developing world—Two case studies from the Kathmandu Valley in Nepal[J]. Agricultural Water Management , 88: 83-91.

Sacks M, Bernstein N, 2011. Utilization of reclaimed wastewater for irrigation of field-grown melons by surface and subsurface drip irrigation[J]. Israel Journal of Plant Sciences ,59: 159-169.

Salgot M, Folch M, 2018. Wastewater treatment and water reuse [J]. Current Opinion in Environmental Science & Health ,2: 64-74.

Samadi A, Sepaskhah AR, 1984. Effects of alternate furrow irrigation on yield and water use efficiency of dry beans[J]. Iran Agricultural Research , 3: 95-115.

Santiago S, Roll DM, Ray C, et al. 2016. Effects of soil moisture depletion on vegetable crop uptake of pharmaceuticals and personal care products (PPCPs)[J]. Environmental Science and Pollution Research , 23: 20257-20268.

Sato T, Qadir M, Yamamoto S, et al. 2013. Global, regional, and country level need for data on wastewater generation, treatment, and use[J]. Agricultural Water Management ,130: 1-13.

Schirrmann M, Hamdorf A, Garz A, et al. 2016. Estimating wheat biomass by combining image clustering with crop height[J]. Computers and Electronics in Agriculture ,121: 374-384.

Sepaskhah AR, Hosseini SN, 2008. Effects of Alternate Furrow Irrigation and Nitrogen Application Rates on Yield and Water-and Nitrogen-Use Efficiency of Winter Wheat (*Triticum aestivum* L.)[J]. Plant Production Science , 11: 250-259.

Sepaskhah AR, Khajehabdollahi MH, 2005. Alternate furrow irrigation with different irrigation intervals for maize (*Zea mays* L.)[J]. Plant Production Science , 8: 592-600.

Shakhawat C, Al-Zahrani M, 2014. Fuzzy synthetic evaluation of treated wastewater reuse for agriculture[J]. Environment, Development and Sustainability , 16: 521-538.

Shamsizadeh Z, Ehrampoush MH, Nikaeen M, et al. 2021. Antibiotic resistance and class 1 integron genes distribution in irrigation water-soil-crop continuum as a function of irrigation water sources[J]. Environ Pollut, 289:930-942.

Shan J, Yang P, Shang X, et al. 2018. Anaerobic ammonium oxidation and denitrification in a paddy soil as affected by temperature, pH, organic carbon, and substrates[J]. Biology and Fertility of Soils , 54: 341-348.

Sharma SP, Leskovar DI, Crosby KM, et al. 2017. Root growth dynamics and fruit yield of melon (*Cucumis melo* L) genotypes at two locations with sandy loam and clay soils[J]. Soil and Tillage Research, 168: 50-62.

Shen XY, Zhang LM, Shen JP, et al. 2011. Nitrogen loading levels affect abundance and composition of soil ammonia oxidizing prokaryotes in semiarid temperate grassland[J]. Journal of Soils and Sediments, 11: 1243-1252.

Shoun H, Kim DH, Uchiyama H, et al. 1992. Denitrification by fungi[J]. FEMS Microbiology Letters, 94: 277-281.

Siddique AB, Unterseher M, 2016. A cost-effective and efficient strategy for Illumina sequencing of fungal communities: A case study of beech endophytes identified elevation as main explanatory factor for diversity and community composition[J]. Fungal Ecology, 20: 175-185.

Sigleo S, Jackson MJ, Vahouny GV, 1984. Effects of dietary fiber constituents on intestinal morphology and nutrient transport[J]. American Journal of Physiology-Gastrointestinal and Liver Physiology, 246: 34-39.

Singh A, 2021. A review of wastewater irrigation: Environmental implications[J]. Resources, Conservation and Recycling, 168: 454-463.

Siyal AA, Mashori AS, Bristow KL, et al. 2016. Alternate furrow irrigation can radically improve water productivity of okra[J]. Agricultural Water Management, 173: 55-60.

Smalla K, Heuer H, Götz A, et al. 2000. Exogenous Isolation of Antibiotic Resistance Plasmids from Piggery Manure Slurries Reveals a High Prevalence and Diversity of IncQ-Like Plasmids [J]. Applied and Environmental Microbiology, 66: 4854-4862.

Smillie C, Garcillán-Barcia MP, Francia MV, et al. 2010. Mobility of Plasmids [J]. Microbiology and Molecular Biology Reviews, 74: 434-452.

Smith CJ, Hopmans P, Cook FJ, 1996. Accumulation of Cr, Pb, Cu, Ni, Zn and Cd in soil following irrigation with treated urban effluent in Australia[J]. Environmental Pollution, 94: 317-323.

Sosa LLD, Glanville HC, Marshall MR, et al. 2018. Spatial zoning of microbial functions and plant-soil nitrogen dynamics across a riparian area in an extensively grazed livestock system[J]. Soil Biology and Biochemistry, 120: 153-164.

Souza MPD, Huang CPA, Chee N, et al. 1999. Rhizosphere bacteria enhance the accumulation of selenium and mercury in wetland plants[J]. Planta, 209(2):259-263.

Stempfhuber B, Richter-Heitmann T, Bienek L, et al. 2017. Soil pH and plant diversity drive co-occurrence patterns of ammonia and nitrite oxidizer in soils from forest ecosystems[J]. Biology and Fertility of Soils, 53: 691-700.

Stenberg B, Johansson M, Pell M, et al. 1998. Microbial biomass and activities in soil as affected by frozen and cold storage[J]. Soil Biology & Biochemistry, 30: 393-402.

Stroosnijder L, Moore D, Alharbi A, et al. 2012. Improving water use efficiency in drylands [J]. Current Opinion in Environmental Sustainability, 4(5): 497-506.

Sui Q, Zhang J, Chen M, et al. 2016. Distribution of antibiotic resistance genes (ARGs) in anaerobic digestion and land application of swine wastewater[J]. Environmental Pollution, 213: 751-759.

Sun Y, Chen Z, Wu G, et al. 2016. Characteristics of water quality of municipal wastewater treatment plants in China: implications for resources utilization and management[J]. Journal of Cleaner Production, 131: 1-9.

Surdyk N, Cary L, Blagojevic S, et al. 2010. Impact of irrigation with treated low quality water on the heavy metal contents of a soil-crop system in Serbia[J]. Agricultural Water Management , 98: 451-457.

Suzuki MT, Taylor LT, DeLong EF, 2000. Quantitative analysis of small-subunit rRNA genes in mixed microbial populations via 5'-nuclease assays[J]. Applied and Environmental Microbiology , 66: 4605-4614.

Tan L, Wang F, Liang M, et al. 2019. Antibiotic resistance genes attenuated with salt accumulation in saline soil[J]. Journal of Hazardous Materials , 374: 35-42.

Tang X, Lou C, Wang S, et al. 2015. Effects of long-term manure applications on the occurrence of antibiotics and antibiotic resistance genes (ARGs) in paddy soils: Evidence from four field experiments in south of China[J]. Soil Biology and Biochemistry , 90: 179-187.

Thomas SC, Frye S, Gale N, et al. 2013. Biochar mitigates negative effects of salt additions on two herbaceous plant species[J]. Journal of Environmental Management ,129: 62-68.

Tong DL, Xu RK, 2015. Ameliorating Effects of Fungus Chaff and Its Biochar on Soil Acidity [J]. Communications in Soil Science and Plant Analysis ,46: 1913-1921.

Udikovic-Kolic N, Wichmann F, Broderick NA, et al. 2014. Bloom of resident antibiotic-resistant bacteria in soil following manure fertilization[J]. Proceedings of the National Academy of Sciences ,111: 202-213.

Vergine P, Lonigro A, Salerno C, et al. 2017. Nutrient recovery and crop yield enhancement in irrigation with reclaimed wastewater: a case study[J]. Urban Water Journal , 14: 325-330.

Vivaldi GA, Camposeo S, Caponio G, et al. 2022. Irrigation of plives with reclaimed wastewaters and deficit strategies affect pathogenic bacteria contamination of water and soil[J]. Pathogens , 11(5):488-496.

Wang FH, Qiao M, Lv ZE, et al. 2014. Impact of reclaimed water irrigation on antibiotic resistance in public parks, Beijing, China[J]. Environmental Pollution ,184: 247-253.

Wang F, Xu M, Stedtfeld RD, et al. 2018a. Long-Term Effect of Different Fertilization and Cropping Systems on the Soil Antibiotic Resistome[J]. Environmental Science & Technology , 52: 13037-13046.

Wang J, Kang S, Li F, et al. 2008. Effects of alternate partial root-zone irrigation on soil microorganism and maize growth[J]. Plant and Soil , 302: 45-52.

Wang M, Chen S, Chen L, et al. 2019. The responses of a soil bacterial community under saline stress are associated with Cd availability in long-term wastewater-irrigated field soil[J]. Chemosphere , 236: 372-383.

Wang N, Guo X, Yan Z, et al. 2016a. A comprehensive analysis on spread and distribution characteristic of antibiotic resistance genes in livestock farms of southeastern China[J]. Plosone,11(7): 889-896.

Wang Q, Wang J, Li Y, et al. 2018b. Influence of nitrogen and phosphorus additions on N_2-fixation activity, abundance, and composition of diazotrophic communities in a Chinese fir plantation[J]. Science of The Total Environment ,619-620: 1530-1537.

Wang RH, Zhu XF, Qian W, et al. 2015. Effect of pectin on adsorption of Cu(II) by two variable-charge soils from southern China[J]. Environmental Science and Pollution Research , 22: 19687-19694.

Wang RH, Zhu XF, Qian W, et al. 2016b. Adsorption of Cd(II) by two variable-charge soils in the presence of pectin[J]. Environmental Science and Pollution Research , 23: 12976-12982.

Wang R, Zhu X, Qian W, et al. 2017a. Pectin adsorption on amorphous Fe/Al hydroxides and its effect on surface charge properties and Cu(II) adsorption[J]. Journal of Soils and Sediments , 17: 2481-2489.

Wang Z, Li J, Li Y, 2017b. Using reclaimed water for agricultural and landscape irrigation in China: a review [J]. Irrigation and Drainage , 66: 672-686.

Waring BG, Álvarez-Cansino L, Barry KE, et al. 2015. Pervasive and strong effects of plants on soil chemistry: a meta-analysis of individual plant 'Zinke' effects[J]. Proceedings of the Royal Society B: Biological Sciences,282(1812): 1001-1007.

Webber HA, Madramootoo CA, Bourgault M, et al. 2006. Water use efficiency of common bean and green gram grown using alternate furrow and deficit irrigation[J]. Agricultural Water Management , 86: 259-268.

Wei L, Qin K, Zhao Q, et al. 2016. Utilization of artificial recharged effluent for irrigation: pollutants' removal and risk assessment[J]. Journal of Water Reuse and Desalination , 7: 77-87.

Wei W, Isobe K, Shiratori Y, et al. 2015. Development of PCR primers targeting fungal *nirK* to study fungal denitrification in the environment[J]. Soil Biology and Biochemistry ,81: 282-286.

Wei W, Isobe K, Shiratori Y, et al. 2014. N_2O emission from cropland field soil through fungal denitrification after surface applications of organic fertilizer[J]. Soil Biology and Biochemistry ,69: 157-167.

Weier KL, Doran JW, Power JF,et al. 1993. Denitrification and the dinitrogen/nitrous oxide ratio as affected by soil water, available carbon, and nitrate[J]. Soil Science Society of America Journal , 57: 66-72.

Weiss S, Xu ZZ, Peddada S, et al. 2017. Normalization and microbial differential abundance strategies depend upon data characteristics[J]. Microbiome , 5(1): 27-36.

Wertz S, Goyer C, Zebarth BJ, et al. 2013. Effects of temperatures near the freezing point on N_2O emissions, denitrification and on the abundance and structure of nitrifying and denitrifying soil communities[J]. FEMS Microbiology Ecology ,83: 242-254.

Wintersdorff CJHW, Penders J, van Niekerk JM, et al. 2016. Dissemination of antimicrobial resistance in microbial ecosystems through horizontal gene transfer[J]. Frontiers in Microbiology ,7:173-178.

Woolfrey BF, Lally RT, Ederer MN,et al. 1987. Oxacillin killing curve patterns of Staphylococcus aureus isolates by agar dilution plate count method[J]. Antimicrobial agents and chemotherapy ,31: 16-20.

Woomer PL, Martin A, Albrecht A,et al. 1994. The importance and management of soil organic matter in the tropics[J]. The Biological Management of Tropical Fertility:47-80.

Wu H, Tang S, Zhang X, et al. 2009. Using elevated CO_2 to increase the biomass of a *Sorghum vulgare** × *Sorghum vulgare* var. sudanense hybrid and *Trifolium pratense* L. and to trigger hyperaccumulation of cesium [J]. Journal of Hazardous Materials , 170: 861-870.

Wu W, Hu Y, Guan X,et al. 2020a. Advances in research of reclaimed water irrigation in China[J]. Irrigation and Drainage , 69: 119-126.

Wu W, Ma M, Hu Y,et al. 2021a. The fate and impacts of pharmaceuticals and personal care products and microbes in agricultural soils with long term irrigation with reclaimed water [J]. Agricultural Water Management ,251(C): 862-869.

Wu WY, Liao RK, Hu YQ,et al. 2020b. Quantitative assessment of groundwater pollution risk in reclaimed water irrigation areas of northern China[J]. Environmental Pollution ,261(C):114173.

Wu X, Ernst F, Conkle JL,et al. 2013. Comparative uptake and translocation of pharmaceutical and personal care products (PPCPs) by common vegetables[J]. Environment International, 60: 15-22.

Wu XQ, Dodgen LK, Conkle JL,et al. 2015. Plant uptake of pharmaceutical and personal care products from recycled water and biosolids: a review[J]. Science of the Total Environment , 536: 655-666.

Wu Y, Wen Q, Chen Z,et al. 2021b. Response of antibiotic resistance to the co-exposure of sulfamethoxazole and copper during swine manure composting[J]. Science of the Total Environment,805: 86-95.

Xiao R, Huang D, Du L, et al. 2023. Antibiotic resistance in soil-plant systems: A review of the source, dissemination, influence factors, and potential exposure risks[J]. The Science of the Total Environment , 869: 855-862.

Xie WY, Shen Q, Zhao FJ, 2018. Antibiotics and antibiotic resistance from animal manures to soil: a review [J]. European Journal of Soil Science , 69: 181-195.

Xu J, Wu L, Chang AC, et al. 2010. Impact of long-term reclaimed wastewater irrigation on agricultural soils: A preliminary assessment[J]. Journal of Hazardous Materials , 183: 780-786.

Xu N, Tan G, Wang H, et al. 2016. Effect of biochar additions to soil on nitrogen leaching, microbial biomass and bacterial community structure[J]. European Journal of Soil Biology , 74: 1-8.

Xu YB, Cai ZC, 2007. Denitrification characteristics of subtropical soils in China affected by soil parent material and land use[J]. European Journal of Soil Science , 58: 1293-1303.

Yang YD, Hu YG, Wang ZM, et al. 2018. Variations of the *nirS*-, *nirK*-, and *nosZ*-denitrifying bacterial communities in a northern Chinese soil as affected by different long-term irrigation regimes [J]. Environmental Science and Pollution Research , 25: 14057-14067.

Yang Y, Meng T, Qian X, et al. 2017. Evidence for nitrification ability controlling nitrogen use efficiency and N losses via denitrification in paddy soils[J]. Biology and Fertility of Soils , 53: 349-356.

Ye M, Sun M, Feng Y, et al. 2016a. Calcined Eggshell Waste for Mitigating Soil Antibiotic-Resistant Bacteria/Antibiotic Resistance Gene Dissemination and Accumulation in Bell Pepper [J]. Journal of Agricultural and Food Chemistry ,64: 5446-5453.

Ye M, Sun M, Feng Y, et al. 2016b. Effect of biochar amendment on the control of soil sulfonamides, antibiotic-resistant bacteria, and gene enrichment in lettuce tissues[J]. Journal of Hazardous Materials,309: 219-227.

Yin C, Fan F, Song A, et al. 2015. Denitrification potential under different fertilization regimes is closely coupled with changes in the denitrifying community in a black soil [J]. Applied Microbiology and Biotechnology , 99: 5719-5729.

Zehr JP, Kudela RM, 2010. Nitrogen Cycle of the Open Ocean: From Genes to Ecosystems [J]. Annual Review of Marine Science , 3: 197-225.

Zhang CB, Barron L, Sturzenbaum S, 2021a. The transportation, transformation and (bio) accumulation of pharmaceuticals in the terrestrial ecosystem[J]. Science of the Total Environment , 781:146684.

Zhang J, Zhou X, Chen L, et al. 2016a. Comparison of the abundance and community structure of ammonia oxidizing prokaryotes in rice rhizosphere under three different irrigation cultivation modes[J]. World Journal of Microbiology and Biotechnology , 32(5): 85-98.

Zhang JY, Chen MX, Sui QW, et al. 2016b. Fate of antibiotic resistance genes and its drivers during anaerobic co-digestion of food waste and sewage sludge based on microwave pretreatment[J]. Bioresource Technology, 217: 28-36.

Zhang L, Gao L, Zhang L, et al. 2012. Alternate furrow irrigation and nitrogen level effects on migration of water and nitrate-nitrogen in soil and root growth of cucumber in solar-greenhouse [J]. Scientia Horticulturae,138:43-49.

Zhang M, Liu YS, Zhao JL, et al. 2021b. Variations of antibiotic resistome in swine wastewater during full-scale anaerobic digestion treatment[J]. Environment International, 155: 694-703.

Zhang QQ, Ying GG, Pan CG, et al. 2015. Comprehensive evaluation of antibiotics emission and fate in the river basins of China: source analysis, multimedia modeling, and linkage to bacterial resistance[J]. Environmental Science & Technology,49(11): 6772-6782.

Zhang S, Yao H, Lu Y,et al. 2018. Reclaimed Water Irrigation Effect on Agricultural Soil and Maize (*Zea mays* L.) in Northern China[J]. CLEAN-Soil, Air, Water , 46(4): 1-8.

Zhou ZF, Zheng YM, Shen JP,et al. 2011. Response of denitrification genes *nirS*, *nirK*, and *nosZ* to irrigation water quality in a Chinese agricultural soil[J]. Environmental Science and Pollution Research , 18: 1644-1652.

Zhu YG, Johnson TA, Su JQ, et al. 2013. Diverse and abundant antibiotic resistance genes in Chinese swine farms[J]. Proceedings of the National Academy of Sciences of the American, 110(9): 3435-3440.

Zumft WG,1997. Cell biology and molecular basis of denitrification[J]. Microbiology and Molecular Biology Reviews , 61(4): 533-616.

白丽静,王凤,张克强,等,2010.猪场废水灌溉对潮土交换性盐基离子含量的影响[J].农业环境科学学报,29(3): 510-514.

蔡亭亭,王文全,阿米娜·买买提,等,2013.重金属 Cd 在再生水—土壤—蔬菜体系中的迁移[J].环境保护科学,39(6): 48-53.

曹仁林,霍文瑞,何宗兰,等,1993.钙镁磷肥对土壤中镉形态转化与水稻吸镉的影响[J].重庆环境科学,15(6): 6-9.

陈青云,张晶,谭启玲,等,2013. 4 种磷肥对土壤-叶菜类蔬菜系统中镉生物有效性的影响[J].华中农业大学学报,32(1): 78-82.

陈卫平,吕斯丹,张炜铃,等,2014.再生(污)水灌溉生态风险与可持续利用[J].生态学报,34(1): 163-172.

崔丙健,高峰,胡超,等,2019.不同再生水灌溉方式对土壤-辣椒系统中细菌群落多样性及病原菌丰度的影响[J].环境科学学报,40(11): 5151-5163.

崔二苹,崔丙健,刘源,等,2020.生物炭对非常规水源灌溉下土壤–作物病原菌的影响[J].中国环境科学,40(3): 1203-1212.

代全林,袁剑刚,方炜,等,2005.玉米各器官积累 Pb 能力的品种间差异[J].植物生态学报,29(6): 992-999.

代志远,高宝珠,2014.再生水灌溉研究进展[J].水资源保护,30(1): 8-13.

戴婷,章明奎,2010.长期畜禽养殖污水灌溉对土壤养分和重金属积累的影响[J].灌溉排水学报,29(1): 36-39.

丁传峰,王文全,张娜,2014.再生水—土壤—蔬菜体系中 Zn 的迁移[J].环境保护科学,40(6): 78-82.

杜会英,冯洁,张克强,等,2016.牛场肥水灌溉对冬小麦产量与氮利用效率及土壤硝态氮的影响[J].植物营养与肥料学报,22(2): 536-541.

杜臻杰,樊向阳,李中阳,等,2014.猪场沼液灌溉对冬小麦生长和品质的影响[J].农业环境科学学报,33(3):547-554.

杜臻杰,齐学斌,樊向阳,等,2013.猪场废水灌溉对夏玉米生长及水分利用效率的影响[J]. 中国土壤与肥料,1:43-47.

高焕梅,2008.长期施肥对紫色土—作物重金属含量的影响[D].重庆:西南大学.

高军,王会肖,刘海军,等,2012.北京市再生水灌溉对土壤质量的影响研究[J].北京师范大学学报(自然科学版),48(5): 572-576.

顾新娇,杨闯,王文国,等,2015.不同浓度养殖废水对青萍生长能力的影响[J].环境工程学报,9(3): 1103-1108.

顾益初,蒋柏藩,1990.石灰性土壤无机磷分级的测定方法[J].土壤,22(2): 101-102,110.

郭道宇,董志,宫辉力,等,2006.再生水对作物种子萌发、幼苗生长及抗氧化系统的影响[J].环境科学 学报,26(8): 1337-1342.

韩艳丽,康绍忠,2001.控制性分根交替灌溉对玉米养分吸收的影响[J].灌溉排水,20(2): 5-7.

韩洋,齐学斌,李平,等,2018.再生水和清水不同灌水水平对土壤理化性质及病原菌分布的影响[J].灌 溉排水学报,37(8): 32-38.

何运,2012.猪场养殖废水灌溉对土壤理化性质的影响[D].成都:成都理工大学.

侯贤贵,杨培岭,任树梅,2009.再生水灌溉对土壤盐碱性影响的大田试验研究[J].灌溉排水学报,28 (2): 17-20.

黄翔峰,王珅,陈国鑫,等,2016.人工湿地对水产养殖废水典型污染物的去除[J].环境工程学报,10 (1): 12-20.

黄占斌,苗战霞,侯利伟,等,2007.再生水灌溉时期和方式对作物生长及品质的影响[J].农业环境科学 学报,26(6): 2257-2261.

黄治平,徐斌,涂德浴,等,2008a.规模化猪场废水灌溉农田土壤 Pb,Cd 和 As 空间变异及影响因子分析 [J].农业工程学报,2:77-83.

黄治平,张克强,徐斌,等,2008b.猪场废水灌溉农田土壤重金属污染及风险评价[J].环境科学与技术, 24(9):132-137.

蒋田雨,姜军,徐仁扣,等,2013.不同温度下烧制的秸秆炭对可变电荷土壤吸附 Pb(Ⅱ)的影响[J].环 境科学,34(4):1598-1604.

焦志华,黄占斌,李勇,等,2010.再生水灌溉对土壤性能和土壤微生物的影响研究[J].农业环境科学学 报,29(2):319-323.

李宝贵,刘源,陶甄,等,2021.前期灌溉养殖废水和再生水对土壤吸附镉能力的影响[J].农业环境科学 学报,40(6): 1244-1255.

李波,任树梅,张旭,等,2007.再生水灌溉对番茄品质、重金属含量以及土壤的影响研究[J].水土保持 学报,21(2):163-165.

李富翠,赵护兵,王朝辉,等,2012.旱地夏闲期秸秆覆盖和种植绿肥对冬小麦水分利用及养分吸收的影 响[J].干旱地区农业研究,30(1): 119-125.

李合生,2000.植物生理生化实验原理和技术[M].北京:高等教育出版社.

李楠,单保庆,唐文忠,等,2013.稻壳活性炭制备及其对磷的吸附[J].环境工程学报,7(3):1024- 1028.

李霞,王国栋,薛绪掌,等,2009.不同覆盖度下盆栽小白菜蒸散与水分利用效率[J].农业工程学报,25 (8): 54-58.

李晓光,2009.猪场废水灌溉农田对土壤重金属 Zn,Cu,As 含量的影响[D].北京:中国农业科学院.

李晓娜,刘桂英,武菊英,2009.再生水灌溉对禾本科牧草产量和水分利用效率的影响[J].灌溉排水学 报,28(6):81-83.

李晓娜,武菊英,腾文军,等,2007.再生水灌溉对苜蓿生长及养分吸收的影响[J].自然资源学报,22 (2): 198-203.

李中阳,樊向阳,齐学斌,等,2012a.施磷水平对再生水灌溉小白菜 Cd 质量分数和土壤 Cd 活性的影响

[J].灌溉排水学报,31(6):114-116.

李中阳,樊向阳,齐学斌,等,2012b.再生水灌溉下重金属在植物-土壤-地下水系统迁移的研究进展[J].中国农村水利水电,7:5-8.

李中阳,樊向阳,齐学斌,等,2014a.再生水灌溉对不同类型土壤磷形态变化的影响[J].水土保持学报,28(3):232-235,258.

李中阳,樊向阳,齐学斌,等,2012c.城市污水再生水灌溉对黑麦草生长及土壤磷素转化的影响[J].中国生态农业学报,20(8):1072-1076.

李中阳,樊向阳,齐学斌,等,2014b.再生水灌溉对施用不同磷肥的茄子生长及品质影响[J].灌溉排水学报,33(6):6-9.

李中阳,齐学斌,樊向阳,等,2013.再生水灌溉对4类土壤Cd生物有效性的影响[J].植物营养与肥料学报,19(4):980-987.

李中阳,齐学斌,樊向阳,等,2016.不同钝化材料对污灌农田镉污染土壤修复效果研究[J].灌溉排水学报,35(3):42-44.

李中阳,徐明岗,李菊梅,等,2010.长期施用化肥有机肥下我国典型土壤无机磷的变化特征[J].土壤通报,41(6):1434-1439.

梁继华,李伏生,唐梅,等,2006.分根区交替灌溉对盆栽甜玉米水分及氮素利用的影响[J].农业工程学报,22(10):68-72.

林琦,陈怀满,郑春荣,等,1998.根际环境中镉的形态转化[J].土壤学报,35(4):461-467.

刘春成,崔丙健,胡超,等,2021.微咸水与再生水混灌对作物生理特性的影响[J].水土保持学报,35(4):327-333,348.

刘登义,王友保,张徐祥,等,2002.污灌对小麦幼苗生长及活性氧代谢的影响[J].应用生态学报,13(10):1319-1322.

刘红恩,聂兆君,刘世亮,等,2016.养殖污水灌溉对土壤养分和重金属含量的影响[J].环境科学与技术,39:47-51.

刘建玲,张福锁,2000.小麦-玉米轮作长期肥料定位试验中土壤磷库的变化 I.磷肥产量效应及土壤总磷库、无机磷库的变化[J].应用生态学报,11(3):360-364.

刘景,吕家珑,徐明岗,等,2009.长期不同施肥对红壤Cu和Cd含量及活化率的影响[J].生态环境学报,18(3):914-919.

刘菊芳,常智慧,黄炎和,2011.再生水灌溉对绿地土壤的影响研究进展[J].灌溉排水学报,30(4):111-114.

刘青林,张恩和,王琦,等,2011.灌溉与施氮对留茬免耕春小麦产量、水分利用效率及氮肥表观利用效率的影响[J].中国沙漠,31(5):1195-1201.

刘树堂,赵永厚,孙玉林,等,2005.25年长期定位施肥对非石灰性潮土重金属状况的影响[J].水土保持学报,19(1):164-167.

刘艳萍,刘鸿雁,吴龙华,等,2017a.贵阳市某蔬菜地养殖废水污灌土壤重金属、抗生素复合污染研究[J].环境科学学报,37(3):1074-1082.

刘艳萍,刘鸿雁,吴龙华,等,2017b.贵阳市某蔬菜地养殖废水污灌土壤重金属、抗生素复合污染研究[J].环境科学学报,37(3):1074-1082.

刘玉学,刘微,吴伟祥,等,2009.土壤生物质炭环境行为与环境效应[J].应用生态学报,20(4):977-982.

刘源，崔二苹，李中阳，等，2017.生物质炭和果胶对再生水灌溉下玉米生长及养分、重金属迁移的影响[J].水土保持学报，31(6)：242-248,271.

刘源，崔二苹，李中阳，等，2018a.养殖废水灌溉下施用生物质炭和果胶对土壤养分和重金属迁移的影响[J].植物营养与肥料学报，24(2)：424-434.

刘源，崔二苹，李中阳，等，2018b.再生水和养殖废水灌溉下生物质炭和果胶对土壤盐碱化的影响[J].灌溉排水学报，37(6)：16-23.

刘源，崔二苹，李中阳，等，2018c.再生水和养殖废水灌溉下土壤-植物系统养分和重金属迁移特征[J].灌溉排水学报，37(2)：45-51.

鲁如坤，2000.土壤农业化学分析方法[M].北京：中国农业科技出版社.

罗厚庭，董元彦，李学垣，1992.可变电荷土壤吸附磷酸根后对 Cu、Zn、Cd 次级吸附的影响[J].华中农业大学学报，11(4)：358-363.

罗义，周启星，2008.抗生素抗性基因(ARGs)———一种新型环境污染物[J].环境科学学报，28(8)：1499-1505.

苗战霞，黄占斌，侯利伟，等，2008.再生水灌溉对玉米根际土壤特性和微生物的影响[J].农业环境科学学报，27(1)：62-66.

苗战霞，黄占斌，侯利伟，等，2007.再生水灌溉对玉米和大豆抗氧化酶系统的影响[J].农业环境科学学报，26(4)：1338-1342.

潘能，陈卫平，焦文涛，等，2012.绿地再生水灌溉土壤盐度累积及风险分析[J].环境科学学报，33(12)：4088-4093.

齐学斌，樊向阳，赵辉，2009.再生水灌溉试验研究[M].北京：中国水利水电出版社.

齐学斌，李平，樊向阳，等，2008.再生水灌溉方式对重金属在土壤中残留累积的影响[J].中国生态农业学报，16(4)：839-842.

沈姣姣，王靖，潘学标，等，2013.播期对农牧交错带豌豆生长发育、产量形成和水分利用效率的影响[J].中国农业大学学报，18(3)：55-60.

石亚楠，刘鸣达，张克强，等，2015.猪场厌氧肥水灌溉对设施油麦菜产量及品质的影响[J].农业环境科学学报，34(1)：190-195.

陶甄，李中阳，李松旌，等，2022.模拟再生水、养殖废水灌溉对农田温室气体排放的影响[J].灌溉排水学报，41(5)：124-131.

佟德利，徐仁扣，2012.三种氮肥对红壤硝化作用及酸化过程影响的研究[J].植物营养与肥料学报，18(4)：853-859.

王兵，周琴，南忠仁，等，2011.干旱区绿洲受污染土壤中 Cd 和 Pb 在油菜中的累积与迁移[J].西北农业学报，20(3)：62-66,80.

王宁，南忠仁，王胜利，等，2012.Cd/Pb 胁迫下油菜中重金属的分布、富集及迁移特征[J].兰州大学学报(自然科学版)，48(3)：18-22.

王庆仁，李继云，李振声，2000.不同磷肥对石灰性土壤磷效率小麦基因型生长发育的影响[J].土壤通报，31(3)：127-129,146.

王卫平，朱凤香，陈晓旸，等，2010.沼液农灌对土壤质量和青菜产量品质的影响[J].浙江农业学报，22(1)：73-76.

魏益华，徐应明，周其文，等，2008.再生水灌溉对土壤盐分和重金属累积分布影响的研究[J].灌溉排水学报，27(3)：5-8.

吴文勇,许翠平,刘洪禄,等,2010.再生水灌溉对果菜类蔬菜产量及品质的影响[J].农业工程学报,26(1):36-40.

吴秀宁,刘英,王新军,等,2020.干旱胁迫下氮素对小麦幼苗生长及光合生理的影响[J].湖北农业科学,59(8):21-24.

武立叶,郑佩佩,赵吉祥,等,2014.沼液灌溉对大白菜产量、品质及土壤养分含量的影响[J].中国沼气,32(3):90-93.

熊毅,1979.土壤胶体的组成及复合[J].土壤通报,5:1-8,28.

徐仁扣,2006.低分子量有机酸对可变电荷土壤和矿物表面化学性质的影响[J].土壤,38(3):233-241.

徐仁扣,2016.秸秆生物质炭对红壤酸度的改良作用:回顾与展望[J].农业资源与环境学报,33(4):303-309.

徐卫红,黄河,王爱华,等,2006.根系分泌物对土壤重金属活化及其机理研究进展[J].生态环境,15(1):184-189.

徐小元,孙维红,吴文勇,等,2010.再生水灌溉对典型土壤盐分和离子浓度的影响[J].农业工程学报,26(5):34-39.

徐应明,魏益华,孙扬,等,2008.再生水灌溉对小白菜生长发育与品质的影响研究[J].灌溉排水学报,27(2):1-4.

许翠平,吴文勇,刘洪禄,等,2010.再生水灌溉对叶菜类蔬菜产量及品质影响的试验研究[J].灌溉排水学报,29(5):23-26.

许健.生物炭对土壤水盐运移的影响[D].杨凌:西北农林科技大学.

薛彦东,杨培岭,任树梅,等,2011.再生水灌溉对黄瓜和西红柿养分元素分布特征及果实品质的影响[J].应用生态学报,22(2):395-401.

薛彦东,杨培岭,任树梅,等,2012.再生水灌溉对土壤主要盐分离子的分布特征及盐碱化的影响[J].水土保持学报,26(2):234-240.

杨军,陈同斌,雷梅,等,2011.北京市再生水灌溉对土壤、农作物的重金属污染风险[J].自然资源学报,26(2):209-217.

杨林林,杨培岭,任树梅,等,2006.再生水灌溉对土壤理化性质影响的试验研究[J].水土保持学报,20(2):82-85.

杨晔,陈英旭,孙振世,2001.重金属胁迫下根际效应的研究进展[J].农业环境保护,20(1):55-58.

袁金华,徐仁扣,2011.生物质炭的性质及其对土壤环境功能影响的研究进展[J].生态环境学报,20(4):779-785.

袁晶晶,齐学斌,赵京,等,2022.生物炭配施沼液对土壤团聚体及其有机碳分布的影响[J].灌溉排水学报,41(1):80-86.

詹媛媛,薛梓瑜,任伟,等,2009.干旱荒漠区不同灌木根际与非根际土壤氮素的含量特征[J].生态学报,29(1):59-66.

张岁岐,周小平,慕自新,等,2009.不同灌溉制度对玉米根系生长及水分利用效率的影响[J].农业工程学报,25(10):1-6.

章明奎,顾国平,徐秋桐,2016.生物质炭降低蔬菜吸收土壤中抗生素的作用[J].农学学报,6(1):42-46.

409] 章明奎,刘丽君,黄超,2011.养殖污水灌溉对蔬菜地土壤质量和蔬菜品质的影响[J].水土保持学报,25(1):87-91.

赵庆良，张金娜，刘志刚，等，2007.再生回用水灌溉对作物品质及土壤质量的影响[J].环境科学,2：411-416.

赵全勇，李冬杰，孙红星，等,2017.再生水灌溉对土壤质量影响研究综述[J].节水灌溉,1:53-58.

赵昊琼，李菊梅，徐明岗，等,2007.长期不同施肥下灰漠土有机磷组分的变化[J].生态环境,16(2)：569-572.

郑伟，李晓娜，杨志新，等,2009.再生水灌溉对不同类型草坪土壤盐碱化的影响[J].水土保持学报,23(4)：101-104,122.

钟小莉，马晓东，吕豪豪，等,2017.干旱胁迫下氮素对胡杨幼苗生长及光合的影响[J].生态学杂志,36(10):2777-2786.

周东美，郑春荣，陈怀满,2002.镉与柠檬酸、EDTA在几种典型土壤中交互作用的研究[J].土壤学报,39(1):23-30.

周启星，宋玉芳,2004.污染土壤修复原理与方法[M].北京：科学出版社.

朱晋斌，王辉，胡传旺，等,2019.再生水灌溉红壤土水力传导度变化及其模拟分析[J].灌溉排水学报,38(3):64-69.

朱伟，李中阳，高峰,2015.再生水灌溉对不同类型土壤的小白菜水分利用效率及品质的影响[J].河南农业大学学报,49(2)：199-202.